高等工科教育"十三五"规划教材

电子产品生产工艺与管理

主　编　郭建庄　乐丽琴
副主编　吴素珍　宋述林　谷小娅
　　　　王二萍　李文方

中国铁道出版社有限公司
CHINA RAILWAY PUBLISHING HOUSE CO., LTD.

内 容 简 介

本书以培养具有先进制造技术的技能型人才为宗旨。全书共分10章,采用教、学、做为一体的教学理念构建教材框架,使学生掌握电子产品生产工艺与管理的技能和相关理论知识,使其能够承担各类电子产品的生产准备、装配与焊接、调试与检测、生产工艺管理等工作。同时,培养学生敬业爱岗、吃苦耐劳、诚实守信、善于沟通及团队合作的品质,为发展职业能力奠定良好的基础。

本书引入了电子产品生产制造过程中的新技术、新工艺、新设备等相关知识,适合作为普通高等学校电子工艺技术或电子类专业及其他相关专业的教材,也可作为电子制造企业工程技术人员的培训教材。

图书在版编目(CIP)数据

电子产品生产工艺与管理/郭建庄,乐丽琴主编.——
北京:中国铁道出版社,2015.12(2024.1重印)
高等工科教育"十三五"规划教材
ISBN 978-7-113-21049-6

Ⅰ.①电… Ⅱ.①郭… ②乐… Ⅲ.①电子产品–生产工艺–高等学校–教材②电子产品–生产管理–高等学校–教材 Ⅳ.①TN05

中国版本图书馆 CIP 数据核字(2015)第 244830 号

书　　名:**电子产品生产工艺与管理**
作　　者:郭建庄　乐丽琴

策　　划:许　璐　　　　　　　　　　编辑部电话:(010) 63549508
责任编辑:许　璐　彭立辉
封面设计:付　巍
封面制作:白　雪
责任校对:王　杰
责任印制:樊启鹏

出版发行:中国铁道出版社有限公司 (100054,北京市西城区右安门西街8号)
网　　址:http://www.tdpress.com/51eds/
印　　刷:河北宝昌佳彩印刷有限公司
版　　次:2015 年 12 月第 1 版　　2024 年 1 月第 5 次印刷
开　　本:787 mm×1 092 mm　1/16　印张:16　字数:383 千
书　　号:ISBN 978-7-113-21049-6
定　　价:38.00 元

前　言

随着我国经济的发展和科学技术的进步，电子产品的先进制造工艺技术已渗透到各个领域，成为人们高度关心的问题，高素质技能型的电子产品生产制造人员也成为市场急需的专业人才。本书以电子产品生产企业职业岗位群的综合能力为培养目标，以学生为中心，以工学结合为途径，以生产过程为主线，突出了生产与管理的结合，切实反映了电子生产制造企业的职业岗位能力标准，对接了劳动和社会保障部制定的国家职业标准和企业用人需求。

本书坚持行业指导、企业参与、校企合作，以"教室与车间的合一、学生与学徒的合一、老师与师傅的合一、课内与课外的合一、产品与作业的合一、企业需求与学生综合素质培养的合一"为宗旨，融教、学、作为一体的教学理念来构建教材格式。以电子整机产品生产工艺作为主线，以电子产品的生产准备、焊接、装配、调试、检测、管理等主要岗位工作任务为驱动，分解教学任务，将相关课程的知识点有机地、系统地紧密结合起来，由浅入深地设计教材结构，强调理论与实际相结合，注重将电子产品生产制造过程中的新技术、新工艺、新设备等相关知识引入教材。

全书共分 10 章，内容包括：电子工艺基础、常用电子元器件的识别及检测、焊接技术、电子整机产品的防护、电子产品装配工艺、表面组装工艺技术、电子产品的调试和检验、电子产品生产管理、电子产品制造企业的产品认证、电子技术综合实训。

本书由郭建庄、乐丽琴任主编，吴素珍、宋述林、谷小娅、王二萍、李文方任副主编。具体编写分工：郭建庄负责本书的编写思路与大纲总体策划，指导全书的编写，并编写第 1 章和第 2 章；乐丽琴编写第 3 章；谷小娅编写第 4 章、第 5 章；宋述林编写第 6 章、第 7 章；吴素珍编写第 8 章；王二萍编写第 9 章；李文方编写第 10 章。

由于时间仓促，编者水平有限，书中难免存在疏漏与不足之处，敬请读者批评指正，以便修订时改进。

编　者

2015 年 5 月

目　　录

第1章 电子工艺基础

学习目的及要求:
(1) 了解电子工艺研究的范围及特点。
(2) 了解电子产品制造过程的工艺技术与工艺管理。
(3) 掌握安全用电知识和触电急救的正确方法。

1.1 工艺概述

1.1.1 现代制造工艺的形成

工艺是生产者利用生产设备和生产工具,对各种原材料、半成品进行加工或处理,使之最后成为符合技术要求的产品的艺术(程序、方法、技术),它是人类在生产劳动中不断积累起来并经过总结的操作经验和技术能力。

与传统手工业和工艺美术品的概念不同,工艺学是现代化大生产的产物。在经济迅猛发展的当今世界,市场经济把不同国家和地区联结成为一个整体,最新的科技研究成果迅速转化为商品,人民的消费能力得到空前的提高,工业产品已经成为人民生活不可缺少的组成部分。在产品的生产制造过程中,运用全新的材料、设备、方法和管理,对劳动者的文化素质、理论基础和操作技能提出更高的要求。工程技术人员成了工业生产劳动的主要力量;科学的经营管理、优质的器件材料、先进的仪器设备、高效的工艺手段、严格的质量检验和低廉的生产成本成为赢得竞争的关键;一切与商品生产有关的因素,都变成研究和管理的主要对象,这就是现代的制造工艺学。工艺学已经成为一门涉及众多领域的专业学科。

对于现代化的工业产品来说,工艺不再仅仅是针对原材料的加工或生产的操作而言,应该是从设计到销售,包括每一个制造环节的整个生产过程。

对于企业及其所制造的产品来说,工艺工作的出发点是为了提高劳动生产率、生产优质产品以及增加生产利润。它建立在对于时间、速度、能源、方法、程序、生产手段、工作环境、组织机构、劳动管理、质量控制等诸多因素的科学研究之上。工艺学的理论及应用,指导企业从原材料采购开始,覆盖加工、制造、检验等每一个环节,直到成品包装、入库、运输和销售(包括销售中、后的技术服务及用户信息反馈),为企业组织有节奏的均衡生产提供科学的依据。可以说,工艺是企业科学生产的法律和法规,工艺学是一门综合性的科学。

1.1.2 电子工艺研究的范围

电子工业是 20 世纪新兴的行业，经过几十年的发展，已经成为世界经济最重要的支柱性产业。电子工业的产品的种类繁多，主要可分为电子材料、元器件、配件（整件、部件）、整机和系统。其中，各种电子材料及元器件是构成配件和整机的基本单元，配件和整机又是组成电子系统的基本单元。这些产品一般是由专门化的工厂生产，必须根据它们的生产特点制定不同的制造工艺。同时，电子技术的应用领域极其广泛，产品可以分为计算机、通信、仪器仪表、自动控制等几大类，根据工作方式及使用环境的不同要求，其制造工艺又有所不同。所以，电子工艺学的内容极其广泛。本书的任务在于讨论整机（包括配件）产品的制造工艺，主要涉及的是电子产品从设计开始，在试验、装配、焊接、调试、检验、维修和服务等方面的工艺过程，对于各种电子材料及电子元器件，则是从使用的角度讨论它们的外部特性及其选择和检测。在本书的讨论中，凡说到"电子工艺"，都是指电子整机产品生产制造过程方面的内容。

就电子整机产品的生产过程而言，主要涉及两方面：一方面是指制造工艺的技术手段和操作技能；另一方面是指产品在生产过程中的质量控制和工艺管理。这两方面可分别看作是"硬件"和"软件"，都很重要。本书对这两方面的内容都将进行叙述，但侧重于前者。

1.1.3 我国电子工艺现状

我国电子工业从新中国成立之初只有几家无线电修理厂，发展到今天已形成了门类齐全的电子工业体系，在数量和技术水平上都发生了巨大的变化。20 世纪 80 年代以来，特别是近年来，随着世界各工业发达国家以及中国香港、台湾地区电子厂商纷纷把工厂迁往珠江三角洲和长江三角洲，我国电子工业更是突飞猛进地发展，电子工业已经成为我国国民经济的重要产业。

目前，我国电子行业的工艺现状是"两个并存"，即先进的工艺与陈旧的工艺并存，引进的技术与落后的管理并存。

就我国电子产品制造业而言，热点集中在东南沿海地区。在这里企业不断引进世界上最先进的技术和设备，利用经济实力招揽大量生产产品的技术队伍，培养高素质的工艺技术人才，已基本形成系统的、现代化的电子产品制造工艺体系，在这里制造的电子产品行销全世界，已经成为世界电子工业的加工厂。但在内地，一些电子产品制造企业的发展和生存却举步维艰，设备陈旧、技术进步缓慢、缺乏人才、工艺技术和工艺管理水平落后是造成这种局面的主要原因。所以，我国制造的电子产品质量水平参差不齐。一些拥有先进技术的企业，特别是外资企业，他们设备先进，工艺技术力量强，实行现代化工艺管理，电子产品的质量比较稳定，市场竞争力比较强。而对于那些设备陈旧、技术进步缓慢的企业而言，由于电子工艺技术和工艺管理水平不足，产品质量可想而知。

总之，我国电子工艺在整体上还处在比较落后的水平，且发展水平差距较大，有些企业已经配备了最先进的设备，拥有世界上最好的生产条件和生产技术，也有些企业还在简陋条件下使用陈旧的装备维持生产。因此，提高工艺水平、培养高素质的工艺技术队伍是我国电子工艺教育的长期任务。

1.1.4　电子工艺学的特点

随着我国经济社会的发展和科学技术的进步，电子产品的品质和先进的制造工艺技术已渗透到各个领域。人们认识到，没有先进的电子工艺技术就不能制造出高水平、高性能的电子产品。电子产品制造工艺技术，作为与生产实际密切相关的技术学科，有着明显的特点，归纳起来主要有以下几点：

1. 涉及众多科学技术领域

电子工艺的技术信息分散在广阔的领域中，与众多的科学技术领域相关联，与许多学科的知识相互交叉、相辅相成。其中，最主要的有应用物理、化学工程技术、光刻工艺技术、电气电子工程技术、机械工程技术、金属学、焊接学、工程力学、材料力学、微电子学、计算机科学、工业设计学、人机工程学。还涉及数理统计、运筹、系统工程、会计等与企业管理有关的众多学科。所以，电子工艺学是涉及众多科学技术领域的一门综合性很强的技术学科。

2. 形成的时间较晚而发展迅速

电子工艺技术贯穿于电子产品的设计与制造全过程，与生产实践紧密相连。在生产实践中一直被广泛应用，但在国内作为一门学科而被系统研究的时间却不长，直到 20 世纪 80 年代在我国高等院校中才开设相关的课程。随着电子科学技术的飞速发展，对电子工艺也提出了越来越高的要求，人们在实践中不断探索新的工艺方法，寻找新的工艺材料，使电子工艺技术的内涵及外延迅速扩展。电子产品制造工艺技术的更新速度与其他行业相比要快得多，经常有这样的情况发生：某项新的工艺方法还未能全面推广普及，就已经被更先进的技术所取代。

1.2　电子产品制造工艺

电子产品生产包括设计、试制、制造等几个过程，每个过程的工艺各不相同，本书主要讲述电子产品在制造过程中的工艺技术。

1.2.1　电子产品制造过程中工艺技术的种类

制造一个整机电子产品，要涉及很多技术，并且随着企业生产规模、设备、技术力量和生产产品的种类不同，工艺技术类型也不同。但电子产品制造工艺并不是无法归纳，与电子产品制造有关的工艺技术主要包括以下几种：

1. 机械加工和成形工艺

电子产品的结构件是通过机械加工而成的，机械类工艺包括车、钳、刨、铣、镗、磨、铸、锻、冲等。机械加工和成形的主要功能是改变材料的几何形状，使之满足产品的装配连接。机械加工后，一般还要进行表面处理，提高表面装饰性，使产品具有新颖感，同时也起到防腐抗蚀的作用。表面处理包括刷丝、抛光、印刷、油漆、电镀、氧化、铭牌制作等工艺。如果结构件为塑料件，一般采用塑料成形工艺，主要可分为压塑工艺、注塑工艺、吹塑工艺等。

2. 装配工艺

电子产品生产制造中装配的目的是实现电气连接，装配工艺包括元器件引脚成形、插装、焊接、连接、清洗、调试等工艺；其中，焊接工艺可分为手工烙铁焊接工艺、浸焊工艺、波峰焊工艺、再流焊工艺等；连接工艺又可分为导线连接工艺、胶合工艺、坚固件连接工艺等。

3. 化学工艺

为了提高产品的防腐蚀能力，外形装饰美观，一般要进行化学处理，化学工艺电镀、浸渍、灌注、三防、油漆、胶木化、助焊剂、防氧化等工艺。

4. 其他工艺

其他工艺包括保证质量的检验工艺、老化筛选工艺、热处理工艺等。

1.2.2　产品制造过程中的工艺管理

企业为了提高产品的市场占有率，在促进科技进步，提高工艺技术的同时，应在产品生产过程中采用现代科学理论和手段，加强工艺管理，即对各项工艺工作进行计划、组织、协调和控制，使生产按照一定的原则、程序和方法有效地进行，以提高产品质量。企业工艺管理的主要内容有：

1. 编制工艺发展计划

一个企业工艺水平的高低反映该企业的生产水平的高低，工艺发展计划在一定程度上是企业提高自身生产水平的计划。一般来说，工艺发展计划编制应适应产品发展需要，遵循先进性与适用性相结合、技术性与经济性相结合的方针，在企业总工程师的主持下，由工艺部门为主组织实施。编制内容包括工艺技术措施规划（新工艺、新材料、新设备和新技术攻关规划等）、工艺组织措施规划（工艺程序调整、工艺技术发行规划等）。

2. 生产方案准备

企业设计的新产品在进行生产前，首先要准备产品生产方案，其内容主要包括：

（1）新产品开发的工艺调研和考察，产品生产工艺方案设计。

（2）产品设计的工艺性审查。

（3）设计和编制成套工艺文件，工艺文件的标准化审查。

（4）工艺装备的设计与管理。

（5）编制工艺定额。

（6）进行工艺质量评审、验证、总结和工艺整顿。

3. 生产现场管理

产品批量生产时，在生产现场，为了提高产品质量，需要加强现场生产控制，主要工作包括：

（1）确保安全文明生产。

（2）制定工序质量控制措施，进行质量管理。

（3）提高劳动生产率，节约材料，减少工时和能源消耗。

（4）制定各种工艺管理制度并组织实施。

（5）检查和监督执行工艺情况。

4. 开展工艺标准化工作

为了使产品符合国际标准，增强产品的竞争力，必须开展工艺标准化工作。工艺标准化工作的主要内容有：

（1）掌握国内外新技术、新工艺、新材料、新设备的研究与使用情况，借鉴国内外的先进科学技术，积极采取和推广已有的、成熟的研究成果。

（2）进行工艺技术的研究和开发工作，从各种渠道搜集有关的新工艺标准、图纸手册及先进的工艺规程、研究报告、成果论文和资料信息，并进行加工、管理。

（3）有计划地对工艺人员、技术工人进行培训和教育，为他们更新知识、提高技术水平和技能开展服务。

（4）开展群众性的合理化建议与技术改进活动，进行工艺和新技术的推广工作，对在实际工作中做出创造性贡献的人员给予奖励。

1.2.3 生产条件对制造工艺提出的要求

任何电子产品在其研制成功之后都要投入生产，因为不生产，就产生不了价值，研制就失去了意义。产品要顺利地生产，必须符合生产的条件，否则，不可能生产出优质的产品，甚至根本无法投产。企业的设备情况、技术和工艺水平、生产能力和周期，以及生产管理水平等因素都属于生产条件。生产条件对工艺的要求，一般表现为以下几个方面：

（1）产品的零部件、元器件的品种和规格应尽可能地少，尽量使用由专业生产企业生产的通用零部件或产品，应尽可能少用或不用贵重材料，立足于使用国产材料和来源多、价格低的材料。这样便于生产管理，有利于提高产品质量并降低成本。

（2）产品的机械零部件，必须具有较好的结构工艺，装配也应尽可能简化，尽量不搞选配和修配，力求减少装配工人的体力消耗，能够适合采用先进的工艺方法和流程，即要使零部件的结构、尺寸和形状便于实现工序自动化。

（3）原材料消耗要低，加工工时要短，例如尽可能提高冲制件、压塑件的数量和比例等。

（4）产品的零部件、元器件及各种技术参数、开关、尺寸等产学研最大限度地标准化和规格化。

（5）应尽可能充分利用企业的生产经验，用企业以前曾经使用过的零部件，使产品生产技术具有继承性。

（6）产品及零部件的加工精度要与技术条件要求相适应，不允许盲目追求高精度。在满足产品性能指标的前提下，其精度等级应尽可能低，同时也便于自动流水生产。

（7）正确设计、制订方案，按最经济的生产方法设计零部件，选用最经济合理的原材料和元器件，以求降低产品的生产成本。

1.2.4 产品使用对制造工艺提出的要求

1. 产品的外形、体积与重量方面的要求

调查显示，一个电子产品能赢得市场，得到广泛使用，在同等质量条件下，还取决于产品是否有吸引顾客的外形，而外形一方面与设计有关，另一方面与制造质量有关。因此，制造时需要保证有良好的外形质量保证工艺。同时，顾客还对电子产品的体积和重量有着苛刻要求，比如笔记本式计算机，顾客大多要求体积小、重量轻。因此，对制造工艺而言，通过何种方式来保证体积小、重量轻的产品的制造，具有非常重要的意义。

2. 产品的操作方面的要求

电子产品的操纵性能如何，直接影响到产品被顾客的接受程度。在生产过程中需要用一定的工艺技术，使产品为操纵者创造良好的工作条件；保证产品应安全可靠，操作简单；读数指示清晰，便于观察。

3. 维护维修方面的要求

电子产品使用后有可能需要维护维修，制造电子产品，应在结构工艺上保证维护修理方便。应重点考虑以下几点：

（1）电子产品在发生故障时，应便于打开维修或能迅速更换部件。例如，采用插入式和折叠式结构，快速装拆结构，以及可换部件式结构等。

（2）可调元件、测试点应布置在设备的同一面，经常更换的元器件应布置在易于装拆的部位。

（3）对于电路单元应尽可能采用印制电路板并用插座与系统连接，元器件的组装密度不宜过大，以保证元器件有足够的空间，便于装拆和维修等。

1.2.5　电子产品可靠性与工艺的关系

电子产品的可靠性指产品在规定的时间内和规定的条件下，完成规定功能的能力。可靠性是产品质量的一个重要指标，通常所说的产品质量好、可靠性高，包含了两层意思：一是达到预期的技术指标；二是在使用过程中性能稳定不出故障。产品的可靠性可分为固有可靠性、使用可靠性、环境适应性。

固有可靠性是指产品在设计、制造时内在的可靠性，影响固有可靠性的因素主要有产品的复杂程度、电路和元器件的选择与应用、元器件的工作参数及其可靠程度、机械结构和制造工艺等。

使用可靠性是指使用和维护人员对产品可靠性的影响，它包括使用和维护程序的合理性、操作方法的正确性以及其他人为的因素。

环境适应性是指产品所处的环境条件对可靠性的影响，它包括环境温度、湿度、气压、振动、冲击、霉菌、盐雾，以及储存和运输条件的影响，要提高产品的环境适应性，可对产品采取各种有效的防护措施。

1. 从生产制造工艺方面提高电子产品可靠性的途径

电子产品的故障大都是由于元器件的各种损坏或故障引起的，有的是元器件本身的缺陷，也有可能是元器件选用不当所造成的，因此提高固有可靠性应重点考虑元器件的可靠性。

提高元器件的可靠性，首先要正确选用元器件，尽可能压缩元器件的品种和规格数，提高它们的复用率。典型普通元器件失效曲线如图1－1所示，这条关系曲线就是通常所说的浴盆曲线。从图中可以看出：早期，随着元器件使用时间的增加而失效率迅速降低，这是由于元器件设计、制造上的缺陷而发生的失效，称为早期失效，通过对原材料的生产工艺加强检验和质量控制，对元器件进行筛选可使其早期失效率大大降低；随着时间的推移，产品在早期失效期之后，失效率低且基本稳定，失效率与使用时间无关，称为偶然失效，偶然失效期时间较长，是元器件的使用寿命期；产品在使用的后期，失效率随着使用时间迅速增加，到了这个时期，大部分元器件都开始失效，产品迅速报废，称为耗损失效期。因此，所用元器件必须经过严格检验和筛选，以排除早期失效的元器件，然后将合格、可靠的元器件严格按工艺要求装配。

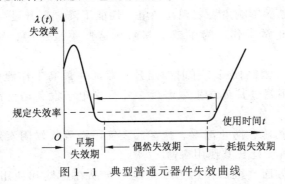

图 1-1　典型普通元器件失效曲线

此外，提高电子产品固有可靠性的途径还包括：

（1）根据电路性能的要求和工作环境条件选用适合的元器件，使用条件不超过元器件参数的额定值和相应的环境条件，并留有足够的余量。合理使用元器件，元器件的工作电压、电流不能超额使用，应按规范降额使用。尽量防止元器件受到电冲击，装配时严格执行工艺规定，免受损伤。

（2）仔细分析比较同类元器件在品种、规格、型号和制造厂商之间的差异，择优选用，并注意统计、积累在使用和验收过程中元器件所表现出来的性能与可靠性方面的数据，作为以后选用的重要依据。

（3）合理设计电路，尽可能选用先进而成熟的电路，减少元器件的品种和数量，多用优选的和标准的元器件，少用可调元器件，采用自动检测与保护电路。为便于排除故障和维修，在设计时可考虑布设适当的监测点。

（4）合理地进行结构设计，尽可能采用生产中较为成熟的结构形式，有良好的散热、屏蔽及防护措施；防震结构要牢靠，传动机构灵活、方便、可靠，整机布局合理，便于装配、调试和检修。

（5）加强生产过程中的质量管理。

2. 从使用方面提高电子产品的可靠性

电子产品出厂时一般都附有合格证、使用说明书、维修卡等，有些产品还对储存、运输等条件有相应的规定。因此，对使用者来说，应该按这些规定条文进行储存、保管、使用和维修，使已定的可靠性指标实现。

（1）合理储存和保管。电子产品的储存和运输必需按照规定的条件执行，否则会在储存和运输过程中受到损伤。保管也是如此，必需按照规定的范围保管，如温度、湿度等都要保持一定范围。

（2）合理使用。在使用产品之前必须认真阅读说明书，按规定操作。

（3）定期检验和维修。定期检验可免除产品在不正常或不符合技术指标时给使用造成的差错，也可避免产品长期"带病"工作而造成严重损伤。

3. 从环境适应性方面提高电子产品的可靠性

电子产品所处的工作环境多种多样，气候条件、机械作用力和电磁干扰是影响电子产品可靠性的主要因素。必须采取适当的防护措施，将各种不良影响降低到最低限度，以保证电子产品稳定可靠地工作。

（1）气候条件方面。主要包括温度、湿度、气压、盐雾、大气污染、灰尘沙粒及日照等因素。它们对产品的影响主要表现在使电气性能下降、温升过高、运动部位不灵活、结构损坏，甚至不能正常工作。为了减少和防止这些不良影响，对电子产品提出以下要求：

① 采取散热措施，限制设备工作时的温升，保证在最高工作温度条件下，设备内的元器件所承受的温度不超过其最高极限温度，并要求电子设备耐受高低温循环时的冷热冲击。

② 采取各种防护措施，防止潮湿、盐雾、大气污染等气候因素对电子设备内元器件及零部件的侵蚀和危害，延长其使用寿命。

（2）机械作用力方面。机械作用力是指电子产品在运输和使用时，所受到的振动、冲击、离心加速度等机械作用。它对产品的影响主要是：元器件损坏失效或电参数改变、结构件断裂或变形过大，金属件的疲劳等。为了防止机械作用对产品产生的不良影响，对产品提出以下要求：

① 采取减振缓冲措施，确保产品内的电子元器件和机械零部件在受到外界强烈振动和冲击时不致变形和损坏。

② 提高电子产品的耐冲击、耐振动能力，保证电子产品的可靠性。

（3）电磁干扰对电子产品的要求。电子产品工作的周围空间充满了由于各种原因所产生的电磁波，造成各种干扰。电磁干扰的存在，使产品输出噪声增大，工作不稳定，甚至完全不能工作。

为了保证产品在电磁干扰的环境中能正常工作，要求采取各种屏蔽措施，提高产品的电磁兼容能力。

1.3　安全用电常识

随着国民经济中各行各业电气化、自动化水平不断提高，从家庭到办公室，从学校到工矿企业，几乎没有不用电的场所。电气事故是现代社会不可忽视的灾害之一，安全用电是最重要的基本常识。如果不掌握必要的安全用电知识，操作中缺乏足够的警惕，就可能发生人身、设备事故。

在使用电能的长期实践中，人们总结积累了安全用电的经验。我们应该掌握必要的知识，首先要学会保护人身安全，掌握安全用电知识和触电急救的正确方法。

1.3.1　触电对人体的危害

发生触电事故后，人体受到的伤害分为电击和电伤两类。

1. 电击

电击是指电流通过人体内部，影响呼吸、心脏和神经系统，造成人体内部组织的损坏乃至死亡，即其对人体的危害是体内的、致命的。它对人体的伤害程度与通过人体的电流的大小、通电时间、电流途经及电流性质有关。人体触及带电导体、漏电的外壳，以及因雷击或电容器放电等都可能导致电击。触电事故基本上都是电击造成的。

按照发生电击时电气设备的状态，电击可分为直接触电击和间接触电击。直接触电击是触及设备和线路正常运行时的带电体发生的电击，如误触接线端子发生的电击。间接触电击是触及正常设备及正常状态下不带电，而当设备或线路故障时意外带电的导体发生的电击，如触及漏电设备的外壳发生的电击。

2. 电伤

电伤是指由于电流的热效应、化学效应或机械效应对人体造成的危害，包括电烧伤、电烙印、皮肤金属化、机械损伤、电光眼等多种伤害。电伤是由于发生触电而导致的人体外表创伤。它对人体的危害一般是体表的、非致命的。

（1）电烧伤：指由于电流的热效应灼伤人体皮肤、皮下组织、肌肉，甚至神经等，其表面现象是发红、起泡、烧焦、坏死等。它又可以分为电流灼伤和电弧烧伤。电流灼伤是人体与带电体接触，电流通过人体由电能转换成热能造成的伤害。电流灼伤一般发生在低压设备或低压线路上。电弧烧伤是由弧光放电造成的伤害。高压电弧的烧伤比低压电弧的烧伤严重，直流电弧的烧伤比工频交流电弧的烧伤严重。

（2）电烙伤：指由于电流的机械效应或化学效应，而造成人体触电部位的外部伤痕，如皮肤表面的肿块等。

（3）皮肤金属化：指由于电流的化学效应，在电弧高温的作用下，金属熔化、汽化，金属微粒渗入皮肤，使皮肤粗糙而张紧的伤害。皮肤金属化多与电弧烧伤同时发生。

（4）机械损伤：指电流作用于人体时，由于中枢神经反射、肌肉强烈收缩、体内液体汽化等作用导致的机体组织断裂、骨折等伤害。

（5）电光眼：指发生弧光放电时，由红外线、可见光、紫外线对眼睛的伤害。电光眼表现为角膜炎或结膜炎。

3. 影响触电危害程度的因素

触电对人体的危害程度与电击强度、通电时间、电流的途径、电流的性质及人体自身条件等因素有关。其中，通过人体电流的大小和通电时间是起决定作用的因素。

（1）电击强度

电击强度是指通过人体的电流与通电时间的乘积。一定限度的电流（小于 0.7 mA）不会对人体造成损伤。通过人体的电流越大，人体的生理反应越明显，感觉越强烈，引起心室颤动所需的时间越短，致命的危险性就越大。电流对人体的作用如表 1-1 所示。

表 1-1　电流对人体的作用

电流/mA	对人体的作用
<0.7	基本无感觉
1	有轻微感觉
1~3	可引起肌肉收缩、神经麻木、刺激感，一般电疗仪器取此电流，但可自行摆脱
3~10	感到痛苦，但可自行摆脱
10~30	引起肌肉痉挛，失去自控能力，短时间无危险，长时间有危险
30~50	肌肉强烈痉挛，时间超过 60 s 有生命危险
50~250	产生心脏性纤颤，丧失知觉，严重危害生命
>250	短时间内（1 s 以下）造成心脏骤停，体内造成电烧伤

（2）电流的途径

电流通过人体，严重干扰人体的正常生物电流，如果不经过人脑、心、肺等重要部位，除了电击强度较大时会造成内部烧伤外，一般不会危及生命。电流流过心脏会引起心室颤动，较大的电流还会使心脏停止跳动；电流流过大脑，会造成脑细胞损伤，使人昏迷，甚至造成死亡；电流流过神经系统，会导致神经紊乱，破坏神经系统正常工作；电流流过呼吸系统可导致呼吸停止；电流流过脊髓可造成人体瘫痪等。

（3）电流的性质

电流的性质不同对人损伤也不同。直流电易使心脏颤动，人体忍受电流的电击强度要稍微高一些，一般引起电伤。静电因随时间很快减弱，没有足够量的电荷，虽然电压可能很高但能维持的电流极小，一般不会导致严重后果。交流电则会导致电伤与电击同时发生，危险性大于直流电，特别是 40～100 Hz 的交流电对人体最危险，人们日常使用的市电正是在这个危险的频段（我国为 50 Hz）。但是，当交流电频率达到 20 000 Hz 时，对人危害很小，用于理疗的一些仪器采用的就是这个频段。另外电压越高，危险性越大。

（4）人体自身条件

人体自身条件包括人体电阻、年龄、性别、皮肤完好程度及情绪等。人体电阻包括皮肤电阻和体内电阻，是一个不确定的电阻，皮肤干燥的时候电阻可呈现 100 kΩ 以上，而一旦潮湿，电阻可降到 1 kΩ 以下。人体还是一个非线性电阻，随着电压升高，电阻值减小，如表 1-2 所示。安全电压是对人体皮肤干燥时而言的，因此，倘若人体出汗，又用湿手接触 36 V 的电压时，同样会受到电击，此时安全电压也不安全了。

表 1-2　人体电阻值随电压的变化

电压/V	1.5	12	31	62	125	220	380	1 000
电阻/kΩ	>100	16.5	11	6.24	3.5	2.2	1.47	0.64
电流/mA	忽略	0.8	2.8	10	35	100	268	1 560

4. 触电的方式

人体触电主要原因有直接触电、间接触电、静电触电和跨步电压触电。直接触电又分为单相触电和双相触电 2 种。

（1）单相触电

人某一部分触及带电设备或线路中的某一相导体时，一相电流通过人体经大地回到中性点，人体承受相电压。绝大多数触电事故都属于这种形式，如图 1-2 所示。大部分触电事故都是单相触电事故，单相电击的危害程度除与带电高低、人体电阻、鞋和地面状态等因素有关外，还与人体离接地点的距离以及配电网对地允许方式有关。

（2）双相触电

双相触电是指人体两处同时触及两相带电体而发生的触电事故。这种形式的触电，加在人体的电压是电源的线电压（380 V），电流将从一相导线经人体流入另一相导线，如图 1-3 所示。双相触电的危害主要取决于带电体之间的电压和人体电阻，双相触电的危险性比单相触电高，漏电保护装置对两相电击是不起作用的。

（3）静电触电

在检修电气或科研工作中有时发生电气设备已断开电源，但由于设备中高压大容量电容的存在而导致在接触设备某些部分时发生触电，这样的现象是静电触电。静电触电是由于放电时产生的瞬间冲击电流，通过人体造成的伤害，这类触电有一定的危险，容易被忽略，因此要特别注意。

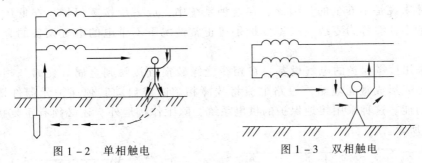

图 1 - 2 单相触电   图 1 - 3 双相触电

（4）跨步电压触电

在故障设备附近，当带电体接地时（如电线断落在地上），有电流向大地扩散，其电位分布以接地点为圆心向圆周扩散，在不同位置形成电位差。若人站在这个区域内，则两脚之间的电压，称为跨步电压，由此所引起的触电称为跨步电压触电。跨步电压的大小受接地电流大小、鞋和地面特征、两脚之间的跨距、两脚的方位以及离接地点的远近等因素影响，如图 1 - 4 所示。

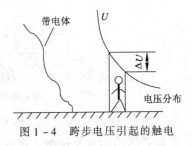

图 1 - 4 跨步电压引起的触电

1.3.2 安全用电技术

交流安全电压在任何情况下有效值不超过 50 V，直流安全电压为 72 V，我国规定的安全电压等级是 42 V、36 V、24 V、12 V、6 V。一般情况下 36 V 为常用安全电压，但在潮湿的环境下安全电压在 24 V 甚至以下。当电压超过 24 V 时，必须采取防止直接接触带电体的保护措施。在日常生活和工作中要建立安全用电意识，时刻保持触电警惕性，养成安全操作用电设备的习惯，正确运用安全用电技术，不断提高安全用电的水平，防止触电事故发生。

在低压配电系统中，有变压器中性点接地和不接地两种系统，相应的措施有接地保护和接零保护 2 种方式。

1. 接地保护

电气设备的任何部分与土壤做良好的电气连接，称为接地。与土壤直接接触的金属称为接地体。用于连接接地体和电气设备的导线，称为接地线。这里的"接地"同电子电路中简称的"接地"（在电子电路中，"接地"是指接公共参考电位"零点"）不是一个概念，这里是真正地接大地。保护接地是将电气设备外壳上的金属部分与接地体做良好的电气连接。

对于采用接地保护的电气设备，在相线绝缘破损使设备金属外壳带电的情况下，人接触金属外壳的同时，短路电流从两条通路流走，一条接地线，另一条是人体。接地线的电阻通常小于 4 Ω，而人体的电阻一般为 500 Ω 左右，短路电流绝大部分从接地线流走，从而实现对人的保护。接地保护示意图如图 1 - 5 所示。

2. 接零保护

对变压器中性点接地系统（现在普遍采用电压为 380 V/220 V 三相四线制电网）来说

采用外壳接地已不足以保证安全。在实际应用中，由于人体电阻远大于设备的接地电阻，如果人体表面受到的电压就是相线与外壳短路时外壳的对地电压，该电压将达到一定的值，对人体来说是不安全的。因此，在这种系统中，应采用接零保护。在低压供电系统中，接地的中性线称为零线。接零保护是将正常情况下不带电的电气设备的金属外壳接到零线上。

对于采用接零保护的电气设备，在相线绝缘破损且接触到金属外壳时，相线和零线通过金属外壳形成碰壳短路。短路电流将故障相熔断或启动其他保护元器件切断电源，实现保护功能。这种采用接地保护的供电系统，除工作接地外，还必须有重复接地保护，如图1-6所示。

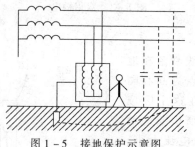

图1-5 接地保护示意图

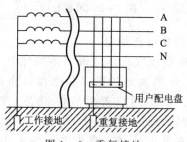

图1-6 重复接地

图1-7所示为民用220 V供电系统的保护零线和工作零线。在一定距离和分支系统中，必须采用重复接地，这些属于电工安装中的安全规则，电源线必须按有关规定制作。应注意的是这种系统中的接零保护必须是接到保护零线上，而不能接到工作零线上。保护零线同工作零线，虽然它们对地的电压都是0 V，但保护零线上是不能接熔断器和开关的，而工作零线上则根据需要可接熔断器及开关。这对有爆炸、火灾危险的工作场所为减轻过负荷的危险是必要的。图1-8所示为室内有保护零线时，用电器外壳采用接零保护的接法。

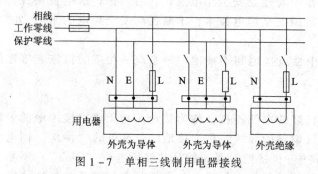

图1-7 单相三线制用电器接线

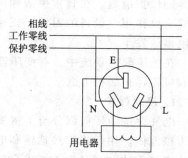

图1-8 三线插座接线

3. 漏电保护开关

漏电保护开关又称触电保护开关，是一种保护切断型的安全技术，它比保护接地或保护接零更灵敏，更有效。

漏电保护开关有电压型和电流型两种，其工作原理有共同性，即都可把它看作是一种灵敏继电器，如图1-9所示，检测器JC控制S的通断。对电压型而言，JC检测

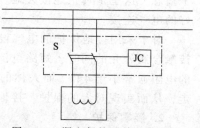

图1-9 漏电保护开关示意图

用电器对地电压；对于电流型 JC 检测用电器漏电流，超过安全值即控制 S 动作切断电源。

目前发展较快、使用广泛的是电流型保护开关，电流型保护开关不仅能防止人体触电而且能防止漏电造成的火灾，可用于中性点接地系统，也可用于中性点不接地系统，还可单独使用，也可与接地保护、接零保护共同使用，而且安装方便。选择漏电保护开关一定要注重产品的质量。要选择经国家电工产品认证委员会认证，带有安全标志的产品。

4. 过限保护

上述接地、接零保护以及漏电保护开关主要解决电器外壳漏电及意外触电问题。另有一类故障表现为电器并不漏电，但由于电器内部元器件、部件故障，或由于电网电压升高引起电器电流增大，温度升高，超过一定限度，结果导致电器损坏甚至引起电气火灾等严重事故。对这一种故障，目前有自动保护元器件和装置。这类元器件和装置有以下几种：

（1）过压保护装置

过压保护装置有集成过压保护器和瞬变电压抑制器。

集成过压保护器是一种安全限压自控部件，如图 1-10 所示，使用时并联于电源电路中。当电源正常工作时功率开关断开。一旦设备电源失常或失效超过保护阈值，采样放大电路将使功率开关闭合、电源短路，使熔断器断开，保护设备免受损失。

瞬变电压抑制器（TVP）是一种类似稳压管特性的二端器件，但比稳压管响应快，功率大，能"吸收"高达数千瓦的浪涌功率。图 1-11 所示为 TVP 的电路接法。选择合适的 TVP 就可保护设备不受电网或意外事故产生的高压危害。

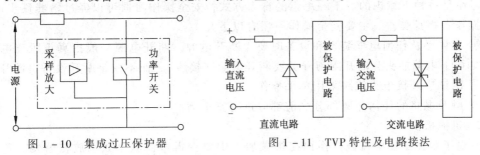

图 1-10　集成过压保护器　　　　图 1-11　TVP 特性及电路接法

（2）温度保护装置

电器温度超过设计标准是造成绝缘失效，引起漏电、火灾的关键。温度保护装置除传统的温度继电器外，还有一种新型有效而且经济实用的元器件——热熔断器。热熔断器的外形如同一只电阻器，可以串联在电路中，置于任何需要控制温度的部位，正常工作时相当于一只阻值很小的电阻器，一旦电器温度超过阈值，立即熔断，从而切断电源回路。

（3）过流保护装置

用于过流保护的装置和元器件主要有熔丝、电子继电器及聚合开关，它们串联在电源回路中以防止意外电流超限。熔丝用途最普遍，主要特点是简单、廉价；不足之处是反应速度慢而且不能自动恢复。电子继电器过流开关，也称电子熔丝，反应速度快、可自行恢复，但较复杂、成本高，在普通电器中难以推广。

1.3.3　电子装接操作安全

电子装接操作泛指工厂规模化生产以外的各种电子电器操作，如电器维修、电子实验、电子产品研制、电子工艺实习以及各种电子制作等。

1. 用电安全

尽管电子装接工作通常称为"弱电"工作，但实际工作中免不了接触"强电"。一般常用的电动工具（电烙铁、电钻、电热风机等）、仪器设备和制作装置大部分需要接市电才能工作，因此用电安全是电子装接工作的首要关注点。实践证明以下三点是安全用电的基本保证。

（1）安全用电观念

增强安全用电的观念是安全的基本保证。任何制度、任何措施，都是由人来贯彻执行的，忽视安全是最危险的隐患。

（2）基本安全措施

工作场所的基本安全措施是保证安全的物质基础。基本安全措施包括以下几条：

① 工作场所电源必须符合电气安全标准。

② 工作场所总电源上一定要装有漏电保护开关。

③ 使用符合安全要求的低压电器（包括电线、插座、开关、电动工具、仪器仪表等）。

④ 工作室或工作台上有便于操作的电源开关。

⑤ 从事电力电子技术工作时，工作台上应设置隔离变压器。

⑥ 调试、检测较大功率电子装置时工作人员不少于两人。

（3）养成安全操作习惯

习惯是一种下意识的、不经思索的行为方式，安全操作习惯可以经过培养逐步形成，并使操作者终身受益。主要安全操作习惯有以下几个：

① 人体触及任何电气装置和设备时要先断开电源。断开电源一般指真正脱离电源系统（如拔下电源插头、断开闸刀开关或断开电源连接线），而不仅是断开设备电源开关。

② 测试、装接电力线路采用单手操作。

③ 触及电路的任何金属部分之前都应进行安全测试。

2. 机械损伤

在电子装接工作中机械损伤比在机械加工中要少得多，但是如果放松警惕、违反安全规程仍然存在一定的危险。例如，戴手套或者披散长发操作钻床是违反安全制度和操作规程的，实践中曾发生手臂和头发被高速旋转的钻具卷入，造成严重伤害的事故。再如，使用螺丝刀紧固螺钉可能打滑伤及自己的手；剪断印制电路板上的元器件引线时，线段飞射打伤眼睛等事故都曾发生。只要严格遵守安全制度和操作规程，树立牢固的安全保护意识，这些事故是完全可以避免的。

3. 防止烫伤

烫伤在电子装接工作中是频繁发生的一种安全事故，这种烫伤一般不会造成严重后果，但也会给操作者造成伤害。只要注意操作安全，烫伤是完全可以避免的。造成烫伤的原因及防止措施如下：

（1）接触过热固体

① 电烙铁和电热风枪。电烙铁为电子装接必备的工具，通常烙铁头表面温度可达400～500℃，而人体所能耐受的温度一般不超过50℃。工作中电烙铁应放置在烙铁架上并置于工作台右前方。观测烙铁温度可用烙铁熔化松香，不要直接用手触摸烙铁头。

② 电路中发热电子元器件，如变压器、大功率器件、电阻器、散热片等。特别是电

路发生故障时有些发热器件可达几百摄氏度高温，如果在通电状态下触及这些元器件不仅可能造成烫伤，还可能有触电危险。

（2）过热液体烫伤

电子装接工作中接触到的主要有熔化状态的焊锡及溶液（如腐蚀印制电路的加热腐蚀液）。

（3）电弧烧伤

电弧温度可达数千摄氏度，对人体损伤极为严重。电弧烧伤常发生在操作电气设备过程中，例如较大功率电器不通过启动装置而直接接到刀开关上，当操作者用手去断开刀开关时，由于电路感应电动势（特别是电感性负载，如电动机、变压器等）在刀开关瞬间可产生数千甚至上万伏高电压，因此击穿空气而产生的强烈电弧容易烧伤操作者。

1.3.4　触电急救与电气消防

1. 触电急救

发生触电事故，千万不要惊慌失措，必须用最快的速度使触电者脱离电源。要记住当触电者未脱离电源前本身就是带电体，同样会使抢救者触电。脱离电源最有效的措施是拉闸或拔出电源插头，如果一时找不到或来不及找的情况下可用绝缘物（如带绝缘柄的工具、木棒、塑料管等）移开或切断电源线，关键是要快，同时保证自己的安全。

脱离电源后如果病人呼吸、心跳尚存，应尽快送医院抢救；若心跳停止应采用人工心脏按压法维持血液循环；若呼吸停止应立即做口对口人工呼吸；若心脏、呼吸全停止，则应同时采用上述两种方法，并向医院告急求救。

2. 电气消防

发生电气火灾后，进行电气消防时要注意以下几点：

（1）发现电子装置、电气设备、电缆等冒烟起火，要尽快切断电源（拉电源总开关或将失火电路断开）。

（2）使用砂土、二氧化碳或四氯化碳等不导电灭火介质，忌用泡沫或水进行灭火。

（3）灭火时不可将身体或灭火工具触及导线和电气设备。

习　　题

1. 什么是工艺？电子工艺的研究领域有哪些？

2. 电子工艺有哪些特点？

3. 简述电子工艺工作人员的工作范围。

4. 生产条件对制造工艺提出哪些要求？

5. 产品使用对制造工艺提出了哪些要求？

6. 提高电子产品的可靠性一般采用哪些措施？

7. 在电子装接操作的过程中，有哪些必须时刻警惕的不安全因素？

8. 安全用电保护措施有哪些方式？

9. 触电急救与电气消防需注意哪些问题？

第 2 章 常用电子元器件的识别及检测

学习目的及要求：

（1）熟悉常用电子元器件的类别、型号、规格、性能、使用范围及质量判别方法。

（2）能正确识别和选用常用电子元器件，并能熟练使用万用表检测。

（3）能查阅电子元器件手册，了解电子元器件的老化、筛选等工艺，为提高电子设备的装配质量打下良好的基础。

2.1 电子元器件概述

电子元器件是元件和器件的总称，广泛应用于各种电子电气设备上。任何一个实际的电子电路，都是由若干电子元器件组合而成的。各种电子电路由于用途不同，所用元器件的种类和数量也各不相同。电子元器件，按使用的对象和场合，一般分为军用级、工业级和民用级三大等级；按施加信号，一般分为无源元器件（习惯上称为元件）和有源元器件（习惯上称为器件）两类。

如果电子元器件工作时，其内部没有任何形式的电源，则这种器件叫作无源器件。无源器件用来进行信号传输，或者通过方向性进行"信号放大"，如电阻器、电容器、电感器，都是无源器件。

如果电子元器件工作时，其内部有电源存在，则这种器件叫作有源器件，如晶体管、电子管、集成电路。因为它本身能产生电子，对电压、电流有控制、变换（放大、开关、整流、检波、振荡和调制等）作用，所以又称有源器件。有源器件和无源器件对电路的工作条件要求、工作方式完全不同，这在今后的学习过程中必须十分注意。

随着电子科学技术的发展，电子元器件品种规格日趋繁多，应用广泛，并逐渐向小型化、集成化发展，成为近代科学技术发展的一个重要标志。就装配焊接的方式来说，已经从传统的通孔插装方式全面转向表面安装方式。

2.1.1 电子元器件的命名与标注

1. 电子元器件的命名

国家对国产电子元器件的种类命名都有统一的规定，可以从相关国家标准中查到。通常，电子元器件的名称应反映出它们的种类、材料、特征、生产序号及区别代号，并能够表示出主要的电气参数，电子元器件的名称由字母（汉语拼音或英文字母）和数字组成。对元器件来说，一般可用一个字母来表示，如 R 表示电阻器，C 表示电容器，L 表示电感器，W 表示电位器等。对于进口的电子元器件在选用时必须查阅它们的技术资料，这里不再详述。

2. 电子元器件的标注

电子元器件的型号及各种参数，有很多标注方法，常用的标注方法有直标法、文字符号法和色标法 3 种。

（1）直标法

如图 2-1 所示，把元器件的主要参数直接印在元器件的表面上。这种标注方法直观，方便识读，但只能用于体积较大的元器件。

（2）文字符号法

文字符号法是指用文字符号来表示元器件的种类及有关参数，常用于标注半导体器件和集成电路，文字符号应该符合国家标准或国际标准。如图 2-2 所示，2SC2246 表示 NPN 型硅材料大功率晶体管；又如，集成电路上印有 CC4011，表示 4000 系列的国产 CMOS 数字集成电路等。

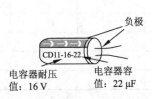

图 2-1　元器件参数直标法　　　　　图 2-2　文字符号标注法

随着电子元器件不断向小型化发展的趋势，特别是表面安装元器件的制造工艺和表面安装技术（SMT）的进步，要求在元器件表面上标注的文字符号有相应的改革。除了那些高精度元器件以外，一般仅用 3 位数字标注元器件的数值，而允许偏差（精度等级）不再表示出来。文字符号法标注时有相应的规定，具体为：

① 用元器件的形状及其表面的颜色区别元器件的种类，如在表面安装元器件中，除了开关的区别外，黑色表示电阻，棕色表示电容，淡蓝色表示电感等。

② 电阻的基本标注单位是欧［姆］（Ω），电容的基本标注单位是皮法（pF），电感的基本标注单位是微亨（μH）。用 3 位数字标注元器件的数值。

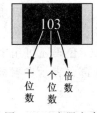

③ 对于 10 个基本标注单位以上的元器件，前两位数字表示有效数值，第三位数字表示倍率。例如，电阻器上的标注，101 表示其阻值为 $10 \times 10^1 = 100 \ \Omega$，223 表示其阻值为 $22 \times 10^3 = 22 \ \text{k}\Omega$。又如，图 2-3 所示表面安装电阻的阻值是 $10 \times 10^3 \ \Omega = 10 \ \text{k}\Omega$。

图 2-3　电阻文字符号标注法

对于电容器上的标注，如 103 表示其容量为 $10 \times 10^3 = 10\,000 \ \text{pF} = 0.01 \ \mu\text{F}$，475 表示其容量为 $47 \times 10^5 = 4\,700\,000 \ \text{pF} = 4.7 \ \mu\text{F}$。对于电感器上的标注，如 820 表示其电感量 $82 \times 10^0 = 82 \ \mu\text{H}$。

对于 10 个基本标注单位以下的元器件，用字母 R 表示小数点，其余两位数字表示数值的有效数字。例如，对于电阻上标注，R10 表示其阻值为 0.1 Ω，3R9 表示其阻值为 3.9 Ω；对于电容器上标注，1R5 表示其容量为 1.5 pF；对于电感器上标注，6R8 表示其电感量为 6.8 μH 等。

（3）色标法

色标法主要是在圆柱形（主要是电阻器）体上印制色环、在球形元器件（电容器、电感器）和异形元器件（晶体管）体上印制色点，表示它们的主要参数及特点，称为色码标注法，简称色标法。色标法有以下规定：

① 用背景颜色区别种类：用浅色（淡绿色、淡蓝色、浅棕色）表示碳膜电阻器；用红色表示金属膜或金属氧化膜电阻器；深绿色表示线绕电阻器等。

② 用色码（色环、色带或色点）表示数值及允许偏差，国际统一的色码识别规定如表 2 - 1 所示。

表 2 - 1　色码识别定义

色彩	有效数字	倍率（乘数）	允许误差 /%	色彩	有效数字	倍率（乘数）	允许误差 /%
黑	0	10^0	-	紫	7	10^7	± 0.1
棕	1	10^1	± 1	灰	8	10^8	-
红	2	10^2	± 2	白	9	10^9	- 20 ~ + 50
橙	3	10^3	-	金		10^{-1}	± 5
黄	4	10^4	-	银		10^{-2}	± 10
绿	5	10^5	± 0.5	无色			± 20
蓝	6	10^6	± 0.25				

普通电阻阻值和允许误差大多用 4 个色环表示。第一、第二环表示有效数字，第三环表示倍数（乘数），第四环与前三环距离较大（约为前几环间距的 1.5 倍），表示允许误差。例如，黄、紫、橙、金四环表示的阻值为 $47 \times 10^3 = 47\ \mathrm{k\Omega}$，允许误差为 ± 5%；又如，橙、绿、红、橙四环表示的阻值为 $15 \times 10^2 = 1.5\ \mathrm{k\Omega}$，允许误差为 ± 1%。

精密电阻采用 5 个色环标志，前三环表示有效数字，第四环表示倍数，与前四环距离较大的第五环表示允许误差。例如，棕、绿、黑、红、棕五环表示的阻值为 $150 \times 10^2 = 15\ \mathrm{k\Omega}$，允许误差为 ± 1%；又如，棕、紫、绿、银、绿五环表示的阻值为 $175 \times 10^{-2} = 1.75\ \Omega$，允许误差为 ± 0.5%。

色码也可以用来表示数字编号。例如，彩色扁平带状电缆就是依次使用顺序排列的棕、红、橙、黄、绿、蓝……黑色，表示每条线的编号 1、2、3、4、5……0。

色码还可用来表示元器件的某项参数。电子工业部标准规定，用色点标在晶体管的顶部，表示发射极直流放大倍数 β 或 h_{FE} 的分挡，其意义如表 2 - 2 所示。

表 2 - 2　用色点表示半导体晶体管放大倍数

色点	棕	红	橙	黄	绿
β 分挡	0 ~ 15	15 ~ 25	25 ~ 40	40 ~ 55	55 ~ 80
色点	蓝	紫	灰	白	黑
β 分挡	80 ~ 120	120 ~ 180	180 ~ 270	270 ~ 400	400 以上

元器件参数色标法如图 2 - 4 所示。

色点和色环还常用来表示电子元器件的极性。例如，电解电容器外壳上标有白色箭头和负号的一极是负极；玻璃封装二极管上标有黑色环的一端、塑料封装二极管上标有白色环的一端为负极；某些晶体管的引脚非标准排列，在其外壳的柱面上用红色点表示发射极等。

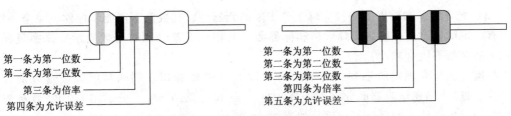

图 2 - 4　元器件参数色标法

2.1.2　电子元器件的主要参数

不同种类的电子元器件的参数不一样。电子元器件的主要参数包括特性参数、规格参数和质量参数。这些参数从不同角度反映了一个电子元器件的电气性能及完成功能的条件，它们是相互关联的。

1. 电子元器件的特性参数

电子元器件的特性参数用于描述电子元器件在电路中的电气功能，一般用伏安特性表达，电阻器的特性参数就是指电阻器的伏安特性。不同种类的电子元器件具有不同的特性参数。

2. 电子元器件的规格参数

电子元器件的规格参数是用于描述电子元器件特性参数数量的参数。规格参数包括标称值、额定值和允许误差值等。电子元器件在整机中要占有一定的体积空间，所以它的封装外形和尺寸也是一种规格参数。

（1）标称值和标称值系列。为了便于大批量生产，并让使用者能够在一定范围内选用合适的电子元器件，国家规定出了一系列数值作为产品的标准值，这些有序排列的值组叫作标称值系列。规定了标称值系列，就大大减少了必须生产的元器件的产品种类，从而使生产厂家有可能实现批量化、标准化的生产及管理。同时，由于标准化的元器件具有良好的互换性，为电子整机产品创造了结构设计和装配自动化的条件。常用的元器件特性数值标称系列如表 2 - 3 所示。

表 2 - 3　常用的元器件特性数值标称系列

系列	E24	E12	E6	E24	E12	E6
标志	J（Ⅰ）	K（Ⅱ）	M（Ⅲ）	J（Ⅰ）	K（Ⅱ）	M（Ⅲ）
允许误差/%	±5	±10	±20	±5	±10	±20
特性标称数值	1.0	1.0	1.0	3.3	3.3	3.3
	1.1			3.6		
	1.2	1.2		3.9	3.9	
	1.3			4.3		
	1.5	1.5	1.5	4.7	4.7	4.7
	1.6			5.1		
	1.8	1.8		5.6	5.6	
	2.0			6.2		
	2.2	2.2	2.2	6.8	6.8	6.8
	2.4			7.5		
	2.7	2.7		8.2	8.2	
	3.0			9.1		

注：精密元器件的数值还有 E48（允许误差 ±2%）、E96（允许误差 ±1%）、E192（允许误差 ±0.5%）等几个系列。

（2）允许误差和精度等级。实际生产出来的元器件，其数值不可能和标称值完全一样，总会有一定的误差，一般用实际数值和标称数值的相对误差（用百分数表示）来衡量元器件数值的精密等级（精度）。

精度等级也有规定的系列，用不同的字母 J、K、M 标识它们的精度等极（以前曾用Ⅰ、Ⅱ、Ⅲ）。精密电阻器的允许误差有 ±2%、±1%、±0.5%，分别用 G、F、D 标识精度。常用元器件数值的允许误差符号如表 2−4 所示。

表 2−4　常用元器件数值允许误差符号

允许误差/%	±0.1	±0.25	±0.5	±1	±2	±5	±10	±20	+20 −10	+30 −20	+50 −20	+80 −20	+100 0
符 号	B	C	D	F	G	J	K	M	—	—	S	E	H
曾用符号	—	—	—	O	—	Ⅰ	Ⅱ	Ⅲ	Ⅳ	Ⅴ	Ⅵ	—	—

（3）额定值与极限值。为了保证电子元器件的正常工作，防止在工作时因电压过高，绝缘材料被击穿或因电流过大被烧毁，规定了电子元器件的额定值，一般包括：额定工作电压、额定工作电流、额定功率及额定工作温度等，即电子元器件能够长时间正常工作（完成其特定的电气功能）时的最大电压、最大电流、最大功率消耗及最高环境温度。电子元器件的额定值也有系列，其系列数值因元器件不同而不同。

电子元器件的工作极限值，一般是指最大值，即元器件能够保证正常工作的最大限度。例如，最大工作电压、最大工作电流和最高环境温度等。

（4）其他规格参数。除了前面介绍的标称值、允许误差、额定值、极限值等以外，各种电子元器件还有其特定的规格参数。例如，半导体器件的特征频率、截止频率；线性集成电路的开环放大倍数等。在选用电子元器件时，应该根据电路的需要考虑这些参数。

3. 电子元器件的质量参数

质量参数一般用于度量电子元器件的质量水平，通常描述了元器件的特性参数、规格参数随环境因素变化的规律，或者划定了它们不能完成功能的边界条件。

电子元器件的质量参数一般有温度系数、噪声电动势、高频特性及可靠性等，从整机制造工艺方面考虑，主要有机械强度和可焊性。不同的电子元器件还有一些特定的质量参数。例如，对于电容器来说，绝缘电阻的大小、由于漏电而引起的能量损耗等都是重要的质量参数。又如，晶体管的反向饱和电流、穿透电流和饱和压降等，都是晶体管的质量参数。电子元器件的这些特定质量参数，都有相应的检验标准，应该根据实际电路的要求进行选用。

2.1.3　电子元器件的检验和筛选

在电子整机的工业化生产中，都设有专门的元器件筛选检测车间，备有许多通用和专用的筛选检测装备和仪器，根据产品具体电路的要求，依据元器件的检验筛选工艺文件，对元器件进行严格的筛选。筛选包括外观质量检验、老化筛选、功能性筛选等。但对于业余电子爱好者来说，不可能具备这些条件，即使如此，也绝不可以放弃对元器件的筛选和检测工作，因为许多电子爱好者所用的电子元器件是邮购来的，其中有正品，也有次品，如在安装之前不对它们进行筛选检测，一旦焊入印制电路板上，发现电路不能正常工作，再去检查，不仅浪费很多时间和精力，而且拆来拆去很容易损坏元器件及印制电路板。

1. 外观质量检验

在拿到一个电子元器件之后，应首先对元器件外观质量进行检验，外观质量检验包括以下几方面：

（1）元器件封装、外形尺寸、电极引线的位置和直径应该符合产品标准外形图的规定。

（2）外观是否完好无损，其表面是否凹陷、有无划痕、裂口、污垢和锈斑；外部涂层是否有起泡、脱落和擦伤现象。电极引线是否镀层光洁，无压折或扭曲，有无影响焊接的氧化层、污垢和伤痕。

（3）各种型号、规格标志是否完整、清晰、牢固；特别是元器件参数的分挡标志、极性符号和集成电路的种类型号，其标志、字符是否模糊不清、脱落或有摩擦痕迹。

（4）对于可调元器件，在其调节范围内是否活动平顺、灵活，松紧适当，有无机械杂音；开关类元器件能否保证接触良好，动作迅速。

各种元器件用在不同的电子产品中，都有自身的特点和要求，除上述共同点以外，往往还有特殊要求，应根据具体的应用条件区别对待。

2. 老化筛选

在正规的电子工厂里，采用的老化筛选项目一般有：高温存储老化、高低温循环老化、高低温冲击老化和高温功率老化等。其中，高温功率老化是给试验的电子元器件通电，模拟实际工作条件，再加上 $80 \sim 180\,℃$ 的高温经历几个小时，它是一种对元器件多种潜在故障都有检验作用的有效措施，也是目前采用最多的一种方法。对于业余爱好者来说，在单件电子制作过程中，是不太可能采取这些方法进行老化筛选的。常用的老化方法有以下几种：

（1）自然老化。对于大多数元器件来说，在使用前经过一段时间的储存，让电子元器件自然地经历夏季高温和冬季低温的考验，然后再来检测它们的电性能，看是否符合使用要求，优存劣汰。这种在使用前把元器件存放一段时间进行老化的方法称为自然老化。

（2）电老化。对于那些工作条件比较苛刻的关键元器件或一些急用的电子元器件，也可采用简易电老化方式，可采用一台输出电压可调的脉动直流电源，使加在电子元器件两端的电压略高于元器件额定值的工作电压，调整通过限流元器件的电流强度，使其功率为 $1.5 \sim 2$ 倍额定功率，通电 $3 \sim 5$ min 时间，利用元器件自身的特性而发热升温，并保证元器件温度不超过允许温度的极限值。

3. 功能性筛选

功能性筛选是指对元器件的电气参数进行功能性测量。对那些要求不是很高的低档电子产品，一般采用随机抽样的方法检验筛选元器件；对那些要求较高、工作环境严酷的产品，必须采用更加严格的筛选方法来逐个检验元器件。筛选时，应根据元器件的质量标准或实际使用的要求，选用合适的专用或通用的仪器、仪表，选择正确的测量方法和恰当的仪表量程，测量结果应该符合该元器件的有关指标，并在标称值允许的误差范围内。

2.2　电阻器和电位器

电阻器简称电阻，它是所有电子装置中应用最广泛的一种元器件，也是最便宜的电子元器件之一。它是一种线性元器件，在电路中的主要用途有：限流、降压、分压、分流、匹配、负载、阻尼、采样等。电阻器常用符号 R 表示，电阻的国际单位为欧姆（Ω），常用的单位还有千欧（kΩ）和兆欧（MΩ）。图 2 - 5 所示为几种常用电阻器的外形。

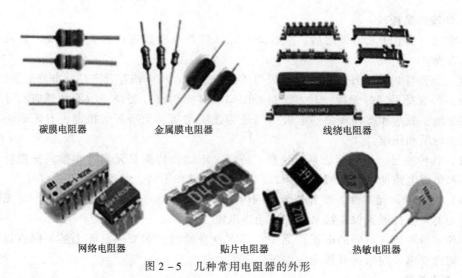

碳膜电阻器　　　　　金属膜电阻器　　　　　　线绕电阻器

网络电阻器　　　　　　贴片电阻器　　　　　热敏电阻器

图 2-5　几种常用电阻器的外形

电阻的单位换算关系为：$1\,M\Omega = 10^{3}\,k\Omega = 10^{6}\,\Omega$。

电位器是一种可调电阻器，它有 3 个引出端，其中两个引出端为固定端，另一个引出端为滑动端，滑动端可以在固定端电阻体上做机械运动，使其与固定端之间的电阻发生变化，电位器的图形符号及外形如图 2-6 所示。

电位器　　可调电阻器符号　　合成碳膜电位器　　　　　有机实芯电位器

带开关电位器　　双联电位器　　直滑式电位器　　　　微调电位器

图 2-6　电位器的图形符号及外形

2.2.1　电阻器和电位器的命名与种类

1. 电阻器和电位器的命名

电阻器、电位器的型号一般由下列五部分组成，各部分用字母或数字表示，如图 2-7 所示。

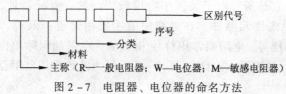

图 2-7　电阻器、电位器的命名方法

第一部分是主称，用字母表示，R 表示一般电阻器，W 表示电位器，M 表示敏感电阻器。

第二部分是材料，用字母表示，不同字母表示的含义如表 2 – 5、表 2 – 6 所示。

表 2 – 5　电阻器的材料、分类代号

材料		分类					
字母代号	含义	数字代号	意义		字母代号	意义	
			电阻器	电位器		电阻器	电位器
T	碳膜	1	普通	普通	G	高功率	高功率
J	金属膜	2	普通	普通	T	可调	—
Y	氧化膜	3	超高频	—	W	—	微调
H	合成碳膜	4	高阻	—	D	—	多圈
S	有机实芯	5	高温	—	X	小型	小型
N	无机实芯	6	—	—	J	精密	精密
C	沉积膜	7	精密	精密	L	测量用	—
I	玻璃釉	8	高压	特殊函数	Y	被釉	—
X	线绕	9	特殊	特殊	C	防潮	—

表 2 – 6　敏感电阻的材料、分类代号及意义

材料		分类			
字母代号	意义	数字代号	意义		
			温度	光敏	压敏
F	负温度系数热敏	1	普通	—	碳化硅
Z	正温度系数热敏	2	稳压	—	氧化锌
G	光敏	3	微波	—	氧化锌
Y	压敏	4	旁热	可见光	—
S	湿敏	5	测温	可见光	—
C	磁敏	6	微波	可见光	—
L	力敏	7	测量	—	—
Q	气敏	8	—	—	—

第三部分是分类，一般用数字表示，个别类型用字母表示见表 2 – 5。

第四部分是序号，用数字表示。

第五部分是区别代号，用字母表示。

当电阻器（电位器）的主称、材料特征相同，而尺寸、性能指标有差别时，在序号后用 A、B、C、D 等字母予以区别。例如：

【示例 1】精密金属膜电阻器。

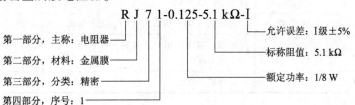

R J 7 1-0.125-5.1 kΩ-I

第一部分，主称：电阻器
第二部分，材料：金属膜
第三部分，分类：精密
第四部分，序号：1

允许误差：I 级±5%
标称阻值：5.1 kΩ
额定功率：1/8 W

【示例 2】220 kΩ 单联合成碳膜电位器。

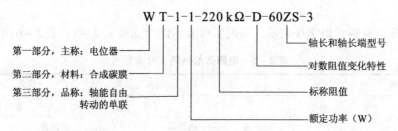

$$W\ T-1-1-220\,k\Omega-D-60ZS-3$$

第一部分，主称：电位器
第二部分，材料：合成碳膜
第三部分，品称：轴能自由转动的单联
额定功率（W）
标称阻值
对数阻值变化特性
轴长和轴长端型号

【示例 3】微调 47 kΩ 有机实芯电位器。

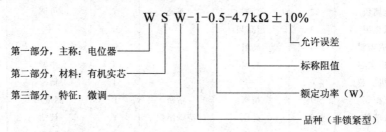

$$W\ S\ W-1-0.5-4.7\,k\Omega\pm10\%$$

第一部分，主称：电位器
第二部分，材料：有机实芯
第三部分，特征：微调
品种（非锁紧型）
额定功率（W）
标称阻值
允许误差

2. 电阻器和电位器的种类

（1）电阻器的种类。电阻器的种类很多，通常有固定电阻器、可调电阻器和敏感电阻器。按电阻器结构和材料不同，可分为线绕电阻器和非线绕电阻器、功率型线绕电阻器等。非线绕电阻器有碳膜电阻器、金属膜电阻器、金属氧化膜电阻器、合成碳膜电阻器、金属玻璃铀电阻器、有机合成实芯电阻器、无机合成实芯电阻器等。

（2）电位器的种类。电位器可按材料、用途、阻值变化规律、结构特点、驱动机构运动方式等因素进行分类，如表 2 - 7 所示。

表 2 - 7　电位器的分类

分类形式			举　例
材料	合金型	线绕	线绕电位器（WX）
		金属箔	金属箔电位器（WB）
	薄膜型		金属膜电位器（WJ）、金属氧化膜电位器（WY）、复合膜电位器（WH）、碳膜电位器（WT）
	合成型	有机	有机实芯电位器（WS）
		无机	无机实芯电位器、金属玻璃铀釉电位器（WI）
	导电塑料		直滑式（LP）、旋转式（CP）
用　途			普通、精密、微调、功率、专用（高频、高压、耐压）
阻值变化规律	线性		线性电位器（X）
	非线性		对数式（D）、指数式（Z）、正余弦式
结构特点			单圈、多圈、单联、多联、有止档、无止档、带推拉开关、带旋转开关、锁紧式
调节方式			旋转式、直滑式

2.2.2　电阻器的主要参数及标志方法

1. 电阻器的主要参数

电阻器的主要技术指标有额定功率、标称阻值、精度、温度系数、非线性度、噪声系数等项。一般情况下，电阻器只标明阻值、精度、材料和额定功率几项；对于额定功率小于 0.5 W 的小电阻器，通常只标注阻值和精度，其材料及额定功率通常由外形尺寸和颜色判断。电阻器的主要参数通常用色环或文字符号标出。

（1）额定功率。电阻器的额定功率是指其在电路中长时间连续工作不损坏，或不显著改变其性能所允许消耗的最大功率，是电阻器在电路中工作时允许消耗功率的限额。选择电阻器的额定功率，应该判断它在电路中的实际功率，一般额定功率是实际功率的 1.5 ~ 2 倍以上。电阻器的额定功率系列如表 2 - 8 所示。

表 2 - 8　电阻器的额定功率系列

线绕电阻器的额定功率系列/W	0.05、0.125、0.25、0.5、1、2、4、8、10、16、25、40、50、75、100、150、250、500
非线绕电阻器的额定功率系列/W	0.05、0.125、0.25、0.5、1、2、5、10、25、50、100

在电路图中，标有电阻器额定功率的电阻符号如图 2 - 8 所示。

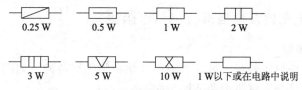

图 2 - 8　标有电阻器额定功率的电阻符号

（2）标称阻值。标称阻值是电阻器的主要参数之一，不同类型的电阻器，阻值范围不同；不同精度等级的电阻器，其数值系列也不同。在设计电路时，应该尽可能选用阻值符合标称系列的电阻器。电阻器的标称阻值，用色环或文字符号标示在电阻器的表面。

（3）精度。阻值精度是指与标称阻值的相对误差。允许相对误差的范围叫作允许误差（允许偏差、精度等级）。普通电阻器的允许误差可分为 ±5%、±10%、±20% 等，精密电阻器的允许误差可分为 ±2%、±1%、±0.5%、…、±0.001% 等 10 多个等级。

（4）温度系数。指电阻器的电阻值随温度变化的情况。一般情况下，应该采用温度系数较小的电阻器；而在某些特殊情况下，则需要使用温度系数大的热敏电阻器，这种电阻器的阻值随着环境和工作电路的温度而敏感地变化。它有两种类型：一种是正温度系数型；另一种是负温度系数型。

2. 电位器的主要参数

电位器技术指标的参数很多，但一般来说主要可分为标称阻值、额定功率、滑动噪声、分辨率、阻值变化规律、机械耐久性、机械零位电阻等。

（1）标称阻值。电位器的标称阻值是标在产品上的名义阻值，其系列与电阻的阻值系列相同。根据不同的精度等级，实际阻值与标称阻值的允许误差范围为 ±20%、±10%、±5%、±2%、±1%，精密电位器的精度可达到 ±0.1%。

（2）额定功率。电位器的额定功率是指两个固定端之间耗散的最大功率。一般电位器的额定功率系列为 0.63 W、0.125 W、0.25 W、0.5 W、0.75 W、1 W、2 W、3W；线绕电位器的额定功率比较大，大功率的可达到 100 W。应该特别注意，电位器的固定端附近容易因电流过大而烧毁，滑动端与固定端之间所能承受的功率要小于电位器的额定功率。

（3）滑动噪声。当电刷在电阻体上滑动时，电位器中心端与固定端之间的电压出现无规则的起伏，这种现象称为电位器的滑动噪声。它是由材料电阻率分布的不均匀性以及电刷滑动时接触电阻的无规律变化引起的。

（4）分辨率。分辨率是指电位器的阻值连续变化时，其阻值变化量与输出电压的比值。即电位器对输出量可实现的最精细的调节能力，称为电位器的分辨率。非线绕电位器的分辨率较线绕电位器的分辨率要高。

（5）阻值变化规律。调整电位器滑动端，其电阻值按照一定规律变化。常见的电位器阻值变化有线性变化（X 型）、指数变化（Z 型）和对数变化（D 型）。根据不同的需要，还可制成按照其他函数（如正弦、余弦）规律变化的电位器。

（6）机械耐久性。它是表示电位器使用寿命的指标，通常以旋转（或滑动）多少次为标志。

（7）机械零位电阻。当电位器的滑动端处于机械零位时，滑动端与一个固定端之间的电阻应该是零。但由于接触电阻和引出电阻的影响，机械零位的电阻一般不是零。在某些应用场合，必须选择机械零位电阻小的电位器。

2.2.3 表面安装电阻器及电阻排（网络电阻器）

1. 表面安装电阻器

表面安装电阻器按封装外形，可分为矩形片状和圆柱形两种，如图 2－9 所示。表面安装电阻器按制造工艺可分为厚膜型和薄膜型两类。

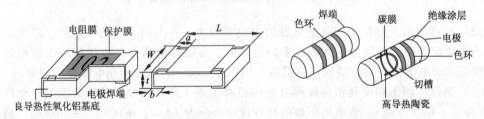

（a）矩形片状电阻器的结构及外形　　　　（b）圆柱形表面安装结构的电阻器外形

图 2－9　表面安装电阻器结构及基本外形

（1）矩形片状表面安装电阻器

矩形片状表面安装电阻器一般是用厚膜工艺制作的；基片大都采用陶瓷氧化铝（Al_2O_3）制成，具有较好的机械强度和电绝缘性。电阻膜采用（RuO_2）制作的电阻浆印制在基片上，再经过烧制。通过改变电阻浆料成分或配比，得到不同的电阻值，也可以用激光在电阻膜上刻槽微调电阻值；由于（RuO_2）的成本较高，近年来又开发出一些低成本的电阻浆料，如氮化系材料（TaN－Ta），碳化钨系材料（WC－W）和 Cu 系材料。在电阻膜的外面有一层保护层，采用玻璃浆印制在电阻膜上，经过烧结成釉状，所以片状元器件看起来都亮晶晶的。矩形片状电阻器的额定功率系列有：1 W、1/2 W、1/4 W、1/8 W、1/10 W、1/16 W。矩形片状电阻器的范围在 0.1 Ω～20 MΩ 之间，有各种规格。电阻值采用数码法直标在元器件上，阻值小于 10 Ω 用 R 代替小数点，如 8R2 表示 8.2 Ω。0R 为跨接片，电流容量不超过 2 A。

矩形片状电阻器是根据其外形尺寸的大小划分成几个系列型号的，现有两种表示方法，欧美产品大多采用英制系列，日本产品大多采用公制系列，我国这两种系列都可以使用。无论哪种系列，系列型号的前两位数字都表示元器件的长度，后两位数字表示元器件的宽度。矩形电阻器外形尺寸如表 2-9 所示。

表 2-9　矩形电阻器外形尺寸　　　　单位：mm/in

米制／英制型号	L	W	a	b	T
3216/1206	3.2/0.12	1.6/0.06	0.5/0.02	0.5/0.02	0.6/0.024
2012/0805	2.0/0.08	1.25/0.05	0.4/0.016	0.4/0.016	0.6/0.016
1608/0603	1.6/0.06	0.8/0.03	0.3/0.012	0.3/0.012	0.45/0.018
1005/0402	1.0/0.04	0.5/0.02	0.2/0.008	0.25/0.01	0.35/0.014
0603/0201	0.6/0.02	0.3/0.01	0.2/0.005	0.2/0.006	0.25/0.01

注：米制/英制转换 1 in = 1 000 mil，1 in = 25.4 mm，1 mm ≈ 40 mil。

（2）圆柱形表面安装电阻器

圆柱形表面安装电阻器可以用薄膜工艺来制作，在高铝陶瓷基柱表面溅射镍铬合金膜或碳膜，在膜上刻槽调整电阻值，两端压上金属焊端，再涂覆耐热漆形成保护层并印上色环标志。圆柱形表面安装电阻器外形与普通电阻器类似，可分为碳膜电阻器和金属膜电阻器两大类。其额定功率有 1/8 W、1/4 W 两种，对应规格分别为 ϕ1.1×2.0 mm、ϕ1.5×3.5 mm、ϕ2.2×5.9 mm，体积大的功率也大，其标志采用常见的色环标志法，参数与矩形片状电阻器相近。与矩形片状电阻器相比，圆柱形表面安装电阻器的高频特性差，但噪声和三次谐波失真较小，因此，多用在音响设备中。

2．排电阻器

排电阻器是一种将按一定规律排列的分立电阻器集成在一起的组合型电阻器，也称集成电阻器或电阻器网络。排电阻器有单列直插式、双列直插式和表面安装式 3 种外形结构，其内部电阻器的排列有多种形式。排电阻器的外形如图 2-10 所示。

（a）双列直插式　　　　（b）表面安装式　　　　（c）单列直插式

图 2-10　排电阻器的外形

2.2.4　电阻器与电位器的选用和质量判别

1．电阻的正确选用与质量判断

（1）电阻器的正确选用

在选用时，不仅要求其各项参数符合电路的使用条件，还要考虑外形尺寸和价格等多方面的因素。一般来说，电阻器应该选用标称阻值系列，允许误差多用 ±5% 的，额定功率大约为在电路中的实际功耗的 1.5 ~ 2 倍以上。另外，还要仔细分析电路的具体要求，在那些稳定性、耐热性、可靠性要求比较高的电路中，应该选用金属膜或金属氧化膜电阻；如果要求功率大、耐热性好，工作频率又不高，则可选用线绕电阻器；对于无特殊要求的一般电路，可使用碳膜电阻器，以便降低成本。

（2）电阻器的质量判断

电阻器质量判别，首先要观看外表是否有外观质量缺陷，然后再用万用表直接测量电阻器两个引脚，若读数为无穷大或为零，表明电阻器已损坏；反之，则可以通过调整测量量程准确读出电阻器的阻值。对于热敏电阻器，应先预测一下室温下的阻值，然后用发热元器件（如灯泡、电烙铁等）靠近热敏电阻器对其加热，同时用万用表测量其阻值是否随温度的升高而变化。若不发生变化，则损坏；若阻值增大，则该热敏电阻器是正温度系数的热敏电阻器；若其阻值降低，则是负温度系数的热敏电阻器。热敏电阻器的测试方法如图 2 – 11 所示。

2. 电位器的正确选用与质量判别

（1）电位器的合理选用。电位器的种类很多，用途各异，可根据电路特点及要求，查阅产品手册，了解性能，合理选用。特别是对于一些曾用过的旧电位器，必须要仔细检查其引出端子是否松动，接触是否良好可靠。对于不符合要求的电位器不能勉强凑合使用，否则将影响电路正常工作，甚至导制其他元器件损坏。

（2）电位器的测量。电位器质量判别如图 2 – 12 所示，首先找出标称阻值端，检测时可用万用表的 $R \times 1$ 挡，分别测量 3 个引脚间的阻值，测得阻值与标称阻值相等的两个引脚（"1、3" 引脚）为标称阻值端（固定引脚），另一个为中间引脚（"2" 引脚）。若测得与标称值相差很大，则表示电位器已损坏。然后，可用万用表检查电位器活动臂（中间引脚）与电阻器片的接触是否良好，用万用表一个表笔接中间端（"2" 引脚），另一表笔接固定引脚（"1 或 3" 引脚），按逆时针或顺时针慢慢旋转电位器轴柄，观察万用表阻值。若万用表指针连续平稳变化，则电位器触点良好。否则该电位器触点有可能接触不良或电阻片碳膜涂层不均匀、电阻体磨损、有严重污染等。

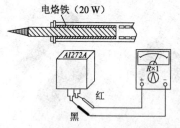

图 2 – 11　加热检测热敏电阻器

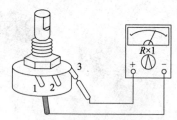

图 2 – 12　测量电位器标称阻值

2.3　电　容　器

电容器是由两个金属电极，中间夹一层电介质构成。在两个电极之间加上电压时，电极上就存储电荷，所以说电容器是一种储能元器件。具有通交流、阻直流，通高频、阻低频的特性。在电路中用于交流耦合、隔离直流、调谐、滤波和能量转换等。

2.3.1　电容器的分类及外形

1．电容器的分类

电容器常用符号 C 表示，其种类很多。按介质不同，可以分为空气介质电容器、纸质电容器、有机薄膜电容器、瓷介质电容器、玻璃釉电容器、云母电容器、电解电容器等；按结构不同，可分为固定电容器、预调电容器、可调电容器等。

（1）固定电容器。固定电容器的容量是不可调的，图 2－13 所示为常用固定电容器的外形和图形符号。

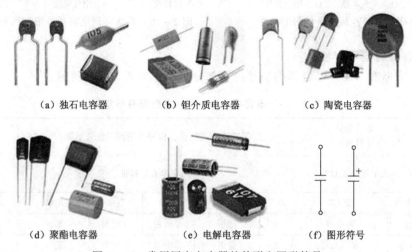

（a）独石电容器　　　（b）钽介质电容器　　　（c）陶瓷电容器

（d）聚酯电容器　　　（e）电解电容器　　　（f）图形符号

图 2－13　常用固定电容器的外形和图形符号

（2）预调电容器。预调电容器又称微调电容器或半可调电容器。其特点是容量可在小范围内变化，可调容量通常在几皮法之间，最高可达 100 pF。预调电容器通常用于整机调整后，电容量不需经常改变的场合。其图形符号及常用的几种电容器外形如图 2－14 所示。

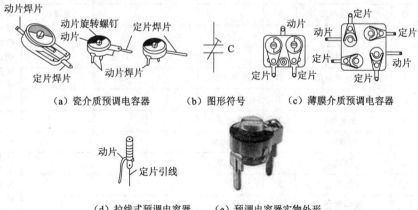

（a）瓷介质预调电容器　　（b）图形符号　　（c）薄膜介质预调电容器

（d）拉线式预调电容器　　（e）预调电容器实物外形

图 2－14　常用预调电容器的外形和图形符号

（3）可调电容器。可调电容器的容量可在一定范围内连续变化，它由许多半圆形动片和定片组成的平行板式结构，动片和定片之间用介质（空气、云母或聚苯乙烯薄膜）隔开，动片组可绕轴相对于定片组旋转 0～180°，从而改变电容量的大小。可调电容器有"单联"

"双联""三联"之分。目前，最常见的小型密封薄膜介质可调电容器，采用聚苯乙烯薄膜作为片间介质。可调电容器的外形和图形符号如图 2-15、图 2-16 所示。

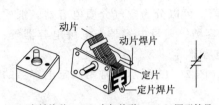
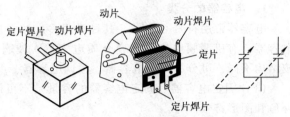

（a）密封单联　（b）空气单联　（c）图形符号　　　　（a）密封双联　（b）空气双联　（c）图形符号

图 2-15　单联可调电容器外形和图形符号　　　图 2-16　双联可调电容器外形和图形符号

2. 电容器的型号命名

根据国家标准，国产电容器的型号由 4 部分组成，如表 2-10 所示。

表 2-10　电容器主称、材料和特征符号意义

第一部分（主称）		第二部分（材料）		第三部分（特征，依种类不同而含义不同）					第四部分
用字母表示主体		用字母表示材料		用字母表示特征					
符号	意义	符号	意义	符号	瓷介	云母	有机	电解	
C	电容器	A	钽电解	1	圆形	非密封	非密封	箔式	材料、特征相同，仅尺寸、性能指标略有差别，但基本上不影响互换的产品给同一序号。若尺寸、性能指标的差别已明显影响互换时，则在序号后面用大写字母作为区别代号予以区别。包括品种、尺寸代号、温度特性、直流工作电压、标称容量、允许误差、标准代号
		B	聚苯乙烯	2	管形	非密封	非密封	箔式	
		C	高频陶瓷	3	叠片	密封	密封	烧结粉液体	
		D	铝电解	4	独石	密封	密封	烧结粉固体	
		E	其他电解质	5	穿心		穿心		
		F	聚四氟乙烯	6	支柱形				
		G	合金电解质	7				无极性	
		H	纸膜复合	8	高压	高压	高压		
		I	玻璃釉	9			特殊	特殊	
		J	金属化纸介质	G	高功率型				
		L	聚酯（涤纶）	T	叠片形				
		N	铌电解	W	微调式				
		O	玻璃膜	J	金属化型				
		Q	漆膜	Y	高压型				
		S	低频陶瓷	X	小型				
		T	低频陶瓷	S	独石				
		V	云母纸	D	低压				
		X	云母纸	M	密封				
		Y	云母	C	穿心				
		Z	纸介	W					

例如：CJX – 250 – 0.33 – ±10% 电容器。

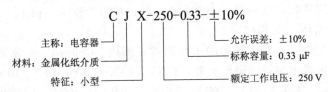

3. 电容器的主要性能指标

（1）标称容量与允许误差

电容器的容量表示电容器存储电荷的能力。单位是法拉（F）、微法（μF）、纳法（nF）和皮法（pF），它们之间的换算关系为：$1F = 10^6 \mu F = 10^9 nF = 10^{12} pF$。

标称容量是标志在电容器上的名义电容量，常用电容器容量的标称值系列如表 2 – 11 所示。任何电容器的标称容量都满足表 2 – 11 中数据乘以 10^n（n 为整数）。

表 2 – 11　常用电容器容量的标称值系列

电容器类别	标称值系列
高频介质、云母介质	1.0、1.1、1.2、1.3、1.5、1.6、1.8、2.0、2.2、2.4
玻璃釉介质	2.7、3.0、3.3、3.6、3.9、4.3、4.7、5.1、5.6、6.2
高频（无极性）有机薄膜介质	6.8、7.5、8.2、9.1
纸介质、金属化介质、复合介质、低频（有极性）有机薄膜介质	1.0、1.5、2.0、2.2、3.3、4.0、4.7、5.0、6.0、6.8、8.0
电解电容器	1.0、1.5、2.2、3.3、4.7、6.8

实际电容器的容量与标称值之间的最大允许偏差范围，称为电容量的允许误差。固定电容器的允许误差分为 8 级，如表 2 – 12 所示。

表 2 – 12　固定电容器允许误差等级

级别	01	02	I	II	III	IV	V	VI
允许误差	1%	±2%	±5%	±10%	±20%	+20% ~ –30%	+50% ~ –20%	+100% ~ –10%

一般电容器的容量及误差都标注在电容器上。体积较小的电容器常用数字和文字标志。采用数字标注容量时用三位整数，第一位、第二位为有效数字，第三位表示有效数字后面加零的个数，单位为皮法（pF）。例如：223 表示该电容器的容量为 22 000 pF（或 0.022 μF）。需要注意的是当第三个数为 9 时是个特例，如 339 表示的容量不是 33×10^9 pF，而是 33×10^{-1} pF（即 3.3 pF）。采用符号标注电容量时，将容量的整数部分写在容量单位标志符号的前面，小数部分放在容量单位符号的后面。例如，0.68 pF 标志为 p68，3.3 pF 标志为 3p3，1 000 pF 标注为 1n，6 800 pF 标志为 6n8，2.2 μF 标志为 2μ2 等。

误差的标注方法一般有 3 种：

一是将容量的允许误差直接标在电容器上。二是用罗马数字"I""II""III"分别表示 ±5%、±10%、±20%。三是用英文字母表示误差等级，如表 2 – 13 所示。

表 2 – 13　字母表示误差法中各字母表示的意义

字母	B	C	D	F	G	J	K	M	N	Q	S	Z	P
误差/%	±0.1	±0.25	±0.5	±1	±2	±5	±10	±20	±30	±30 ~ –10	±50 ~ –20	+80 ~ –20	+100 ~ 0

电容器的容量误差及误差除按上述方法标注外，有的也采用色标法来标注，电容器的色标法原则上与电阻器色标法相同（参阅表 2 - 1），单位为皮法（pF）。

（2）额定工作电压（又称耐压值）

额定工作电压是指电容器在规定的工作温度范围内，长时期、可靠地工作所能承受的最高电压。常用固定式电容器的耐压值有：1.6 V、4 V、6.3 V、10 V、16 V、25 V、（32 V）、40 V、（50 V）、63 V、100 V、125 V、160 V、250 V、（300 V）、400 V、（450 V）、500 V、630 V、1 000 V 等，其中加括号的只限于电解电容器。耐压值一般都直标在电容器上，在选用电容器的额定电压时，必须留有充分的余量。

（3）绝缘电阻（又称漏阻）

理想电容器绝缘电阻应为无穷大，但实际电容器绝缘电阻往往达不到无穷大。一般电容器的绝缘电阻应在 5 000 MΩ 以上。绝缘电阻大，电容器的漏电小，性能好。优质电容器的绝缘电阻可达 TΩ（10^{12} Ω，太欧）级。

（4）介质损耗

理想电容器应没有能量损耗，但实际上电容器在工作时总有一部分电能转换热能而损耗能量，包括漏电流损耗和介质损耗两部分。小功率电容器主要是介质损耗。介质损耗是指介质反复极化和介质导电所引起的损耗。电容器损耗的大小通常用损耗系数即损耗角的正切值 $\tan \delta$ 来表示，即用 $\tan \delta$ 来表示损耗功率与存储功率之比，它真实地表征了电容器的质量优劣。在容量、工作条件相同的情况下，损耗角越大，电容器传递能量的效率就越低，电容器在电路中工作时产生的热量，导致电容器性能变坏或失效，甚至使电解电容器爆裂。损耗角越大的电容器，不宜在高频电路中使用。

4. 常用电容器的结构及特点

（1）纸介电容器（CZ 型）

结构：它主要是用金属箔（如铅箔或锡箔）做电极，绝缘介质是用极薄的电容纸（如浸蜡的纸）和电极引线组成。在两块金属电极之间夹有一层绝缘的介质层，卷成圆柱形或者扁柱形芯子，然后密封在金属壳或者绝缘材料壳中，如图 2 - 17 所示。

特点：体积小、容量较大（容量可达 1 ~ 20 μF）。但是，固有电感和损耗比较大，工作温度一般在 100 ℃ 以下，吸湿性大，需要密封，适用于低频电路。目前，低值纸介电容器正被薄膜电容器所取代。

（2）金属化纸介电容器（CJ 型）

结构：金属化纸介电容器结构与纸介电容器基本相同，它是利用蒸发的方法使金属附着于纸上作为电极，卷制后封装而成，如图 2 - 18 所示。

特点：成本低、容量大、体积小。其最大的优点是具有自愈作用，即当工作电压过高，电容器被击穿后，由于金属膜很薄可蒸发，使电容器在脱离高压后能自愈，但其电容值不稳定，等效电感和损耗都较大，适用于稳定性要求不高的电路中。现在，金属化纸介电容器也已经很少见到。

（3）有机薄膜电容器

结构：与纸介电容器基本相同，区别在于介质材料不是电容纸，而是用聚苯乙烯（CB 型）、聚四氟乙烯或涤纶（CL 型）等有机薄膜。有机薄膜电容器（见图 2 - 19）在这里只是一个统称，具体又有涤纶电容器、聚丙烯薄膜电容器等数种。

特点：这种电容器不论是体积、质量还是在电参数上，都要比纸介电容器或金属化纸介电容器优越得多。其优点是体积小，耐压高，损耗小，绝缘电阻大，稳定性好，但温度系数大，适用于作为旁路电容器。

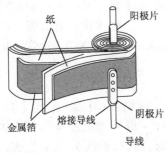

图 2 - 17　纸介电容器内部结构

图 2 - 18　金属化纸介电容器

（4）云母电容器（CY 型）

结构：以云母作为介质用金属箔或在云母片（或用喷涂银层的云母片）层叠后在胶木粉中压铸而成，如图 2 - 20 所示。

图 2 - 19　有机薄膜电容器

图 2 - 20　云母电容器

特点：由于云母材料优良的电气性能和机械性能，使云母电容器的自身电感和漏电损耗都很小。具有耐压范围宽、可靠性高、性能稳定、容量精度高等优点，被广泛用在具有特殊要求（如高温、高频、脉冲、高稳定性）的电路中。

（5）瓷介电容器（CC 型）

结构：常见的瓷介电容器有瓷片、瓷管、瓷介独石等类型，是在陶瓷薄片两面喷涂银层，然后烧成银质薄膜作极板制成，如图 2 - 21 所示。

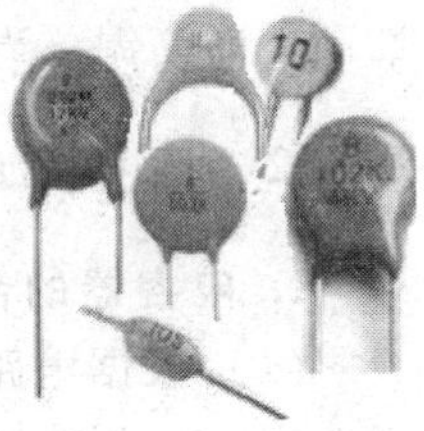

图 2 - 21　瓷介电容器

特点：由于所用陶瓷材料的介电性能不同，因而低压、小功率瓷介电容器有高频瓷介（CC 型）电容器、低频瓷介（CT 型）电容器之分。高频瓷介电容器的体积小、耐热性好、绝缘电阻大、损耗小、稳定性高，常用于要求低损耗和容量稳定的高频、脉冲、温度补偿电路，但其容量范围较窄，一般为 1 pF ~ 0.1 μF；低频瓷介电容器的绝缘电阻小、损耗大、稳定性差，但质量小、价格低廉、容量大，特别是独石电容器的容量可达 2 μF，甚至更高，一般用于对损耗和容量稳定性要求不高的低频电路，在普通电子产品中广泛用作旁路、耦合元器件。

（6）玻璃电容器（CI 型）

结构：玻璃电容器是以玻璃为介质，目前常见的有玻璃独石电容器和玻璃釉独石电容器两种。玻璃独石电容器与云母电容器的生产工艺相似，即把玻璃釉粉压成薄膜与金属电极交替叠合后剪成小块，在高温下烧结成整体，如图 2 - 22 所示。

特点：玻璃电容器与云母电容器和瓷介电容器相比，其生产工艺简单，成本低廉，具有良好的防潮性和抗震性，能在 200 ℃ 高温下长时期稳定工作，是一种高稳定性、耐高温的电容器。其稳定性介于云母电容器与瓷介电容器之间，一般体积只有云母电容器的几十分之一，所以在高密度的 SMT（Surface Mount Technology，表面贴装技术）电路中广泛使用。

（7）电解电容器（CD、CA 型）

结构：电解电容器有正（ + ）、负（ - ）极之分，以铝（CD 型）、钽（CA 型）、铌、钛等附着有氧化膜的金属极片为阳极（ + 极），阴极（ - 极）则是液体、半液体或胶状的电解液。一般在电容器的外壳上都有标记，若无标记时，则长引线为 " + " 端，短引线为负端 " - "，如图 2 - 23 所示。

图 2 - 22　玻璃电容器

图 2 - 23　电解电容器

特点：铝电解电容器（CD 型）应用最广，它容量大、体积小、耐压高（一般在 500 V 以下）、价格低、常用于交流滤波；缺点是容量误差大且随频率而变动、绝缘电阻低。在要求较高的电路中常用钽、铌或钛电解电容器，它们的漏电流小、体积小、工作稳定性高、耐高温、寿命长，但成本高。钽电解电容器分为有极性和无极性的两种。

2.3.2　电容器的合理选用与简单测试方法

1. 电容器的合理选用方法

（1）根据电路要求选用合适的类型。一般在低频耦合或旁路、电气特性要求较低时，可选用纸介电容器、涤纶电容器；在高频高压电路中，应选用云母电容器和瓷介电容器；在电源滤波和退耦电路中，可选用电解电容器。

（2）容量及精度的选择。在振荡电路、延时回路、音调控制等电路中，电容器容量应尽可能与计算值一致。在各种滤波器及网络中，电容器的容量要求精确，其误差值应小于 ±0.3% ~ ±0.5%。在退耦电路、低频耦合等电路中对容量及精度要求都不太严格，选用时比要求值略大些即可，误差等级可选 ±5%、±10%、±20%、±30% 等。

（3）耐压值的选择。选用电容器的额定电压应高于实际工作电压，并要留有足够的余地。一般选用耐压值为实际工作电压的 1.5 ~ 2 倍以上的电容器。不论选用何种电容器，都不得使其额定电压低于电路实际工作电压的峰值，否则电容器将会被击穿。因此，必须仔细分析电容器所加电压的性质。一般来说，电路的工作电压是按照电压的有效值读数的，往往会忽略电压的峰值可能超过电容器额定电压的情况。因此，在选择电容器额定电压时，必须留下有充分的余量。

但是，选用电容器的耐压也不是越高越好，耐压高的电容器体积大、价格高。不仅如此，由于电解电容器自身结构的特点，一般应使电路的实际电压相当于所选电容器额定电压的 50% ~ 70%，才能充分发挥电解电容器的作用。如果实际工作电压低于其额定电压的一半，让高耐压的电解电容器在低电压的电路中长期工作，反而容易使它的电容量逐渐减小、损耗增大，导致工作状态变差。

（4）优先选用绝缘电阻高、损耗小的电容器，注意电容器的条件与使用环境条件。在工作温度较高的环境中，电容器易于老化；在湿度较大的环境中应选择密封型电容器，以提高设备的抗潮湿性能；在寒冷地区必须选用耐寒的电容器，有极性的电解电容器，不宜在交流电路中使用，以免被击穿等。

2. 电容器的代换

电容器损坏后，一般都要用相同规格的新电容器代换。若无合适的电容器，可采用代换法解决，代换的原则如下：

（1）在容量、耐压相同，体积不限时，瓷介电容器与纸介电容器可以相互代换。

（2）在体积不受限制时，对工作频率、绝缘电阻值要求较高，可用耐压相同和容量相同的云母电容器代换金属化纸介电容器。对工作频率、绝缘电阻值要求不高时，同耐压、同容量的金属化纸介电容器代换云母电容器。不考虑频率影响，同容量、同耐压金属化纸介电容器可代换玻璃釉电容器。

（3）无条件限制，同容量高耐压的电容器可代换耐压低的电容器，误差小的电容器可代换误差大的电容器。

（4）防潮性能要求不高时，同容量、同耐压非密封电容器可代换密封电容器。

（5）如果没有合适容量的电容器进行代换，可采用电容器的串联、并联来获得较合适的电容量。电容器串联后可提高耐压能力，但电容量要减小；电容器并联后，可提高电容量，但是耐压能力减小。例如：串联两只以上不同容量、不同耐压的大容量电容器可代换小容量电容器，串联后电容器的耐压要考虑到每个电容器上压降都要在其耐压允许的范围内。并联两只以上的不同耐压、不同容量的小容量电容器，可代换大容量的电容器，并联后的耐压以最小耐压电容器的耐压值为准。

3. 电容器的简单检测方法

常用的电容器检测仪器有电容测试仪、交流电桥、Q 表（谐振法）和万用表。下面介绍利用万用表的欧姆挡对电容器进行简单测试的方法。

（1）电解电容器的测试

因为电解电容器的容量比一般固定电容器大得多，在测量时应针对电解电容器的不同容量选用合适的量程。一般情况下 1 ~ 47 µF 的电解电容器，可用 $R \times 1$ k 挡测量，大于 47 µF 的电解电容器可用 $R \times 100$ 挡或 $R \times 10$ 挡测量。

① 测量电解电容器漏电电流。如图 2 – 24（a）所示，将万用表置于 $R \times 1$ k 挡或 $R \times 100$ 挡，用万用表黑表笔接电解电容器的正极，红表笔接电解电容器的负极。此时，表针迅速向右摆动，然后慢慢向左回转，待表针停在某一位置。此时的阻值便是电解电容器的正向漏电阻。此值越大，说明漏电流越小，电解电容器的性能越好。然后，将红黑表笔对调进行测量，万用表指针将重复上述摆动现象，如图 2 – 24（b）所示。但此时所测阻值为电解电容器的反向漏电阻，此阻值略小于其正向漏电阻，即反向漏电流要比正向漏电流大。电解电容器的漏电阻一般应在几百千欧，甚至更高，否则，电解电容器将不能正常工作。在测试中，若正向、反向均无充电的现象，即万用表指针不动，则说明

电解电容器容量消失或内部断路；如果所测阻值很小或为零，说明电解电容器漏电流大或已击穿损坏，不能再使用。

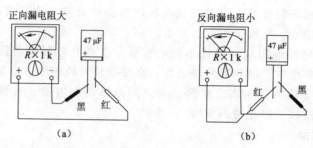

图 2-24　测量电解电容器的漏电阻

② 电解电容器正、负极性判断。有极性的电解电容器外壳上标有 "+" "-" 极性。未剪脚的电解电容器，引脚较长的一端为正极，引脚较短的一端为负极。对于正、负标志不明的电解电容器，可利用上述测量漏电阻的方法加以判别。即先任意测一下漏电阻，记住其大小，然后交换表笔再测出一个漏电阻值。两次测量中阻值大的那一次便是正向接法，黑表笔接的是正极，红表笔接的是负极。

（2）非电解电容器的测试

将万用表置于 $R \times 10$ k 挡，用两表笔分别接电容器两引脚，测得电阻越大越好，一般在几百千欧至几千千欧，若测得电阻很小甚至为 0，说明电容器已短路。大于 5 000 pF 以上的电容器表针会快速摆动一下，然后返回无穷大位置附近，表笔换接，摆动的幅度比第一次更大，而后又复原，说明该电容器是好的。电容器的容量越大，测量时万用表指针摆动幅度越大。

（3）可调电容器的检查

① 检查转轴的机械性能。用手轻轻旋动转轴，应感觉十分平滑，无时松有时紧、卡滞等现象。将转轴向前、后、上、下、左、右等各方向推动时，转轴不应有松动现象。

② 检查动片与定片间有无碰片或漏电现象。用万用表电阻挡检查动、定片之间是否碰片。用红、黑表笔分别接动片和定片引出端，同时将电容器轴柄来回旋转几下，若万用表指针不动，说明动、定片之间无短路（无碰片处）；若指针摆动，说明可调电容器动、定片之间有短路（有碰片）的地方。

2.4　电感器和变压器

电感器的实物图及图形符号如图 2-25 所示。

电感器又称电感线圈，是用漆包线在绝缘骨架上绕制而成的一种能存储磁场能的电子元器件，它在电路中具有阻交流、通直流，阻高频、通低频的特性，被广泛地应用在如滤波电路、调谐放大电路和振荡电路中，电感器用符号 L 表示。电感量的基本单位为亨［利］（H）。在实际应用中亨利太大了，常用的单位还有毫亨（mH），微亨（μH）。它们之间的换算关系为：

$$1 \text{ H} = 10^3 \text{ mH} = 10^6 \text{ μH}$$

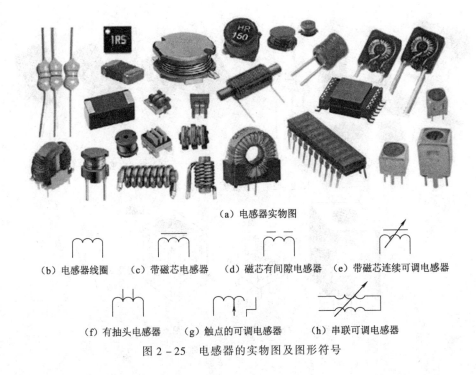

(a) 电感器实物图

(b) 电感器线圈　(c) 带磁芯电感器　(d) 磁芯有间隙电感器　(e) 带磁芯连续可调电感器

(f) 有抽头电感器　(g) 触点的可调电感器　(h) 串联可调电感器

图 2-25　电感器的实物图及图形符号

2.4.1　电感线圈的命名和种类

1. 电感线圈的型号命名

国产电感器的型号由下列 4 部分组成：

第一部分：主称，用字母表示（L 为线圈、ZL 为阻流圈）。

第二部分：特征，用字母表示（G 为高频）。

第三部分：型式，用字母表示（X 为小型）。

第四部分：区别代号，用字母 A、B、C、……表示。

2. 电感器的种类

电感器按工作特征分成电感量固定的和电感量可调的两种类型；按磁导体性质分成空芯电感器、磁芯电感器和铜芯电感器；按绕制方式及其结构分成单层、多层、蜂房式、有骨架式或无骨架式电感器。下面介绍常用的几种电感器。

（1）小型固定电感器。小型固定电感器从结构上分为卧式（LG1、LGX 型）和立式（LG2、LG4 型）两种，其外形如图 2-26 所示。它具有体积小、质量小、结构牢固（耐振动、耐冲击）、防潮性能好、安装方便等优点，常用在滤波、扼流、延迟、陷波等电路中。

（2）平面电感。主要采用真空蒸发、光刻电镀及塑料封装等工艺，在陶瓷或微晶玻璃片上沉积金属导线或线圈绕成平面状制成电感器。平面电感器的稳定性、精度和可靠性都比较好，适用于频率范围为几十兆赫到几百兆赫的高频电路中。

（3）中周线圈。中周线圈由磁芯、磁罩、塑料骨架和金属屏蔽壳组成，线圈绕制在塑料骨架上或直接绕制在磁芯上，骨架的插脚可以焊接到印制电路板上。常用的中周线圈外形结构如图 2-27 所示。调节磁帽和磁芯之间的间隙大小，就可以改变线圈的电感量。

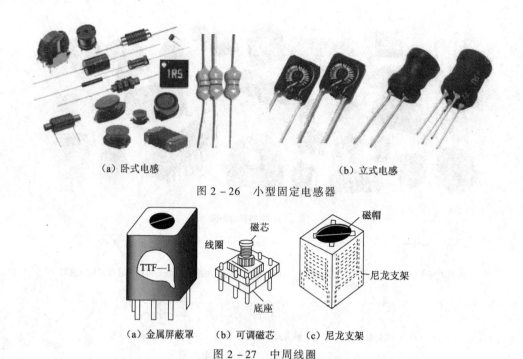

（a）卧式电感　　　　　　　　　　（b）立式电感

图 2 - 26　小型固定电感器

（a）金属屏蔽罩　　（b）可调磁芯　　（c）尼龙支架

图 2 - 27　中周线圈

（4）铁氧体磁芯线圈。铁氧体铁磁材料具有较高的磁导率，常用来作为电感线圈的磁芯，制造体积小而电感量大的电感器。用罐形铁氧体磁芯制作的电感器，因其具有闭合磁路，使有效磁导率和电感系数很高。如果在中心磁柱上开出适当的气隙，不但可以改变电感系数，而且能够提高电感器的品质因数（Q 值）、减小电感温度系数。图 2 - 28 所示为罐形铁氧体磁芯线圈的结构，这种线圈广泛应用于 LC 滤波器、谐振回路和匹配回路。常见的铁氧体还有 I 形磁芯、E 形磁芯和磁环。I 形磁芯俗称磁棒，常用作无线电接收设备的天线磁芯，E 形磁芯常用于小信号高频振荡电路的电感线圈。

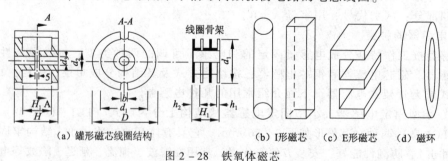

（a）罐形磁芯线圈结构　　　　　　（b）I形磁芯　（c）E形磁芯　（d）磁环

图 2 - 28　铁氧体磁芯

2.4.2　电感器的主要参数及主要标识方法

1. 电感器的主要参数

（1）电感量。电感量的大小跟电感线圈的匝数、截面积及内部有无铁芯或磁芯有很大的关系。线圈匝数越多，绕制的线圈越密集，则电感量越大；线圈内部有磁芯的磁导率比无磁芯的大，磁导率越大电感量越大。

（2）品质因数（Q 值）。品质因数是表示线圈质量的一个参数。它是指线圈在某一频率的交流电压下工作时，线圈所呈现的感抗和线圈的直流电阻的比值，反映了线圈损耗的大小。

（3）分布电容。电感器的分布电容是指线圈的圈与圈之间的电容、线圈与地之间及线圈与屏蔽盒之间的电容，这些电容称为分布电容。分布电容的存在，影响了线圈在高频工作时的性能。实际制造时利用特殊绕制方式或者减小线圈骨架直径等方法，可适当减小分布电容。

（4）标称电流值。当电感器正常工作时，允许通过的最大电流称为电感器的标称电流值，也叫额定电流。在实际应用时通过电感器的电流值不能超过标称电流值，以免使电感器发热而改变原有的参数甚至烧毁。

2. 电感器的标注方法

电感器的电感量标注方法有直标法、文字符号法、色标法及数码标注法。

（1）直标法。将电感器的标称电感量用数字和文字符号直接标在电感器外壳上，其单位为 μH 和 mH。电感量单位后面用一个英文字母表示其允许误差，各字母所代表的允许误差范围：J（±5%）、K（±10%）、M（±20%）。例如：560μHK 表示标称电感量为 560 μH，允许误差为 ±10%。

（2）文字符号法。文字符号法是将电感器的标称值和允许偏差值用数字和文字符号按一定的规律组合标注在电感体上。采用这种标注方法的通常是一些小功率电感器，其单位通常为 nH 或 μH，用 N 或 R 代表小数点。例如：4N7 表示电感量为 4.7 nH，4R7 表示电感量为 4.7 μH；47 N 表示电感量为 47 nH，6R8 表示电感量为 6.8 μH。

（3）色点标识法。用色点表示电感量，与电阻器的色环标注法相似，但顺序相反，单位是 μH，如图 2 – 29 所示。

（4）色标法。如图 2 – 30 所示，色标法是指在电感器表面涂上不同的色环来代表电感量（与电阻器类似），通常用四色环表示，紧靠电感体一端的色环为第一色环，露着电感体本色较多的另一端为末环。其第一色环为十位数，第二色环为个位数，第三色环为应乘的倍数（单位为 μH），第四色环为允许误差，各种颜色所代表的数值见表 2 – 1。例如：色环颜色分别为棕、黑、金，金的电感器的电感量为 1μH，允许误差 ±5%。

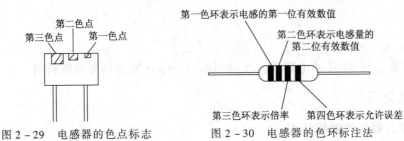

图 2 – 29　电感器的色点标志　　　图 2 – 30　电感器的色环标注法

2.4.3　电感器的检测和筛选

1. 从电感器外观查看

外观是否有破裂现象，线圈是否有松动、变位的现象；引脚是否牢靠。查看电感器的外观是否有电感量的标称值。还可进一步检查磁芯旋转是否灵活，有无滑扣等。

2. 用万用表检测通断情况

电感器的绕组通断、绝缘等状况可用万用表的电阻挡进行检测。

（1）在线检测。将万用表置 $R \times 1\Omega$ 挡或 $R \times 10\Omega$ 挡，用两表笔接触在线圈的两端，指针应指示导通，否则线圈断路；该方法适合粗略、快速测量线圈是否烧坏。

（2）非在线检测。将电感器件从电路板上焊开一脚，或直接取下，把万用表置 $R \times 1\Omega$ 挡并准确调零，测线圈两端的阻值，如线圈用线较多或匝数较多，指针应有较明显摆动，一般在几欧至十几欧之间；如阻值明显偏小，可判断匝间短路。不过有许多线圈线径较粗，电阻值为欧姆级甚至小于 1Ω，这时用指针式万用表的 $R \times 1$ 挡来测量就不易读数，可改用数字万用表的欧姆挡进行测量。

3. 电感器的选用

（1）按电路要求的电感量 L 和品质因数 Q，选用允许范围的 L 和 Q 的电感器。

（2）使用电感线圈时应注意保持原线圈和电感量，勿随意改变线圈形状、大小和线圈间距离。

（3）线圈的安装位置，需进行合理布局，比如两线圈同时使用时如何避免相互耦合的影响。

（4）在选用线圈时必须考虑机械结构是否牢固，不应使线圈松脱、引线接点活动等。

2.4.4　色码电感器的串、并联使用

色码电感器损坏后，一般是无法修复的，只能更换新的。换新色码电感器时，如果一时找不到所需电感量的色码电感器，可采用串联或并联色码电感器的方法加以解决。

1. 色码电感器的串联

电感器串联后总电感量增加，$L_串$ 等于各个被串联电感器电感量之和，即

$$L_串 = L_1 + L_2 + L_3 + \cdots$$

例如，需要一只 $3.5\,\mu\mathrm{H}$ 的色码电感器则可将两个 $1\,\mu\mathrm{H}$ 和一个 $1.5\,\mu\mathrm{H}$ 的色码电感器串联起来代替。

2. 色码电感器的并联

电感器并联后的总电感量减小，其总电感量

$$L_并 = \cfrac{1}{\cfrac{1}{L_1} + \cfrac{1}{L_2} + \cfrac{1}{L_3} + \cdots}$$

例如，需要一只 $5\,\mu\mathrm{H}$ 的电感器，就可用两只 $10\,\mu\mathrm{H}$ 的电感器并联代替。

2.4.5　电源变压器

1. 电源变压器的种类和结构

电源变压器是根据互感原理制成的一种常用电子器件。其作用是把 220 V 交流电变换成适合需要的高低不同的交流电压供有关仪器设备使用。电子设备中的电源变压器通常为小功率变压器，功率为几十至几百伏·安（V·A）。电源变压器的种类很多，图 2－31 所示为几种常见的电源变压器的外形和图形符号。电源变压器的文字符号是 T。

电源变压器主要由铁芯、线圈（绕组）、线圈骨架、静电屏蔽层以及固定支架等构成，如图 2－32 所示。铁芯是电源变压器的基本构件，大多采用硅钢材料制成，根据制作工艺

不同，硅钢材料分为冷轧硅钢板和热轧硅钢板两类。用冷轧硅钢板制作的变压器效率要高于用热轧硅钢板制作的变压器。常见的铁芯有"E"形、"斜E"形、"口"形和"C"形等。"口"形铁芯适用于制作较大功率的变压器；"C"形铁芯采用新材料制成，具有体积小、质量小、效率高等优点，制作工艺要求高；"E"形铁芯是使用最多的一种铁芯，自制变压器一般多采用此种铁芯。

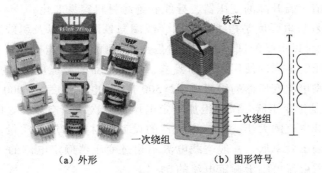

(a) 外形　　　　　　(b) 图形符号

图 2 - 31　电源变压器的外形和图形符号

电源变压器的线圈又称绕组，通常由一个一次绕组和几个二次绕组组成。工作时，一次绕组与电源相接，二次绕组与负载相接。绕组均绕在绝缘骨架上，在一、二次绕组间是衬垫耐压强度较高的绝缘层。线圈排列顺序通常是一次绕组在里面，二次绕组在外面。若二次侧有几个绕组，一般将电压较高的绕组绕在里面，然后绕制低压绕组。为了散热，线圈和窗口之间应留有 1 ~ 3 mm 的空隙。线圈的引线最好用多股绝缘软线，并用各种颜色予以区别。

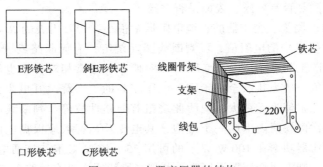

图 2 - 32　电源变压器的结构

2. 变压器的主要参数

变压器的主要参数包括额定功率、变压比、效率、温升、绝缘电阻和抗电强度以及空载电流、信号传输参数等。

（1）额定功率是指在规定的电压和频率下，变压器能够长期连续工作而不超过规定温升的输出功率（单位：V·A、kV·A 或 W、kW）。一般电子产品中的变压器，额定功率都在数百瓦以下。

（2）电压比是指变压器二次电压与一次电压的比值或二次绕组匝数与一次绕组匝数的比值，通常在变压器外壳上直接标出电压变化的数值，例如 220 V/12 V。变阻比是变压比的另一种表达形式，可以用来表示一次侧和二次测的阻抗变换关系，例如用 4 : 1 表示初级、次级的阻抗比值。

（3）效率是指输出功率与输入功率的比值，一般用百分数表示。变压器的效率由设计参数、材料、制造工艺及额定功率决定。通常 20 W 以下的变压器的效率是 70% ~ 80%，而 100 W 以上的变压器的效率可达到 95% 左右。

（4）温升是指线圈的温度，指当变压器通电工作以后，线圈温度上升到稳定值时，比环境温度升高的数值。温升高的变压器，导线和绝缘材料容易老化。

（5）绝缘电阻和抗电强度是指线圈之间、线圈与铁芯之间以及引线之间，在规定的时间内（例如 1 min）可以承受的试验电压。它是判断电源变压器能否安全工作特别重要的参数。不同的工作电压、不同的使用条件和要求，对变压器的绝缘电阻和抗电强度有不同的要求。一般要求小型电源变压器的绝缘电阻≥500 MΩ，电抗强度≥2 000 V。

（6）空载电流是指变压器一次绕组加额定电压而二次绕组空载，这时一次绕组的电流叫作空载电流。空载电流的大小，反映变压器的设计、材料和加工质量。空载电流大的变压器自身损耗大，输出效率低。一般空载电流不超过变压器额定电流的 10%；设计和制作优良的变压器，空载电流可小于额定电流的 5%。

（7）信号传输参数是指用于阻抗变换的音频、高频变压器，还要考虑电感、频带宽度和非线性失真等参数。

3. 变压器的检查与简单测试

无论是从市场上购买的电源变压器还是自行绕制的电源变压器或者经过修理的旧电源变压器，为了保证各项性能满足指标要求，都需要进行检查测试。

（1）外观检查。主要通过仔细观察电源变压器的外貌来检查其是否有明显异常现象，如线圈引线是否有断裂、脱焊，绝缘材料是否有烧焦痕迹，铁芯紧固螺杆是否有松动，硅钢片有无锈蚀，线圈是否有外露，表面是否破损等。

（2）直流电阻的测量。变压器的直流电阻通常很小，用万用表的 $R \times 1\Omega$ 挡，测变压器的一、二次线圈（绕组）的电阻值，可判断线圈（绕组）有无断路或短路现象。一般一次绕组电阻值为几十欧至几百欧，电源变压器功率越小（通常相对体积也越小）则其电阻越大；二次绕组电阻值一般为几欧至几十欧，电压较高的二次绕组其电阻值也大一些。测量中，若某个绕组的电阻值为无穷大，说明此绕组有断路性故障。判断线圈内部有无局部短路，可在变压器一次侧线圈内串联一个灯泡，其电压及瓦特数应根据电源电压和变压器功率大小来确定，变压器功率在 100 W 以下的可用 25 ~ 40 W 灯泡，接通电源，二次侧开路，若灯泡微红或不亮，则说明变压器无短路，若很亮则说明内部有短路现象。

（3）绝缘性能测试。变压器各绕组之间和绕铁芯之间的绝缘电阻，可用万用表 $R \times 10$ k 挡分别测量铁芯与一次、一次与各二次、铁芯与各二次、静电屏蔽层与一、二次，以及二次各绕组间的电阻值，万用表指针均应指在无穷大位置不动。否则，说明电源变压器绝缘性能不良。绝缘性能不良的电源变压器，轻者会影响电路的正常工作，重者将导致电源变压器烧毁或使电路中元器件损坏。通常各绕组（包括静电屏蔽层）间、各绕组与铁芯间的绝缘电阻只要有一处低于 10 MΩ，就说明电源变压器绝缘性能不良。当测得的绝缘电阻小于几百欧到几千欧时，表明已经出现绕组间短路或铁芯与绕组间短路的故障。

（4）判别一、二次绕组。电源变压器一次引线和二次引线一般都是分别从两侧引出的，并且一次绕组多标有 220 V 字样，二次绕组则标出额定电压值，如 15 V、24 V、35 V 等，可根据这些标记进行识别。但有的电源变压器没有任何标记或者标记符号已经模糊不清，这便需要将一、二次绕组正确区分开。通常，电源变压器一次绕组所用漆包线的线径是比较细的且匝数较多，而二次绕组所用线径比较粗，且匝数较少。所以，一次绕组的直流电阻要比二次绕组的直流电阻大得多。根据这一点，可通过万用表电阻挡测量电源变压器各绕组的电阻值的大小来识别一、二次绕组引线。

（5）检测变压器空载电流和空载电压。空载电流检测方法如图 2 – 33 所示。将变压器二次侧所有绕组全部开路，把万用表置于交流电流挡（500 mA），串入一次绕组。当一次绕组接入 220 V 交流电时，万用表指示的便是空载电流值。此值不应大于电源变压器满载电流的 10% ~ 20%。一般常见电子设备的电源变压器的正常空载电流应在 100 mA 左右。如果超出太多，则说明电源变压器有短路性故障。

空载电压测试方法如图 2 – 34 所示。将电源变压器一次侧接入 220 V 交流电，用万用表交流电压挡依次测出二次各绕组的空载电压值（U_{21}、U_{22}、U_{23}）应符合要求值，允许误差范围一般为高压绕组 ≤ ±10%，低压绕组 ≤ ±5%，带中心抽头的两组对称绕组的电压差应 ≤ ±2%。

（6）检测温升。对于小功率电源变压器，让变压器在额定输出电流下工作一段时间，然后切断电源，用手摸变压器的外壳，若感觉温热，则表明变压器温升符合要求；若感觉非常烫手，则表明变压器温升指标不符合要求。普通小功率变压器允许温升是 40 ~ 50℃。

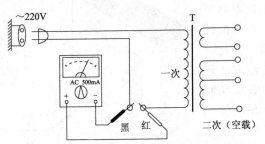

图 2 – 33　直接测量电源变压器空载电流

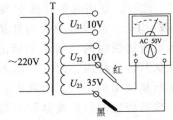

图 2 – 34　测量电源变压器空载电压

（7）检测判别变压器各绕组的同名端。在使用电源变压器时，有时为了得到所需的二次电压，可将两个或多个二次绕组串联起来使用。采用串联方法使用电源变压器时，所串联的各绕组的同名端必须正确连接，不能搞错。否则，电源变压器将不能正常工作。下面介绍两种检测判别电源变压器各绕组同名端的实用方法。

第一种方法：

测试电路如图 2 – 35 所示。这里仅以测试二次绕组 A 为例加以叙述。在图 2 – 35 中，E 为 1.5 V 干电池，经测试开关 S 与变压器 T 的一次绕组相接。将万用表置于直流 2.5 V 挡（或直流 0.5 mA 挡）。假定干电池 E 正极接变压器一次绕组 a 端，负极接 b 端，万用表的红表笔接 c 端，黑表笔接 d 端。当开关 S 接通的瞬间，变压器一次绕组的电流变化，将引起铁芯的

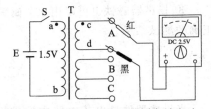

图 2 – 35　判别电源变压器同名端方法一

磁通量发生变化。根据电磁感应原理，二次线圈将产生感应电压。此感应电压使接在二次绕组两端的万用表的指针迅速摆动后又返回"0"位。因此，观察万用表指针的摆动方

向，就能判别变压器各绕组的同名端：若万用表指针向右摆，说明 a 与 c 为同名端，b 与 d 也是同名端；反之，若万用表指针向左摆，则说明 a 与 d 是同名端，而 b 与 c 也是同名端。用此法可依次将其他各绕组的同名端准确地判别出来。检测判别时需注意以下几点：

① 在测试各二次绕组的整个操作过程中，干电池 E 的正、负极与一次绕组的连接应始终保持同一种接法，即不能在测二次绕组 A 时将一次绕组的 a 端接干电池 E 的正极，b 端接干电池 E 的负极，而测二次绕组 B 时，又将一次的 a 端接干电池 E 的负极，b 端接干电池 E 的正极。正确的操作方法是，无论测哪一次绕组，一次绕组和干电池 E 的接法都不变。否则，将会产生误判。

② 若待测的变压器为升压变压器（即二次电压高于一次电压），则通常把干电池 E 接在二次绕组上，而把万用表接在一次绕组上进行检测。

③ 接通电源的瞬间，万用表指针要向某一方向偏转，但断开电源时，由于自感作用，指针要向相反的方向倒转，如果接通和断开电源的间隔时间太短，很可能只观察到断开时指针的偏转方向，这样会将测量结果搞错。所以，接通电源后要间隔几秒再断开，或者多测几次，以保证测量结果的准确可靠。

第二种方法：

如图 2 - 36 所示，用一个收音机扬声器，将其磁铁吸在变压器铁芯上部。将万用表置于直流 0.5 mA 挡，两表笔接待测绕组两端。然后快速将扬声器移开变压器，此时，万用表指针必然要向某一方向偏转（向左或向右）。假设万用表指针是向右偏转，此时将黑表笔所接绕组的一端作个标记。用同样方法逐个去测试其他各绕组，记下万用表指针向右摆动时黑表笔所接绕组的引线。由此即可判明，相同颜色表笔所接各绕组的引线便是同名端。测试时应注意以下几点：

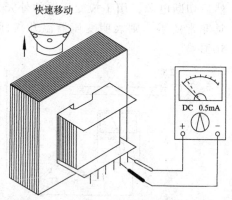

图 2 - 36　判别电源变压器同名端方法二

① 当扬声器磁铁与变压器铁芯吸合的瞬间，万用表指针也会向某个方向偏转。为了不造成误判，应在扬声器磁铁吸在变压器铁芯上几秒以后再作移开的动作，且动作要迅速，以使万用表指针摆动较为明显，便于观察。

② 在测试同一电源变压器各个绕组的整个操作过程中，扬声器磁铁要吸在变压器铁芯的同一部位，而不能在测某一绕组时扬声器磁铁吸在变压器铁芯的上部，当测试另外一个绕组时又将扬声器磁铁吸在变压器铁芯的下部，这样会引起误判。

③ 扬声器磁铁也可以用永久磁铁代替，但使用时要用同一磁极去测各个绕组才能得出正确的测试结果。

2.5　半导体器件

半导体器件是电子电路中的常用器件，它常用于整流、检波、开关、放大等电路中，常见的半导体器件有二极管、桥堆、晶体管、晶闸管和场效应管等。

2.5.1　半导体器件的命名

根据 GB/T 249—1989 规定，国产半导体器件的型号由以下五部分组成，如图 2 - 37 所示。

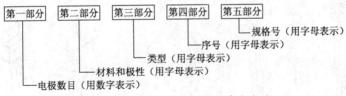

图 2 - 37　国产半导体器件的命名方法

一些特殊半导体器件如场效应管、半导体特殊器件、复合管的型号命名，只有第三、第四、第五部分组成。其型号命名方法如表 2 - 14 所示。

表 2 - 14　中国半导体器件型号组成部分的符号及其意义

第一部分		第二部分		第三部分		第四部分	第五部分
用数字表示电极数目		用字母表示器件的材料和极性		用字母表示器件的类别		用数字表示序号	用字母表示规格号
符号	意义	符号	意义	符号	意义	意义	意义
2	二极管	A	N 型锗材料	P	小信号管	反映了直流参数、交流参数和极限参数等的差别	反映了承受反向击穿电压的程度。例如，规格号为 A、B、C、D……其中，A 承受的反向击穿电压最低，B 次之……
		B	P 型锗材料	V	混频检波器		
		C	N 型硅材料	W	稳压管		
		D	P 型硅材料	C	变容管		
3	晶体管	A	PNP 型锗材料	Z	整流管		
		B	NPN 型锗材料	S	隧道管		
		C	PNP 型硅材料	N	阻尼管		
		D	NPN 型硅材料	U	光电器件		
		E	化合物材料	K	开关管		
				X	低频小功率管		
				G	高频在小功率管		
				D	低频大功率管		
				A	高频大功率管		
				T	可控整流器		
				Y	体效应器件		
				B	雪崩管		
				J	阶跃恢复管		
				CS	场效应器件		
				BT	半导体特殊器件		
				FH	复合管		
				PIN	PIN 型管		
				JG	激光器件		

常见的半导体分立器件的封装及引线如图 2 - 38 所示。目前，常见的器件封装多是塑料封装或金属封装，玻璃封装的二极管和陶瓷封装的晶体管。金属材料外壳封装的晶体管可靠性高、散热好并容易加装散热片，但造价比较高；塑料封装的晶体管造价低，应用广泛。

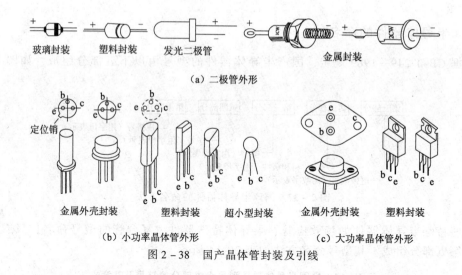

（a）二极管外形

（b）小功率晶体管外形　　　　　（c）大功率晶体管外形

图 2-38　国产晶体管封装及引线

2.5.2　半导体二极管

1. 半导体二极管的分类与电路符号

半导体二极管简称二极管，是由一个 PN 结加上引线及管壳组成。二极管具有单向导电性，其类型很多，按制作材料不同分为锗二极管和硅二极管；按制作的工艺不同分为点接触型二极管和面接触型二极管。点接触型二极管用于小电流的整流、检波、限幅、开关等电路中；面接触型二极管主要作整流用。按用途不同又可分为整流二极管、检波二极管、稳压二极管、变容二极管、光敏二极管等。常用二极管的图形符号如图 2-39 所示。

普通二极管　　　　　　稳压二极管　　　　　发光二极管

图 2-39　常用二极管图形符号

2. 二极管的主要参数

（1）直流电阻。二极管加上一定的正向电压时，就有一定的正向电流，因而二极管在正向导通时，可近似用正向电阻等效。

（2）额定电流。二极管的额定电流是指二极管长时间连续工作时，允许通过的最大正向平均电流。

（3）最高工作频率。最高工作频率是指二极管能正常工作的最高频率。选用二极管时，必须使它的工作频率低于最高工作频率。

（4）反向击穿电压。反向击穿电压指二极管在工作中能承受的最大反向电压，它是使二极管不致反向击穿的电压极限值。

3. 二极管的简单检测与选用

（1）普通二极管的检测与选用

普通二极管指整流二极管、检波二极管、开关二极管等。其中，包括硅二极管和锗二极管，它们的测量方法大致相同（以指针式万用表测量为例）。

将万用表置于 $R \times 100$ 挡或 $R \times 1$ k 挡。黑表笔接二极管的正极，红表笔接二极管的负极，测量其电阻，然后交换表笔再测一次。如果两次测量值一次大一次小，则二极管正常，如图 2 - 40 所示。如果二极管正、反向阻值均很小，接近零，说明二极管内部击穿；反之如果正、反向阻值均极大，接近无穷大，说明该二极管内部已断路，以上两种情况均说明二极管已损坏，不能使用。普通二极管一般有玻璃封装和塑料封装 2 种，它们的外壳上均印有型号和标记。标记有箭头、色点、色环 3 种，箭头所指方向或靠近色环的一端为负（阴）极，有色点的一端为正（阳）极。如果遇到二极管的标记不清楚时，可用上述方法判别二极管的正负极性。两次测量中，万用表上显示阻值较小的为二极管的正向电阻，黑表笔接触的一端为二极管的正极，另一端为二极管的负极。

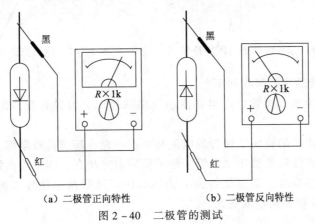

（a）二极管正向特性　　　　　　（b）二极管反向特性

图 2 - 40　二极管的测试

　　在选用二极管时首先确保所选二极管在使用时不能超过它的极限参数，即额定工作电流、反向工作电压、最高工作频率等，并留有一定的余量。此外，还应根据不同的技术要求，结合不同的材料所具有的特点做如下选择：

　　① 当要求反向电压高、反向电流小、工作温度高于 100 ℃时应选硅管。需要导通电流大时，选择面接触型硅管。

　　② 要求压降低时选择锗管；工作频率高时，选择点接触型二极管（一般为锗管）。

　　（2）稳压二极管的检测与选用

　　稳压二极管是利用 PN 结反向击穿时所表现的稳压特性而制成的半导体器件。稳压二极管有塑料和金属外壳封装两种。一般二极管的外形与普通二极管（如 2CW7）相似。有一种稳压二极管外形与小功率晶体管（2DW7、2CW231 等）相似，其内部有两个反向串联的稳压二极管（见图 2 - 41），自身具有温度补偿作用，常用在高精度的仪器或稳压电源中。

　　用万用表检测稳压二极管的方法如下：首先判断正、负极（与普通二极管判断方法相同），将万用表置于 $R \times 10$ k 挡，黑表笔接稳压二极管的负极，红表笔接正极，若此时的反向阻值变小（与使用 $R \times 1$ k 挡测出的值相比较）说明该管为稳压二极管。因为万用表的 $R \times 10$ k 挡内电池的电压一般都在 9 V 以上，当被测稳压二极管的击穿电压低于该值时，可以被反向击穿，使其阻值大大减小。当被测稳压二极管的稳压值大于 9 V 时，可利用图 2 - 42 所示电路进行检测。图中电源为 $0 \sim 30$ V 连续可调直流稳压电源，限流电阻可用 1.5 kΩ，功率大于 5 W 的电位器或可调电阻器，电压表为 50 V 直流电压表（或用万用表直流 50 V 电压挡）。电路接好后进行检测时，慢慢调整限流电阻器 RP 的阻值，使加在被测稳压管上的电压值逐渐升高，当升高到某一电压值时，继续调整 RP，电压不再升高，此时电压表指示的电压值为稳压二极管的稳压值。如果在调整 RP 的过程中，电压表指示的电压值不稳定，说明被测二极管的质量不良。如果调整 RP 使电压已升高到电源输出电压，仍找不到稳压值，则说明被测稳压二极管的稳压值高于直流稳压电源的输出电压值或被测管根本不是稳压二极管。

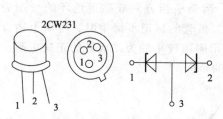

图 2-41　金属封装稳压二极管外形与图形符号

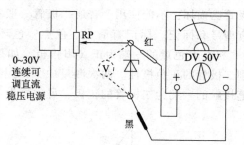

图 2-42　检测稳压二极管方法

使用稳压二极管的注意事项如下：

① 任意数量的稳压二极管可以串联使用（串联稳压值为各管稳压值之和），但不能并联使用。

② 工作过程中所用的稳压二极管的电流与功率不允许超过其极限值。

③ 在电路中的连接应使稳压二极管工作于反向击穿状态，即工作在稳压区。

④ 稳压二极管替换时，必须使替换上去的稳压二极管与原稳压二极管的稳压值相同，而最大允许工作电流则要相等或更大。

2.5.3　半导体晶体管

半导体晶体管，简称晶体管，是一种电流控制电流的半导体器件。它最基本的作用是放大，即把微弱的电信号转换成幅度较大的电信号。此外，还可作为无触点开关。它结构牢固、寿命长、体积小、耗电低，被广泛应用于各种电子设备中。

1. 晶体管的分类、符号、外形及引脚排列

晶体管的种类很多，按所用的半导体材料分为硅管和锗管；按结构分为 NPN 管和 PNP 管；按用途又可分为低频管、中频管、高频管、超高频管、大功率管、中功率管、小功率管和开关管等；按封装方式分为玻璃壳封装、金属壳封装、塑料壳封装等。晶体管的电路图形符号如图 2-43 所示。

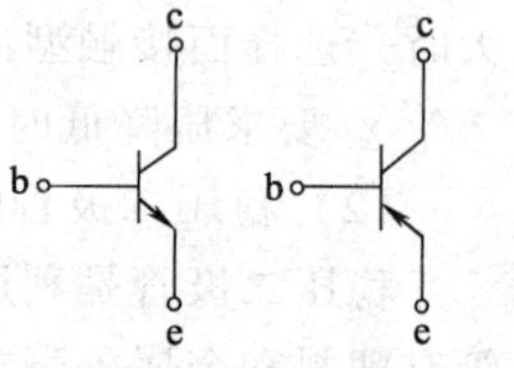

（a）NPN　　（b）PNP

图 2-43　晶体管图形符号

锗晶体管的增益大，频率特性好，适用于低电压电路；硅晶体管（多为 NPN 型）反向漏电流小，耐压高，温度漂移小，能在较高的温度下工作和承受较大的功率损耗。在电子设备中常用的小功率（功率在 1 W 以下）硅管和锗管有金属外壳封装和塑料外壳封装两种，见图 2-38（b）。金属外壳封装管壳上一般都有定位销，将管底朝上从定位销起按顺时针方向 3 个电极依次为 e、b、c。若管壳上无定位销，只要将 3 个电极所在的半圆置于上方，按顺时针方向 3 个电极依次为 e、b、c。塑料外壳封装的 NPN 管，面对侧平面将 3 个电极置于下方，从左到右 3 个电极依次为 e、b、c，见图 2-38（b）。

大功率晶体管外形一般分为 F 型和 G 型两种。F 型管从外形上只能看到两个电极（e、b）在管底，底座为 c；G 型管的 3 个电极一般在管壳的顶部。大功率 F 型和 G 型晶体管的外形如图 2-44 所示。

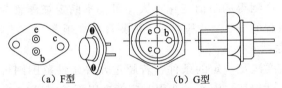

（a）F型　　　　　　　（b）G型

图 2-44　大功率 F 型和 G 型晶体管外形

2. 晶体管的主要参数

晶体管参数：一类是应用参数，表明晶体管在一般工作时的各种参数，主要包括电流放大系数、截止频率、极间反向电流、输入/输出电阻等；另一类是极限参数，表明晶体管的安全使用范围，主要包括击穿电压、集电极最大允许电流、集电极最大耗散功率等。

3. 晶体管的检测

在此重点讲述检测和判断中小型晶体管（以指针式万用表为例）。

（1）晶体管管型和电极判断

①晶体管管型和基极的判断。判断晶体管是 PNP 型还是 NPN 型可将万用表置于 $R \times 100$ 挡或 $R \times 1$ k 挡把黑表笔接某一引脚，红表笔分别接另外两引脚，测量两个电阻，如测得的阻值均较小，则黑表笔所接引脚为晶体管的基极 b，该管为 NPN 型，若出现高阻，则该管为 PNP 型。

②晶体管发射极和集电极的判断。判定基极后可以进一步判断集电极和发射极。如果所测得的是 PNP 管，先将红、黑表笔分别接在除基极以外的其余两个引脚上，用拇指和食指把基极和红表笔接的那个引脚一起捏住（注意两引脚不能短接），记录万用表测量值；然后对换万用表两表笔，重复操作，记录万用表测量值。比较两次测量结果，阻值小的那一次黑表笔所接的引脚是发射极 e，红表笔所接的引脚是集电极 c。若是 NPN 管，同样，电阻小的一次黑表笔所接的引脚是集电极 c，红表笔所接引脚是发射极。

（2）晶体管放大倍数的检测

以 NPN 型晶体管为例，将置于 $R \times 100$ 或 $R \times 1$ k 挡。按图 2-45 所示电路连接，先将万用表黑表笔接被测管的集电极 c，红表笔接发射极 e（若测 PNP 型晶体管则交换黑、红表笔），然后将电阻器 R（50～100 kΩ）接入电路，（测锗管时电阻 R 可在 1～20 kΩ 之间选用）测量时先断开 SA，不接电阻 R（让 b 极悬空），万用表指针应向右偏转（偏转很小，如图 2-45 中万用表指针实线所示），然后闭

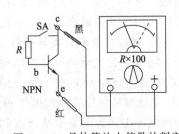

图 2-45　晶体管放大倍数的判定

合 SA，接上电阻 R 或用手指捏住集电极和基极（注意，C、B 间不能短接）此时万用表指针偏转的角度越大，说明被测管的直流放大倍数 $\bar{\beta}$ 越大。如果接上 R 以后指针向右偏转角度不大或者停留在原位不动，表明晶体管的放大能力很差或者已经损坏。上述方法的优点是简单易行，缺点是只能比较被测管 $\bar{\beta}$ 的相对大小，而不能测出 $\bar{\beta}$ 的具体数值。

（3）判别高频管与低频管

高频管的截止频率大于 3 MHz，而低频管的截止频率则小于 3 MHz。一般情况下，二者是不能互换使用的。其判别方法是（以 NPN 型晶体管为例），将万用表置于 $R \times 1$ k 挡，黑表笔接晶体管的发射极 e，红表笔接基极 b。此时阻值一般均在几十千欧，甚至更高。接着将万用表置于 $R \times 10$ k 高阻挡，红、黑表笔接法不变，重新测量一次发射极、基极间的阻

值。若所测阻值与第一次测得的阻值变化不大，可基本断定被测管为低频管；若阻值变化较大，超过万用表满量程的 1/3，可基本判定被测管为高频管。

4. 晶体管的选用原则

晶体管正常工作需要满足一定的条件，若超过允许条件范围则可能使晶体管不能正常工作，甚至会遭到永久性损坏。因而，选用时应考虑以下各因素：

（1）选用的晶体管，切勿使工作时的电压、电流、功率超过手册中规定的极限值，并根据设计原则选取一定的余量，以免烧坏晶体管。

（2）对于大功率晶体管，特别是外延型高频晶体管，在使用中的二次击穿往往使功率晶体管损坏。为了防止二次击穿，必须降低晶体管的使用功率和电压。

（3）选择晶体管的频率，应符合设计电路中的工作频率范围。

（4）根据设计电路的特殊要求，如稳定性、可靠性、穿透电流、放大倍数等，均应进行合理选择。

5. 晶体管的使用注意事项

（1）加到晶体管 3 个电极的电压极性必须正确。PNP 型晶体管的发射极对其他两电极是正电位，而 NPN 管则应是负电位。

（2）晶体管引出线弯曲处离管壳的距离不得小于 2 mm。

（3）晶体管的基本参数相同可以替换，性能高的可以代换性能低的。通常锗、硅管不能互换。

（4）晶体管安装时应避免靠近发热元器件并保证管壳散热良好。大功率晶体管应加散热器，散热器应垂直安装，以利于空气自然对流。

2.5.4 场效应管与晶闸管

场效应管（FET），又称单极型晶体管，它属于电压控制型半导体器件。其特点是输入电阻高（$10^7 \sim 10^{15} \Omega$）、噪声小、功耗低、没有二次击穿现象，受温度和辐射影响小，因此被广泛用于高灵敏和低噪声电路、数字电路、通信设备及大规模集成电路中。

1. 场效应管的分类与符号

场效应管按结构可分为结型（JEET）和绝缘栅型（又称金属-氧化物-半导体场效应管 MOSFET，简称 MOS 管）两大类。它们都有 3 个电极，即源极（s）、栅极（g）与漏极（d），结型是利用导电沟道之间耗尽区的宽窄来控制电流；绝缘栅型是利用感应电荷的多少来控制导电沟道的宽窄从而控制电流大小的。按导电方式来分，场效应管又可分为耗尽型和增强型。结型场效应管均为耗尽型，绝缘栅型场效应管既有耗尽型也有增强型。它们的类型符号和结构如图 2-46 所示。

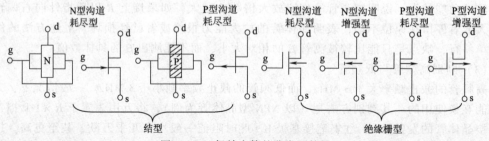

图 2-46　场效应管的分类及符号

2. 场效应管的主要参数

（1）跨导 g_m 是反映场效应管放大能力的参数。

（2）饱和漏极电流 I_{DSS}（耗尽型管）在 $U_{GS}=0$ 的条件下，场效应管的漏极电流。

（3）夹断电压 U_P（耗尽型管）是指当 U_{DS} 为某固定值时，使 $I_D \approx 0$ 时，栅极上所加的最小电压 U_{GS} 即为夹断电压 U_P。

（4）开启电压 U_T（增强型管）在 U_{DS} 为某一固定数值的条件下，使沟道可以将漏 – 源极连接起来的最小的 U_{GS} 即为开启电压。

（5）直流输入电阻 R_{GS} 是指漏–源极间短路的条件下，栅–源极间加一定电压（如 10 V）时，栅源电压与栅极电流之比。结型为 $10^7 \Omega$ 数量级，绝缘栅型可达到 $10^{10} \Omega$ 以上。

除上述参数之外，还有漏源击穿电压 U_{DS}、最大耗散功率 P_{DM}、最高工作频率 f_M 和噪声系数 N_F 等参数，均可在手册上查得。

3. 场效应管的检测

场效应管有结型和绝缘栅型两种，其外形与晶体管相似，也有 3 个电极，即源极 s（对应晶体管的 e 极）、栅极 g（对应于晶体管的 b 极）和漏极 d（对应于晶体管的 c 极），但二者的控制特性截然不同。

（1）结型场效应管的检测

① 判别电极及沟道类型。由图 2 – 46 可知，在结型场效应管的栅极 g 与源极 s、栅极 g 与漏极之间各有一个 PN 结，栅极对源极和漏极呈对称结构。根据这一特点可很准确地判定出栅极，进而将源极 s 和漏极 d 确定。具体测试时将万用表置于 $R \times 100 \Omega$ 挡，用黑表笔任接一电极，然后用红表笔分别接触另外两个引脚。若两次测得阻值基本相等，均比较小（几百欧至 1 000 Ω），说明所测的是结型场效应管的正向电阻，此时黑表笔所接的是栅极 g，并且被测管为 N 沟道的结型场效应管。如果两次测得的阻值都很大，则说明均为结型场效应管的反向电阻，黑表笔所接的也是栅极 g，但被测管不是 N 沟道类型，而是 P 沟道类型。由于结型场效应管的源极和漏极在结构上具有对称性，所以一般可以互换使用，通常两个电极不必再进一步进行区分，当用万用表测量源极 s 和漏极 d 之间的电阻时，正反向电阻均相同，正常时为几千欧左右。

对于已知引脚排列的结型场效应管，根据上述规律，基本可以判明结型场效应管的好坏。

② 检测结型场效应管的放大能力。以 N 沟道结型场效管为例，测试电路如图 2 – 47（a）所示，将万用表置于直流 10 V 挡，红、黑表笔分别接漏极和源极。测试时，调节 RP，万用表指示的电压值应按下述规律变化：RP 向上调，万用表指示电压值升高；RP 向下调，万用表指示电压值降低。这种变化说明场效应管有放大能力。在调节 RP 的过程中，万用表指示的电压值变化越大，说明场效应管的放大能力越强。如在调节 RP 时，万用表指示变化不明显或根本无变化，说明场效应管放大能力很小或已经失去放大能力。

③ 检测夹断电压 U_P（以 N 沟道结型场效应管为例）。将万用表置于 $R \times 10\,k\Omega$ 挡，先将黑表笔接电解电容器的正极，红表笔接电解电容器的负极，对电容器充电 8 ~ 10 s 后移开表笔；再将万用表置于直流 50 V 挡，迅速测出电解电容器上的电压，并记录下此值；然后，按照图 2 – 47（b）所示进行测试；将万用表拨回至 $R \times 10\,k\Omega$ 挡，黑表笔接漏极 d，红表笔接源极 s，这时指针应向右旋转，指示基本为满量程；将已充好电的电解电容器正极接源极 s，用电解电容器负极去接触栅极 g，这时指针应向左转，一般指针退回至 10 ~ 200 $k\Omega$ 时，

电解电容器上所充的电压值即为结型场效应管的夹断电压 U_p。测试过程中应注意，如果电容器上所充的电压太高，会使结型场效应管完全夹断，万用表指针可能退回至无穷大。遇到这种情况，可用直流电压 10 V 挡将电解电容器适当进行放电，直到使电解电容器接至栅极 g 和源极 s 后测出的阻值在 10 ~ 200 kΩ 范围内为止。

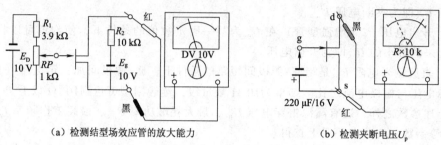

(a) 检测结型场效应管的放大能力　　　　　　(b) 检测夹断电压 U_p

图 2 - 47　结型场效应管的检测

（2）MOS 场效应管的检测

MOS 场效应管实际上是一种绝缘栅型场效应管，目前常用的多为双栅型场效应管，如图 2 - 48 所示。这种场效应管有两个串联的沟道，两个栅极都能控制沟道电流的大小。靠近源极 s 的栅极 g_1 是信号栅，靠近漏极 d 的栅极 g_2 是控制栅。

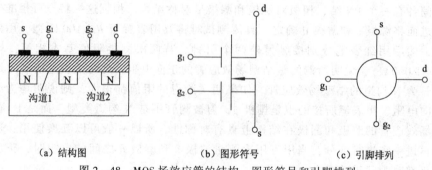

(a) 结构图　　　　　　　(b) 图形符号　　　　　　(c) 引脚排列

图 2 - 48　MOS 场效应管的结构、图形符号和引脚排列

MOS 场效应管与结型场效应管的不同之处是栅极与源极、漏极绝缘，输入电流几乎为零，输入电阻极高，一般在 10^{12} Ω 以上。突出特点是工作频率高、增益高、噪声小、动态范围宽、抗信号过载能力强、抗干扰性能好，广泛应用于电器设备中的高频电路中。

① 判定引脚。目前 MOS 场效应管的引脚位置排列顺序基本相同，从其底部看，按逆时针方向依次是 d、s、g_1、g_2，所以，只要用万用表电阻挡测出漏极 d 和源极 s 两脚，就可以将各引脚确定。检测时将万用表置 $R \times 100$ Ω 挡，用红、黑表笔依次轮换测量各引脚间的电阻值，只有 s 和 d 两极间的电阻值在几十欧至几千欧之间，其余各电极间的阻值均为无穷大。这样找到 s 和 d 极以后，再交换表笔测量这两个电极间的阻值，其中在测得阻值较大的一次测量中，黑表笔所接的为 d 极，红表笔所接的为 s 极。知道 d 和 s 极以后，g_1 和 g_2 极便可根据排列规律加以确定。

② 检测好坏。测量源极 s 和漏极 d 间电阻。将万用表置于 $R \times 10$ Ω 或 $R \times 100$ Ω 挡，测量源极 s 和漏极 d 之间的电阻值，正常时，一般在几十欧到几千欧之间，不同型号的 MOS 场效应管略有差异。当黑表笔接 d，红表笔接 s 时，电阻值要比红表笔接 d，黑表笔接 s 时

所测得的电阻值大些。这两个电极之间的电阻若大于正常值或者为无穷大，说明 MOS 场效应管存在内部接触不良或内部断极。若接近于零，则说明内部已被击穿。

测量其余各引脚间的电阻。将万用表置于 $R \times 10 \text{ k}\Omega$ 挡，两表笔不分正负，测量栅极 g_1 和 g_2 之间、栅极与源极之间、栅极与漏极之间的电阻值。正常时，这些电阻值均应为无穷大。若阻值不是无穷大，则证明被测场效应管已经损坏。注意，这种方法对于内部电极开路性故障是无法判断的，只能采用替换法或下述估测放大能力的方法加以检测鉴定。

③ 估测放大能力。将万用表置于 $R \times 100 \Omega$ 挡，红表笔接 s 极，黑表笔接 d 极，此时阻值应较大。在 g_1 和 g_2 极上各引出一根导线，导线的外皮越薄效果越明显。用手捏住两导线，即相当于把人体感应电场加到了 g_1 和 g_2 上。这时万用表指针应向右摆动，摆幅越大，说明被测管的放大能力越强；若指针摆动很小，则说明被告测管放大能力很弱；若指针根本不摆动，则说明被测管已经失去了放大能力。

④ MOS 场效应管的保存方法。对于绝缘栅场效应管（MOS 管）来说，由于其输入电阻很大（$10^9 \sim 10^{15} \Omega$），栅-源极之间的感应电荷不易泄放，使得少量感应电荷产生很高的感应电压，极易使 MOS 管击穿。因而 MOS 管在保存时，应把它的 3 个电极短接在一起。取用时，不要拿它的引脚，而要拿它的外壳。使用时，要在它的栅-源极之间接入一个电阻器或一个稳压二极管，以降低感应电压的大小。在焊接、测试场效应管时应该采取防静电措施，即将场效应管的 3 个电极短接，且电烙铁、测试仪器的外壳必需接地，焊接时也可将电烙铁烧热后断开电源用余热进行焊接。

（3）功率型绝缘栅场效应管的检测

功率型场效应管又称 VMOS 场效应管，它不仅具有输入阻抗高、驱动电流小的优点，而且还具有耐压高（最高耐压达 1 200 V）、工作电流大（1.5 ~ 100 A）、输入功率大（1 ~ 250 W）、跨导线性好、开关速度快等优点。

① 判定栅极 g。将万用表置于 $R \times 1 \text{ k}\Omega$ 挡，分别测量 3 个引脚之间的电阻，如果测得某引脚与其余两引脚间的电阻值均为无穷大，且对换表笔测量时阻值仍为无穷大，则此引脚是栅极 g。因为栅极 g 与其余两引脚是绝缘的。但要注意，此种测量法仅对管内无保护二极管 VMOS 管适用。

② 判定源极 s 和漏极 d。将万用表置于 $R \times 1 \text{ k}\Omega$ 挡，先用一表笔将被测 VMOS 管的 3 个电极短接一下，然后交换表笔测两次电阻，如果被测管是好的，必然会测得阻值为一大一小。其中，阻值较大的一次测量中，黑表笔所接的为漏极 d，红表笔所接的是源极 s，被测 VMOS 管为 N 沟道管。如果被测为 P 沟道管，则所测阻值的大小规律正好相反。

③ 好坏的判断。将万用表置于 $R \times 1 \text{ k}$ 档，测量 R_{GD} 和 R_{GS} 电阻值，无论黑表笔接法如何，所测阻值均应为无穷大。如果这两个阻值不为无穷大，则说明栅极 g 与另外两个电极间有漏电现象，这样的 VMOS 管是不能使用的。

注意：以上测量方法适用于内部无保护二极管的 VMOS 管。

4. 晶闸管

晶闸管，主要分为单向晶闸管和双向晶闸管两种，主要工作在开关状态，具有承受高电压、大电流的优点，常用于大电流场合下的开关控制，是实现无触点弱电控制强电的首选器件，在可控整流、可控逆变、可控开关、变频、电动机调速等方面应用广泛。由于晶闸管最初应用于可控整流方面，所以又称可控硅整流元器件，简称可控硅（SCR）。

（1）单向晶闸管

单向晶闸管广泛应用于可控整流、交流调压、逆变和开关电源电路中，其结构、图形符号、外形如图 2-49 所示。它有 3 个电极，分别为阳极（a）、阴极（k）和控制极（g），控制极又称门极或栅极。它是一种 PNPN 四层半导体器件，有 3 个 PN 结，其中控制极是从 P 型硅层上引出，供触发晶闸管用。晶闸管一旦导通，即使撤掉正向触发信号，仍能维持导通状态。只有阳极 a 和阴极 k 之间的电压小于导通电压或加反向电压时，单向晶闸管才会从导通变为截止。因此，单向晶闸管是一种导通时间可以控制的、具有单向导电性能的直流控制器件，常用于整流、开关、变频等自动控制电路中。

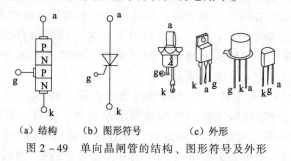

（a）结构　　（b）图形符号　　　（c）外形
图 2-49　单向晶闸管的结构、图形符号及外形

（2）双向晶闸管

双向晶闸管是在单向晶闸管的基础上发展而成的新型器件。单向晶闸管实质上属于直流控制器件，只能正向控制时导通，反向时阻断。而双向晶闸管则是一种理想的交流控制器件。其结构、图形符号和外形如图 2-50 所示。

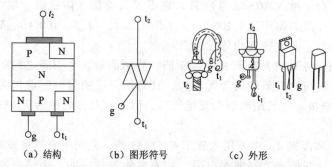

（a）结构　　　　（b）图形符号　　　　（c）外形
图 2-50　双向晶闸管的结构、图形符号和外形图

双向晶闸管属于一种 NPNPN 五层器件，也有 3 个电极，分别为第一电极 t_1、第二电极 t_2 和控制极 g，但 t_1 和 t_2 则不再固定划分阳极或阴极，而统称为主端子。双向晶闸管的突出特点是可以双向导通且具有 4 种触发状态。它不仅能代替两只反极性并联的单向晶闸管，而且仅需一个触发电路，是一种理想的交流开关器件。广泛用于交流开关、交流调压、交流调速、灯具调光，以及固态继电器和固态接触器等电路中。

（3）晶闸管极性及其好坏的判别

① 单向晶闸管极性及其好坏判别。用万用表 $R \times 1 \text{k}\Omega$ 挡任意测量其两极，若出现指针发生较大摆动，则表示黑表笔接触的是控制极 g，红表笔接触的是阴极 k，另一个引脚就是阳极 a。

判断其好坏时，首先用 $R \times 1 \text{k}\Omega$ 挡测量 a、k 极正向电阻（一般为无穷大）而 k、g 极则具有二极管特性。其次，再用 $R \times 1\,\Omega$ 挡测量晶闸管能否维持导通，黑表笔接 a 极。红表笔接 k 极，此时指针应指向无穷大，当黑表笔同时接触 a、g 极时，指针即发生偏转，则该晶闸管为好管。

② 双向晶闸管极性及其好坏判别。双向晶闸管 t_2（第二阳极）极与 g、t_1（第一阳极）两极正反向电阻都为无穷大，且 g 极与 t_1 极正反向电阻都较小，并基本相同，利用这一点可以判断出 t_2 极。判断 g 极与 t_1 极时，可以先设一极为 g 极，红表笔接 t_1 极。黑表笔接 t_2 极，读出黑表笔触发一下 g 极后该晶闸管维持导通时的电阻值 R_1（黑表笔始终接触 t_2 极）。再设另一极为 g 极，重复上述操作，该晶闸管维持导通的阻值为 R_2，比较 R_1 与 R_2 的大小，在阻值较小的那次测量中，黑表笔所接的是 t_1，红表笔所接的则为 g 极。双向晶闸管极性的判别过程就是其好坏的判断过程，若有必要还要检测其能否反向触发（用红表笔触发）且维持导通。

测量大功率晶闸管时（一般指 10 A 以上），由于触发电流要求过大维持导通压降过高，万用表 $R \times 1\,\Omega$ 挡已不能提供足够的电压和电流，必须在红表笔端串入 1 个 1.5 V 电池才能使晶闸管有足够的触发电流和导通压降。

2.6　集　成　电　路

集成电路（IC）是相对分立元器件而言的。将一些分立元器件、连接导线通过一定的工艺集中制作在陶瓷、玻璃或半导体基片上，再将整个电路封装起来，成为一个能够完成某一特定电路功能的整体，这就是集成电路。集成电路在体积、质量、耗电、寿命、可靠性及电性能指标方面，远远优于半导体分立元器件组成的电路，因而在电子电气设备中得到了广泛应用。

2.6.1　集成电路的基本类别

集成电路根据不同的功能用途可分为模拟和数字两大类，而具体功能更是数不胜数，其应用遍及人类生活的方方面面。

集成电路根据内部的集成度可分为大规模、中规模、小规模 3 类。其封装又有许多形式，"双列直插" 和 "单列直插" 的最为常见。消费类电子产品中用软封装的 IC，精密产品中用贴片封装的 IC 等。

集成电路根据通用或专用的程度可分类为通用型、半专用、专用等。集成电路根据应用环境条件可分为军用级、工业级和商业（民用）级。对于相同功能的集成电路，工业级芯片的单价是商业级芯片的 2 倍以上，而军用级芯片的单价可能达到 4~10 倍。

2.6.2　集成电路的外形及引脚识别

1. 集成电路的外形

（1）单列直插集成电路（SIP 封装）的外形及引脚如图 2-51 所示。所谓单列是指集成电路的引脚只有一列。

（2）双列集成电路（DIP 封装）的外形如图 2-52（a）所示。它的引脚分成两列对称排列，双列集成电路产品最为常见。

（3）双列和四列扁平封装（QFP 封装）的外形如图 2-52（b）所示。四列扁平封装引脚分成 4 列对称排列，每一引脚数目相等。集成度高的集成电路，贴片式集成电路和数字集成电路常采用这种引脚排列方式。

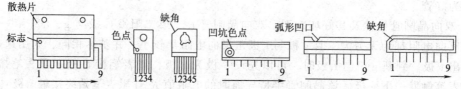

图 2 - 51   单列集成电路的外形及引脚

（4）金属外壳封装（TO 封装）的外形如图 2 - 52（c）所示，它的引脚分布呈圆形，目前这种集成电路已很少使用。

（5）栅格阵列引脚（球形脚 BGA、针形引脚 PGA 封装）的集成电路如图 2 - 52（d）所示，它是一个多层的芯片载体，它的引脚在集成电路的底部，引线是以阵列的形式排列的，所以引脚的数目远远超过引脚分布在集成电路外围的封装。

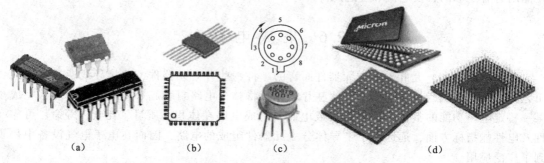

（a）　　　　　　（b）　　　　　　（c）　　　　　　　　　　（d）

图 2 - 52   常见集成电路外形

2. 集成电路的引脚

集成电路是多引脚器件，引脚分布规律和引脚计数起始标志有多种形式。下面根据不同的封装形式，介绍几种常用的集成电路引脚的分布规律，如表 2 - 15 所示。

表 2 - 15   常用集成电路的封装形式及引脚分布

封装名称	字母表示	实 物 图	封 装 图	安装形式
单列直插	SIP		引脚标志　前视　123 … N	通孔（插针）
双列直插	DIP		N 引脚标志　顶视　脚 123	通孔（插针）

续表

封装名称	字母表示	实 物 图	封 装 图	安装形式
扁平封装	QFP		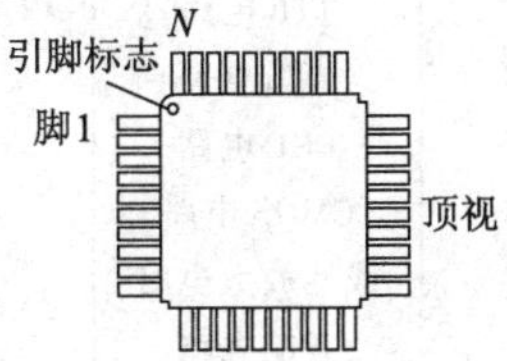 引脚标志 脚1　　顶视	翼形引脚 （贴片）
矩形封装	LCC		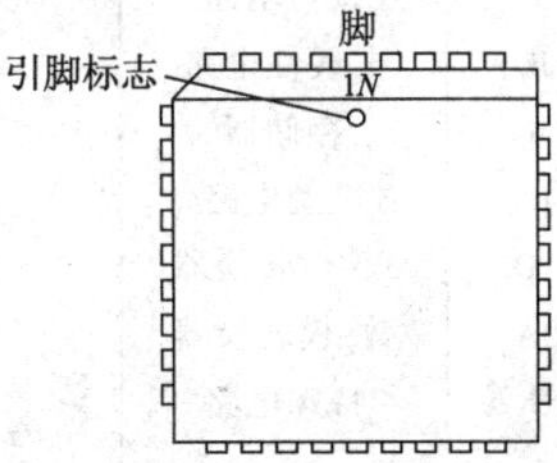 引脚标志　脚1N	钩形引脚 （贴片）
球栅阵列封装	BGA	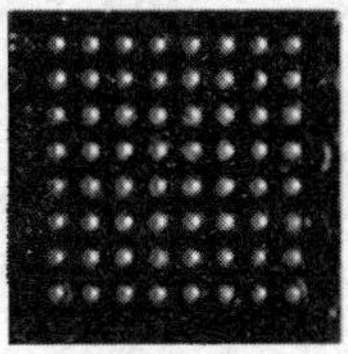	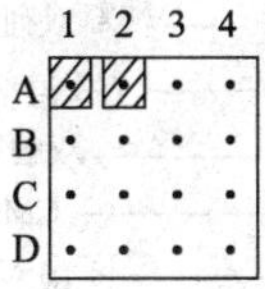 1 2 3 4 A B C D	球形引脚
小尺寸双列	SOP		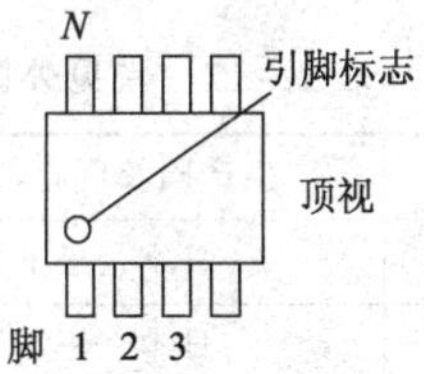 N　引脚标志 顶视 脚 1 2 3	翼形引脚 （贴片）

2.6.3　集成电路的型号命名方法

国产半导体集成电路型号一般由五部分组成，各组成部分符号及含义如表 2-16 所示。

表 2-16　国产半导体集成电路型号命名方法

第一部分	第二部分	第三部分	第四部分	第五部分
字母表示器件符合国家标准	字母表示器件的类型	数字表示器件的系列和品种代号	字母表示器件的工作温度范围/℃	字母表示器件的封装形式

续表

| 第一部分 | | 第二部分 | | 第三部分 | 第四部分 | | 第五部分 | |
符号	意义	符号	意义		符号	意义	符号	意义
		T	TTL 电路		C	0 ~ 70	W	陶瓷扁平封装
		H	HTL 电路		E	− 40 ~ 85	B	塑料扁平封装
		E	ECL 电路		R	− 55 ~ 85	F	全密封扁平封装
		C	CMOS 电路		M	− 55 ~ 125	D	陶瓷直插封装
		F	线性放大电路				P	塑料直插封装
		D	音响电路				J	玻璃直插封装
C	中国制造	W	稳压器	与国际接轨			H	玻璃扁平封装
		J	接口电路				K	金属壳菱形封装
		B	非线性电路				T	金属圆形封装
		M	存储器					
		μ	微型电路					
		AD	模−数转换器					
		DA	数−模转换器					
		S	特殊电路					

例如，CC4013CP—CMOS 双触发器：

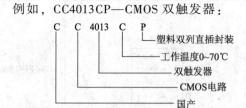

又如，CF3140CP—低功耗运算放大器：

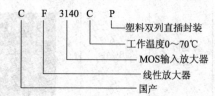

进口集成电路的型号命名一般是用前几位字母表示制造厂商，用数字表示器件的系列和品种代号。常见外国公司生产的集成电路的字头符号如表 2 – 17 所示。

表 2 – 17　常见外国公司生产的集成电路的字头符号

字头符号	生产国及厂商名称	字头符号	生产国及厂商名称
AN、DN	日本、松下	UA、F、SH	美国、仙童
LA、LB、STK、LD	日本、三洋	IN、ICM、ICL	美国、英特尔
HA、HD、HM、HN	日本、日立	UCN、UDN、UGN、ULN	美国、斯普拉格
TA、TC、TD、TL、TM	日本、东芝	SAK、SAJ、SAT	美国、ITT
MPA、Ppb、μpc、μPD	日本、日电	TAA、TBA、TCA、TDA	欧洲、电子联盟
CX、CXA、CXB、CXD	日本、索尼	SAB、SAS	德国、SIGE
MC、MCM	美国、摩托罗拉	ML、MH	加拿大、米特尔

2.6.4　使用集成电路的注意事项

1. 正确使用集成电路

（1）在使用集成电路时，其负荷不允许超过极限值；当电源电压变化不超过额定值 ±10% 的范围时，集成电路的电气参数应符合规定标准；在接通或断开电源的瞬间，不得有高电压产生，否则将会击穿集成电路。

（2）输入信号的电平不得超出集成电路电源电压的范围（即输入信号的上限不得高于电源电压的上限，输入信号的下限不得低于电源电压的下限；对于单个正电源供电的集成电路，输入电平不得为负值）。必要时，应在集成电路的输入端增加输入信号电平转换电路。

（3）一般情况下，数字集成电路的多余输入端不允许悬空，否则容易造成逻辑错误。与门、与非门的多余输入端应该接电源正端，或门、或非门的多余输入端应该接地（或电源负端）。为避免多余端，也可以把几个输入端并联起来，不过这样会增大前级电路的驱动电流，影响前级的负载能力。

（4）数字集成电路的负载能力一般用扇出系数 N_o 表示，但它所指的情况是用同类门电路作为负载。当负载是继电器或发光二极管等需要大电流的元器件时，应该在集成电路的输出端增加驱动电路。

（5）使用模拟集成电路前，要仔细查阅它的技术说明书和典型应用电路，特别注意外围元器件的配置，保证工作电路符合规范。对线性放大集成电路，要注意调整零点漂移、防止信号堵塞、消除自激振荡。

（6）商业级集成电路的使用温度一般在 0～70 ℃ 之间。在系统布局时，应使集成电路尽量远离热源。

（7）在手工焊接电子产品时，一般应该最后装配焊接集成电路；不要使用大于 45 W 的电烙铁，每次每个引脚的焊接时间不得超过 1 s。

（8）对于 MOS 集成电路，要特别防止栅极静电感应击穿。一切测试仪器（特别是信号发生器和交流测量仪器）、电烙铁以及线路本身，均须良好接地。当 MOS 电路的 d、s 极间加载电压时，若 g 输入端悬空，很容易因静电感应造成击穿，损坏集成电路。对于使用机械开关转换输入状态的电路，为避免输入端在拨动开关的瞬间悬空，应该在输入端接一个几十千欧的电阻器到电源正极（或负极）。此外，在存储 MOS 集成电路时，必须将其收藏在防静电盒内或用金属箔包装起来，防止外界电场将栅极击穿。

在储存集成电路时，必须注意不要使集成电路的引脚受力变形。

2. 安装集成电路时应注意的问题

（1）安装集成电路时要注意方向。在安装集成电路时，要注意方向不要搞错，否则，通电时更换的集成电路很可能被烧毁。

（2）有些空引脚不应擅自接地。遇到空引脚时，不应擅自接地，因为内部等效电路和应用电路中有的引脚没有标明，这些引脚为更替或备用引脚，有时也作为内部连接使用。数字电路所有不用引脚的输入端，不得悬空，否则电路的工作状态将不确定，并且会增加电路的功耗。

（3）安装功率集成电路时的注意事项：

① 在未装散热片前，不能随意通电。

② 散热片安装好后，需要接地的散热片应用引线焊到印制电路板的接地端上。

（4）要注意供电电源的稳定性。

（5）不应带电插拔集成电路，应尽量避免插拔集成电路或接插件。如果必须插拔，在插拔前一定要切断电源，并注意在电源滤波电容器放电后进行。

（6）防止感应电动势击穿代换的集成电路。电路中若带有继电器等感性负载，代换集成电路相关引脚时要接入保护二极管以防止过电压击穿。焊接时电烙铁外壳需接地，或使用防静电电烙铁，防止因漏电而损坏集成电路。也可先拔下电烙铁电源插头，利用其余热进行焊接。严禁在电路通电时进行焊接。

2.7 SMT 元器件

SMT 是指表面安装技术，已经在很多领域取代了传统的通孔安装 THT 技术，并且这种趋势还在发展，未来电子组装行业里 90% 以上产品将采用 SMT 技术。

2.7.1 SMT（贴片）元器件的特点

表面安装元器件也称作贴片式元器件或片状元器件，它有 4 个显著的特点：

（1）SMT 的尺寸很小，重量轻，在 SMT 元器件的电极上，有些焊端没有引线，有些只有非常短小的引线，相邻电极之间的距离比传统的双列直插式集成电路的引线间距（2.54 mm）小很多，目前引脚中心间距最小的已经达到 0.3 mm。可节省引线所占的安装空间，组装时还可双面贴装，大大提高了安装密度，有利于电子产品的小型化、薄型化和轻量化。

（2）由于 SMT 没有引线或引线很短，寄生电感和分布电容很小，可以获得更好的频率特性和更强的抗干扰能力。SMT 元器件直接贴装在印制电路板的表面，将电极焊接在与元器件同一面的焊盘上。避免了因引脚弯曲成形而造成的损伤及损坏，提高了产品的结实、耐振、耐冲击程度，使产品的可靠性大幅提高。

（3）在集成度相同的情况下，SMT 元器件的体积比传统的元器件小很多；印制电路板上的通孔只起到电路连通导线的作用，通孔的周围没有焊盘，使印制电路板的布线密度大大提高。与同样体积的传统电路比较，SMT 元器件的集成度提高了很多倍。

（4）表面安装元器件最重要的特点是小型化和标准化。已经制定了统一标准，对片状元器件的外形尺寸、结构与电极形状等都做出了规定，这对于表面安装技术的发展无疑具有重要的意义。目前，SMT 的自动化表面组装设备已非常成熟，使用非常广泛，大大缩短了装配时间，而且装配精度、产品合格率高，节省了劳动成本，提高了经济效益。

2.7.2 SMT 元器件的种类

SMT 元器件的分类方法有多种，一般可从结构形状上和功能上分。从结构形状上分有薄片矩形、圆柱形、扁平异形等，从功能上分有无源元器件、有源元器件和机电元器件三大类，如表 2 - 18 所示。

表 2 - 18 SMT 元器件的分类

类　别	封装形式	种　类
无源表面安装元器件（SMC）	薄片矩形	厚膜和薄膜电阻器、热敏电阻器、压敏电阻器、单层或多层陶瓷电容器、钽电解电容器、片式电感器、磁珠等
	圆柱形	碳膜电阻器、金属膜电阻器、陶瓷电容器、热敏电容器、陶瓷晶体等
	异形	电位器、微调电位器、铝电解电容器、微调电容器、线绕电感器、晶体振荡器、变压器等
	复合片式	电阻网络、电容网络、滤波器等

续表

类　别	封装形式	种　类
有源表面安装器件（SMD）	圆柱形	二极管
	陶瓷组件（扁平）	无引脚陶瓷芯片载体 LCCC、有引脚陶瓷芯片载体 CBGA
	塑料组件（扁平）	SOT、SOP、SOJ、PLCC、QFP、BGA、CSP 等
机电元器件	异形	继电器、开关、连接器、延迟器、薄型微电机等

2.7.3　无源元器件（SMC）及外形尺寸

SMC 包括片状电阻器、电容器、电感器、滤波器和陶瓷振荡器等。如图 2-53 所示，SMC 的典型形状是一个长方体，也有一部分 SMC 采用圆柱体的形状，还有一些元器件由于矩形化比较困难，是异形 SMC。

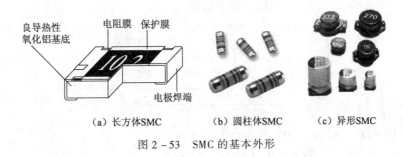

（a）长方体SMC　　　（b）圆柱体SMC　　　（c）异形SMC

图 2-53　SMC 的基本外形

1. SMC 的外形尺寸

SMC 元器件按封闭外形，可分为片状和圆柱状两种，典型 SMC 系列的外形如图 2-53所示。长方体 SMC 是根据其外形尺寸的大小划分为几个系列型号，现有两种表示方法，欧美产品大多采用英制系列，日本产品大多采用米制系列，我国还没有统一标准，两种系列都可以使用。无论哪种系列，系列型号的前两位数字表示元器件的长度，后两位数字表示元器件的宽度。例如，米制系列 3216（英制 1206）的矩形贴片元器件，长 $L = 3.2$ mm（0.12 in），宽 $W = 1.6$ mm（0.06 in）。典型 SMC 系列的外形尺寸见表 2-19。

2. 特性参数的表示方法

SMC 的元器件种类用型号加后缀的方法表示，例如，3216C 是 3216 系列的电容器，2012R 表示 2012 系列的电阻器。

1608、1005、0603 系列 SMC 元器件的表面积太小，难以用手工装配焊接，所以元器件表面不印制它的标称数值（参数印在纸编带的盘上）；3216、2012 系列片状 SMC 的标称数值一般用印在元器件表面上的三位数字表示：前两位数字是有效数字，第三位是倍率乘数。例如，电阻器上印有 104，表示阻值 100 kΩ；表面印有 5R6，表示阻值 5.6Ω；表面印有R39Ω，表示阻值 0.39Ω。电容器上印有 103，表示电容量是 10 000 pF，即 0.01 μF。圆柱形电阻器用色环表示阻值的大小。

虽然 SMC 的体积很小，但它的数值范围和精度并不差。以 SMC 电阻器为例，3216 系列的阻值范围是 0.39Ω ~ 10 MΩ，额定功率可达到 1/4W，允许误差有 ±1%、±2%、±5%

和 ±10% 四个系列，额定工作温度上限是 70℃。常用典型 SMC 电阻器的主要技术参数如表 2 – 19 所示。

表 2 – 19 常用典型 SMC 电阻器的主要技术参数

系列型号	3216	2012	1608	1005
阻值范围	0.39 ~ 10MΩ	2.2 ~ 10MΩ	1Ω ~ 10MΩ	10Ω ~ 10MΩ
允许误差/%	±1、±2、±5、±10	±1、±2、±5	±2、±5	±2、±5
额定功率/W	1/4、1/8	1/10	1/16	1/16
最大工作电压/V	200	150	50	50
工作温度范围/℃	− 55 ~ + 125/70	55 ~ + 125/70	− 55 ~ + 125/70	− 55 ~ + 125/70

3. SMC 的规格型号表示方法

目前，我国尚未对 SMT 元器件的规格型号表示方法制定标准，因生厂商而不同。下面各用一种贴片电阻器和贴片电容器举例说明。

例如：1/8W、470Ω、±5% 的玻璃釉电阻器。

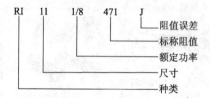

又如：1 000 PF、±5%、50V 的瓷介电容器。

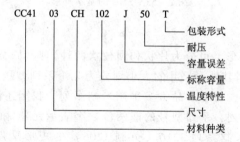

4. SMC 的焊端结构

无引线片状元器件 SMC 的电极焊端一般由三层金属构成，如图 2 – 54 所示。焊端的内部电极通常采用厚膜技术制作的钯银合金电极，中间电极是镀在内部电极上的镍阻挡层，外部电极是铅锡合金。中间电极的作用是避免在高温焊接时焊料中的铅和银发生置换反应而导致厚膜电极"脱帽"，造成虚焊或脱焊。镍的耐热性和稳定性好，对钯银电极起到了阻挡层的作用；但镍的可焊接性较差，镀铅合金的外部电极可以提高可焊接性。

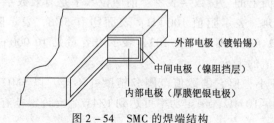

图 2 – 54 SMC 的焊端结构

5. 包装形式

片状元器件可以用 3 种包装形式提供给用户：散装、管状料斗和盘状纸编带。SMC 的阻容元器件一般用盘状纸编带包装，便于自动化装配设备使用。

2.7.4　SMD 分立器件

SMD 分立器件包括各种分立半导体器件，有二极管、晶体管、场效应管、集成电路等。为了便于自动化安装设备拾取，电极引脚数目较少的 SMD 分立器件一般采用盘状纸带包装。

1. SMD 分立器件的外形和封装

典型 SMD 分立器件的电极引脚数为 2 ~ 6 个。SMD 分立器件有二极管、晶体管、场效应管及各种半导体分立器件。其外形和封装如图 2 – 55 所示。

(a) 柱状玻璃封装二极管　　　(b) 贴片塑料封装二极管　　　(c) 贴片晶体管

图 2 – 55　典型 SMD 分立器件的外形

2. 二极管

SMD 二极管根据封装方式可分为无引线柱形玻璃封装二极管和塑料封装二极管。无引线柱形玻璃封装二极管是将管芯封装在细玻璃管内，两端以金属帽为电极。通常用于稳压、开关和通用二极管，功率一般为 0.5 ~ 1 W。塑封二极管是用塑料封装管芯，有两根翼形短引线，一般做成矩形状，额定电流 150 mA ~ 1 A，耐压 50 ~ 400 V。

3. 晶体管

晶体管一般采用带有翼形短引线的塑料封装（SOT），可分为 SOT23、SOT89、SOT143 几种尺寸结构。产品有小功率晶体管、大功率晶体管、场效应晶体管和高频晶体管几个系列。小功率晶体管额定功率为 100 ~ 300 mW，电流为 10 ~ 700 mA；大功率管额定功率为 300 mW ~ 2 W，由于各厂商产品的电极引出方式不同，在选用时必须查阅生产厂使用手册资料。

2.7.5　SMD 集成电路

1. SMD 集成电路封装

由于工艺技术的发展和进步，SMD 集成电路与传统 THT 集成电路的双列直插（DIP）、单列直插（SIP）式集成电路不同，其电气性能指标比 THT 集成电路更好，封装形式也发生了巨大变化，常见 SMD 集成电路封装的外形如图 2 – 56 所示。

（1）SO 封装。引脚比较少的小规模集成电路大多采用这种小型封装。SO 封装可以细分，其中芯片宽度小于 0.15 in、电极引脚数目少于 18 脚的，叫作 SOP 封装，如图 2 - 56（a）所示；芯片宽度为 0.25 in、电极引脚数目在 20 ~ 44 以上的叫作 SOL 封装，如图 2 - 56（b）所示；SOP 封装中采用薄形封装的叫作 TSOP 封装。SO 封装的引脚采用翼形电极，引脚间距有 1.27 mm、1.0 mm、0.8 mm、0.65 mm 和 0.5 mm。

（2）QFP 封装。矩形四边都有电极引脚的 SMD 集成电路叫作 QFP 封装，其中四角有突出（角耳）的芯片称 PQFP 封装，薄形 QFP 封装称为 TQFP 封装。QFP 封装也采用翼形的电极引脚形状，如图 2 - 56（c）所示。QFP 封装的芯片一般都是大规模集成电路，电极引脚数目最少的有 20 脚，最多可达 300 脚以上，引脚间距最小的是 0.4 mm（最小极限是 0.3 mm），最大的是 1.27 mm。

（3）LCCC 封装：这是 SMD 集成电路中没有引脚的一种封装，芯片被封装在陶瓷载体上，无引线的电极焊端排列在封装底面上的四边，电极数目为 18 ~ 156 个，间距 1.27 mm，其外形如图 2 - 56（d）所示。

（4）PLCC 封装。PLCC 也是矩形封装，它与 LCCC 封装的区别是引脚向内钩回，叫作钩形（J 形）电极，电极引脚数目为 16 ~ 84 个，间距为 1.27 mm，其外形如图 2 - 56（e）所示。PLCC 封装的集成电路大多是可编程的存储器，芯片可以安装在专用的插座上，容易取下来对它改写其中的数据，PLCC 芯片也可以直接焊接在电路板上，但用手工焊接比较困难。

（5）BGA 封装：BGA 封装如图 2 - 56（f）所示，是大规模集成电路常采用的一种封装方式。BGA 封装是将原来 PLCC/QFP 封装的 J 形或翼形引脚，改变成球形引脚，把从器件本体四周"单线性"顺序引出的电极，改变为从集成电路底面之下"全平面"式的栅格阵列排列。这样，即可以扩大引脚间距，又能够增加引脚数目。焊球间距通常为 1.5 mm、1.27 mm、1.0 mm 三种；而 MBGA 芯片的时球间距有 0.8 mm、0.65 mm、0.5 mm、0.4 mm 和 0.3 mm 等。BGA 方式能够显著地缩小芯片的封装表面积，相同功能的大规模集成电路，BGA 封装的尺寸比 QFP 的封装要小得多，有利于在 PCB 上提高装配的密度。随着 BGA 方式的应用，BGA 品种也在迅速多样化，目前已经有很多种形式，如陶瓷 BGA（CBGA）、塑料 BGA（PBGA）、载带 BGA（TBGA）、陶瓷柱 BGA（CBGA）、中空金属 BGA（MBGA）以及柔性 BGA 等。

（a）　　　　　　　（b）　　　　　　　（c）

（d）　　　　　　　（e）　　　　　　　（f）

图 2 - 56　常见 SMD 集成电路封装的外形

图 2 - 57 所示为几种典型的 BGA 结构。其中，图 2 - 57 （a） 是 PBGA，图 2 - 57 （b） 是柔性微型 BGA （μBGA），图 2 - 57 （c） 是管芯上置的载带 TBGA，图 2 - 57 （d） 是管芯下置的载带 TBGA，图 2 - 57 （e） 是陶瓷 CBGA，图 2 - 57 （f） 是一种 BGA 的外观照片。

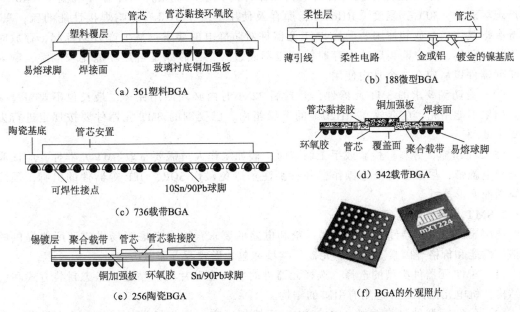

图 2 - 57　大规模集成电路的几种 BGA 封装结构

2. SMD 的引脚形状

表面安装器件 SMD 的 I/O 电极有两种形式，无引脚和有引脚。无引脚形式有陶瓷芯片载体封装 （LCCC），这种器件贴装后，芯片底面上的电极焊端与印制电路板上的焊盘直接连接，可靠性较高。有引脚器件贴装后的可靠性与引脚的形状有关。所以，引脚的形状比较重要。占主导地位的引脚形状有翼形、钩形和球形 3 种，如图 2 - 58 所示。

（1） 翼形引脚。翼形引脚如图 2 - 58 （a） 所示，主要特点是符合引脚薄而窄以及小间距的发展趋势，可采用包括热阻焊在内各种焊接工艺来进行焊接，但在运输和装卸过程中容易损坏引脚。翼形引脚用于 SOT/SOP/QFP 封装。

（2） 钩形引脚。钩形引脚如图 2 - 58 （b） 所示，主要特点是空间利用率比翼形引脚高，它可以用于除热阻焊外的大部分再流焊进行焊接，比翼形引脚坚固。钩形引脚用于 SOJ/PLCC 封装。

（3） 球形引脚：球形引脚如图 2 - 58 （c） 所示，球形引脚用于 BGA/CSP/FIip Chip 封装。

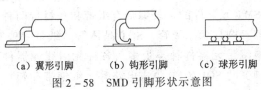

（a）翼形引脚　　（b）钩形引脚　　（c）球形引脚

图 2 - 58　SMD 引脚形状示意图

2.7.6 SMT 元器件的选用及使用注意事项

1. 使用 SMT 元器件的注意事项

（1）表面组装元器件存放。表面组装元器件的存放环境条件为库存环境温度 <40℃，生产现场温度 <30℃，湿度 < RH60%；库存及使用环境中不得有影响焊接性能的硫、氯、酸等有毒气体；存放和使用要满足 SMT 元器件对防静电的要求；从生产日期算起，存放时间不超过两年，用户购买后的库存时间一般不超过一年，假如是自然环境比较潮湿，购入 SMT 元器件以后应在 3 个月内使用。

（2）有防潮要求的 SMT 元器件，开封后 72 小时内必须使用完毕，最长也不要超过一周。如果不能用完，应存放在 RH20% 的干燥箱内，已受潮的 SMT 元器件要按规定进行去潮烘干处理。

（3）在运输、分料、检验或手工贴装时，假如工作人员需要拿取 SMT 元器件，应该佩带防静电腕带，尽量使用吸笔操作，并特别注重避免碰伤 SOP、QFP 等器件的引脚，预防引脚翘曲变形。

2. SMT 元器件的选用

选用表面安装元器件，应该根据系统和电路的要求，综合考虑市场供应商所能提供的规格、性能和价格等因素。主要从元器件类型和包装形式两方面考虑。

（1）SMT 元器件类型的选择。选择元器件时要注意贴片机的精度，考虑封装方式和引脚结构，机电元器件最好选用有引脚的结构。

（2）SMT 元器件包装选择。SMC/SMD 元器件厂商向用户提供的包装形式有散装、盘状编带、管装和托盘，后 3 种包装的形式如图 2 – 59 所示。

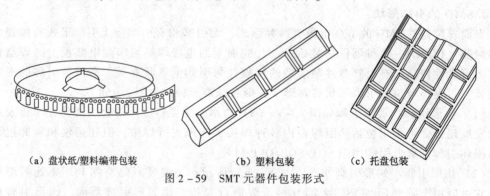

(a) 盘状纸/塑料编带包装   (b) 塑料包装   (c) 托盘包装

图 2 – 59　SMT 元器件包装形式

① 散装。无引线且无极性 SMC 元器件可以散装，例如一般矩形、圆柱形电阻器和电容器等。散装的元器件成本低，但不利于自动化设备拾取和贴装。

② 盘状编带包装。编带适用于除大尺寸 QFP、PLCC、LCCC 芯片以外的其他元器件，如图 2 – 59（a）所示。SMT 元器件的包装编带有纸带和塑料带两种。纸编带主要用于包装片状电阻器、片状电容器、圆柱状二极管、SOT 晶体管。纸带一般宽 8 mm，包装元器件以后盘绕在塑料架上。塑料编带元器件种类很多，各种无引线元器件、复合元器件、异形元器件、SOT 晶体管、引脚少的 SOP/QFP 集成电路等。纸编带和塑料编带的一边有一排定位孔，用于贴片机在拾取元器件时引导纸带前进并定位。定位孔的孔距为 4 mm（元器件小于0402 系列的编带孔距为 2 mm）在编带上的元器件间距依元器件的长度而定，一般取 4 mm

的倍数。

　　③ 管式包装。如图 2 – 59（b）所示，管式包装主要用于 SOP、SOJ、PLCC 集成电路、PLCC 插座和异形元器件等，从整机产品的生产类型看，管式包装适合于品种多、批量小的产品。

　　④ 托盘包装。如图 2 – 59（c）所示，托盘包装主要用于 QFP、窄间距 SOP、PLCC、BGA 集成电路等器件。

2.8　其他元器件

2.8.1　电声元器件

　　电声元器件用于电信号和声音信号之间的相互转换，常用的有扬声器、耳机、传声器（送话器、受话器）等。

1. 扬声器

　　扬声器俗称喇叭，是音响设备中的主要元器件。扬声器的种类很多，除了已经淘汰的舌簧式以外，现在多见的是电动式、励磁式和晶体压电式。图 2 – 60 是常见扬声器的结构与外形。

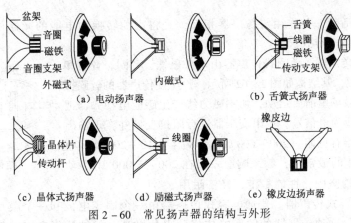

图 2 – 60　常见扬声器的结构与外形

　　（1）电动式扬声器。按所采用的磁性材料不同，电动式扬声器分为永磁式和恒磁式两种。永磁式扬声器的体积很小，可以安装在内部，所以又称内磁式。它的特点是漏磁少、体积小但价格稍高。彩色电视机和计算机多媒体音箱等对屏蔽有要求的电子产品一般采用的全防磁喇叭就是永磁式电动扬声器。恒磁式扬声器的磁体较大，要安装在外部，所以又称外磁式。其特点是漏磁大、体积大但价格便宜，通常用在普通收音机等低档电子产品中。

　　（2）压电陶瓷扬声器和蜂鸣器。如图 2 – 61 所示，压电陶瓷随两端所加交变电压产生机械振动的性质叫作压电效应，为压电陶瓷片配上纸盆就能制成压电陶瓷扬声器。这种扬声器的特点是体积小、厚度薄、重量轻，但频率特性差、输出功率小，目前还在改进研制之中。压电陶瓷蜂鸣器则广泛用于电子产品输出音频提示、报警信号。

图 2 – 61　压电陶瓷扬声器和蜂鸣器

（3）耳机和耳塞机。耳机和耳塞机在电子产品的放音系统中代替扬声器播放声音。它们的结构和形状各有不同，但工作原理和电动式扬声器相似，也是由磁场将音频电流转变为机械振动而还原声音。耳塞机的体积微小，携带方便，一般应用在袖珍收音机中。耳机的音膜面积较大，能够还原的音域较宽，音质、音色更好一些，一般价格也比耳塞机更贵。

2. 传声器

传声器俗称话筒，其作用与扬声器相反，是将声能转换为电能的元器件。常见的话筒有动圈式和驻极体电容式。

（1）动圈式传声器。动圈式传声器由永久磁铁、音圈、音膜和输出变压器等组成，其结构如图 2 – 62 所示。声压使传声器的音膜振动，带动音圈在磁场里前后运动，切割磁力线产生感应电动势，把感受到的声音转换为电信号。输出变压器进行阻抗变换并实现输出匹配。这种传声器有低阻（200 ~ 600 Ω）和高阻（10 ~ 20 kΩ）两类，以阻抗600Ω 的最常用，频率响应一般在 200 ~ 5 000 Hz。动圈式传声器的结构坚固，性能稳定，经济耐用。

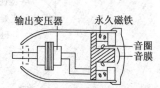

图 2 – 62　动圈式传声器结构示意图

（2）普通电容式传声器。普通电容式传声器由一个固定电极和一个膜片组成，其结构如图 2 – 63 所示。这种传声器的频率响应好，阻抗极高，但结构复杂，体积大，又需要供电系统，使用不够方便，适合在对音质要求高的固定录音室内使用。

（3）驻极体电容式传声器。如图 2 – 64 所示，驻极体电容式传声器除了具有普通电容式传声器的优良性能以外，还因为驻极体振动膜不需要外加直流极化电压就能够永久保持表面的电荷，所以结构简单、体积小、质量轻、耐振动、价格低廉、使用方便，得到广泛的应用。但驻极体电容式传声器在高温高湿的工作条件下寿命较短。

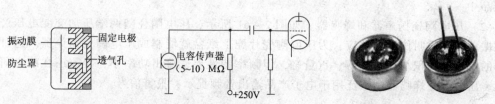

图 2 – 63　普通电容式传声器结构示意图　　　　图 2 – 64　驻极体电容式传声器

3. 选用电声元器件的注意事项

（1）电声元器件应该远离热源，这是因为电动式电声元器件内大多有磁性材料，如果长期受热，磁铁就会退磁，动圈与音膜的连接就会损坏；压电陶瓷式、驻极体电声元器件因为受热而改变性能。

（2）电声元器件的振动膜是发声、传声的核心部件，但共振腔是它产生音频的条件之一。假如共振腔对振动膜起阻尼作用，会极大降低振动膜的电－声转换灵敏度。例如，扬声器应该安装在木箱或机壳内才能扩展音量，改善音质；外壳还可以保护电声元器件的结构部件。

（3）电声元器件应该避免潮湿的环境，纸盆式扬声器的纸会受潮变形，电容式传声器会因潮湿降低电容器的品质。

（4）应该避免电声元器件的撞击和振动，防止磁体失去磁性、结构变形而损坏。

（5）扬声器的长期输入功率不超过其额定功率。

4. 电声元器件的检测方法

（1）扬声器好坏检测方法

① 用一节干电池，两端焊上两根导线，用这两根导线断续触碰扬声器的两个引出端，扬声器应发出"喀喀"声。若不发声，则表明扬声器已坏。

② 将万用表置于 $R \times 1$ 挡，把任意一表笔与扬声器的任一引出端相接，用另一表笔断续触碰扬声器另一引出端，如图 2－65 所示。此时，扬声器应发出"喀喀"声，指针亦相应摆动。若触碰时扬声器不发声，指针也不摆动，说明扬声器内部音圈断路或引线断裂。

（2）耳机和耳塞的检测方法

检测前，将万用表置于 $R \times 1$ 挡，并仔细调准"0"位。目前，耳机、耳塞多为双声道式，相应引出插头上有 3 个引出点。单声道式的耳机、耳塞相应引出插头上有两个引出点。检测时，应区别不同情况正确实施测量。

① 检测双声道耳机。如图 2－66 所示，在双声道耳机插头的 3 个引出点中，一般插头后端的接触点为公共点，前端和中间接触点分别为左右声道引出端。检测时，将万用表任一表笔接在耳机插头的公共点上，然后用另一表笔分别触碰耳机插头的另外两个引出点，相应的左或右声道的耳机应发出"喀喀"声，指针应偏转，指示值为 200Ω 或 300Ω 左右，而且左右声道的耳机阻值应对称。如果测量时无声，指针也不偏转，说明该耳机有引线断裂或内部焊点脱开的故障。若指针摆至"0"位附近，说明该耳机内部引线或耳机插头处有短路的地方。若指针指示阻值正常，但发声很轻，一般是耳机振膜片与磁铁间的间隙不对造成的。

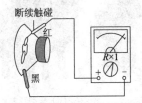

图 2－65　用万用表检测扬声器

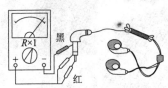

图 2－66　检测双声道耳机

② 检测耳塞。检测方法同上，将任一表笔固定接触在耳塞插头的一端，用另一表笔去触碰耳塞插头的另一端，指针应偏转，指示值应为：高阻 800Ω 左右，低阻 8～10Ω，同时耳塞中发出"喀喀"声，如果无声，指针也不偏转，说明耳塞引线断裂或耳塞内部焊线脱开。若触碰时耳塞内无声，但指针却指示在"0"位附近，表明耳塞内部引线或耳塞插头处

存在短路故障。

（3）检测压电蜂鸣器

用 6 V 直流电源（或四节串联起来的 1.5 V 干电池），把正、负极用导线引出，当电源正极接压电蜂鸣器正极（一般为红线），负极接压电蜂鸣器负极（一般为绿线）时，蜂鸣器发出悦耳的响声，说明其工作正常，如果通电后蜂鸣器不发声，说明其内部有损坏元器件或引线根部断线。

（4）驻极体电容式传声器的检测方法

① 电阻测量法。通过测量驻极体传声器引线间的电阻，可以判断其内部是否开路或短路。测量时，将万用表置于 $R \times 1$ 或 $R \times 100$ 挡，红表笔接驻极体传声器的芯线或信号输出端，黑表笔接引线的金属外皮或传声器的金属外壳。一般所测阻值应在 500 Ω ~ 3 kΩ 范围内，若所测阻值为无穷大，则说明驻极体传声器开路，若测得阻值接近零时，表明驻极体话筒有短路性故障。如果阻值比正常值小得多或大得多，说明被测传声器性能变差或已经损坏。

② 灵敏度测量法。将万用表置于 $R \times 100$ 挡，将 $R \times 100$ 挡，红表笔接驻极体传声器的负极（一般为驻极体传声器引出线的芯线），黑表笔接驻极体传声器正极（一般为驻极体传声器引出线的屏蔽层）此时，万用表指针应有一阻值（例如 1 kΩ），然后正对着驻极体传声器吹一口气，仔细观察指针，应有较大幅度的摆动。万用表指针摆动的幅度越大，说明驻极体传声器的灵敏度越高，若指针摆动幅度很小，则说明驻极体传声器灵敏度很底，使用效果不佳。假如发现指针不动，可交换表笔位置再次吹气试验，若指针仍然不摆动，则说明驻极体传声器已经损坏。另外，如果在未吹气时指针指示的阻值便出现漂移不定的现象，则说明驻极体传声器热稳定性很差，这样的驻极体传声器不宜继续使用。

2.8.2　开关和继电器

1. 开关

（1）开关的分类。开关是电子设备中用于接通或切断的功能元器件，开关的种类繁多，如图 2 - 67 所示。传统的开关都是手动式机械结构，由于构造简单、操作方便、廉价可靠，使用十分广泛。随着新技术的发展，各种非机械结构的电子开关，如气动开关、水银开关以及调频振荡式、感应电容式、霍尔效应式的接近开关和软件电子开关等，正在不断出现。但它们已经不是传统意义上的开关，往往包括了比较复杂的电子控制单元。

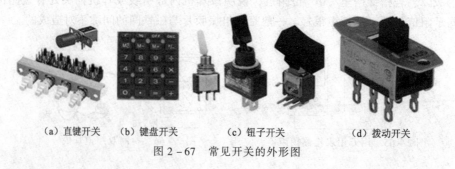

　（a）直键开关　　（b）键盘开关　　　（c）钮子开关　　　（d）拨动开关

图 2 - 67　常见开关的外形图

（2）开关的主要技术参数：

① 额定电压：正常工作状态下能承受的最大直流电压或交流电压有效值。

② 额定电流：正常工作状态下所允许通过的最大直流电流或交流电流有效值。

③ 接触电阻：一对接触点连通时的电阻，一般要求 ≤ 20 mΩ。

④ 绝缘电阻：不连通的各导电部分之间的电阻，一般要求 ≥100 MΩ。

⑤ 抗电强度（耐压）：不连通的各导电部分之间所能承受的电压，一般开关要求 ≥100 V，电源开关要求 ≥500 V。

⑥ 工作寿命：在正常工作状态下使用的次数，一般开关为 5 000 ~ 10 000 次，高可靠开关可达到 $5 \times 10^4 ~ 5 \times 10^5$ 次。

2. 继电器

继电器是根据输入电信号变化而接通或断开控制电路、实现自动控制和保护的自动化电器，它是自动化设备中的主要元器件之一，起到操作、调节、安全保护及监督设备工作状态等作用。从广义的角度讲，继电器是一种由电磁、声、光等输入物理参量控制的开关。

（1）继电器的型号命名与分类

继电器种类繁多，分类方法也不一样。常用继电器的型号命名如表 2 - 20 所示。按功率的大小可分为微功率、小功率、中功率、大功率继电器。按用途的不同可分为控制、保护、时间继电器等。

表 2 - 20　部分常用继电器的型号命名法

第一部分		第二部分				第三部分		第四部分	第五部分	
主　称		产品分类				形状特征		序号	防护特性	
		符号	意义	符号	意义	符号	意义		符号	意义
J	继电器	R	小功率	S	时间	X	小型	数字	F	封闭式
		Z	中功率	A	舌簧	C	超小型		M	密封式
		Q	大功率	M	脉冲	Y	微型			
		C	电磁	J	特种					
		V	温度							

（2）电磁式继电器的主要参数

① 额定工作电压：继电器正常工作时加在线圈上的直流电压或交流电压有效值。它随型号的不同而不同。

② 吸合电压或吸合电流：继电器能够产生吸合动作的最小电压或最小电流。一般吸合电压为额定工作电压的 75% 左右。为了保证吸合动作的可靠性，实际工作电流必须略大于吸合电流，实际工作电压也可以略高于额定电压，但不能超过额定电压的 1.5 倍，否则容易烧毁线圈。

③ 直流电阻：指线圈绕组的电阻值，指用万用表测出的线圈的电阻值。

④ 释放电压或电流：继电器由吸合状态转换为释放状态所需的最大电压或电流值，释放电压要比吸合电压小得多，一般释放电压是吸合电压的 1/4 左右。

⑤ 触点负荷：指继电器的触点在切换时能承受的电压和电流值。一般同一型号的继电器触点的负荷是相同的，它决定了继电器的控制能力。

此外，继电器的体积大小、安装方式、尺寸、吸合释放时间、使用环境、绝缘强度、触点数、触点形式、触点寿命（工作次数）、触点是控制交流还是直流信号等，在设计时都需要考虑。

（3）几种传统继电器

① 电磁继电器。电磁继电器是各种继电器中应用最广泛的一种，它以电磁系统为主体

构成。图 2 - 68 是电磁继电器结构示意图。当继电器线圈
通过电流时，在铁芯轭铁、衔铁和工作气隙中形成磁通回
路，使衔铁受到电磁吸力的作用被吸向铁芯，此时衔铁带
动的支杆将板簧推开，断开常闭触点（或接通常开触点）。
当切断继电器线圈的电流时，电磁力失去，衔铁在板簧的
作用下恢复原位，触点又闭合。

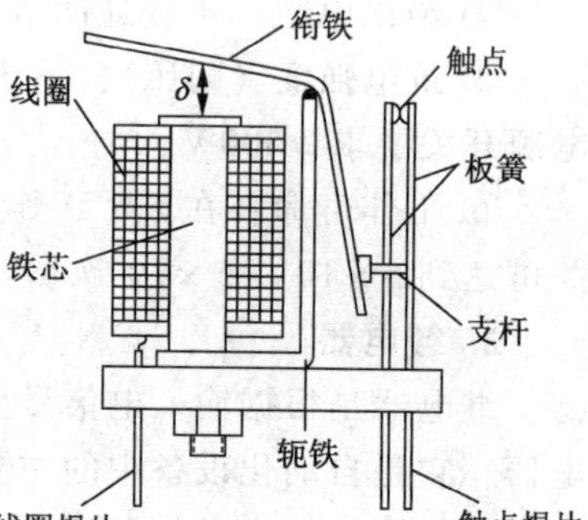

图 2 - 68 电磁继电器结构示意图

电磁继电器的特点是触点接触电阻很小，结构简单，
工作可靠。缺点是动作时间触点寿命较短，体积较大。

② 舌簧继电器。舌簧继电器又称干簧继电器，是一种
结构简单的小型继电器，具有动作速度快、工作稳定、机电
寿命长以及体积小等优点。常见的有干簧继电器外形如图 2 - 69 所示。

③ 固态继电器。固态继电器如图 2 - 70 所示，它是由固体电子元器件组成的无触点开
关，简称 SSR。从工作原理上说，固态继电器并不属于机电元器件，但它能在很多应用场
合作为一种高性能的继电器代替品。对被控电路优异独特的通断能力和显著延长的工作寿
命让它的使用范围迅速从继电器的范畴扩大到电源开关的范畴，它具有控制灵活、工作可
靠、防爆耐震、无声运行等特点。

图 2 - 69　干簧继电器结外形图

图 2 - 70　固态继电器外形图

（4）国产继电器的型号命名方法

一般国产继电器的型号命名由 4 部分组成，如表 2 - 21 所示。

表 2 - 21　国产继电器型号命名方法

第一部分		第二部分		第三部分	第四部分	
符号	主　称	符号	形状特征		符号	防护特征
JR	小功率继电器	W	微型	数字表示	F	封闭式
JZ	中功率继电器	X	小型	产品序号	M	密封式
JQ	大功率继电器	C	超小型			
JC	磁电式继电器					
JU	热继电器或温度继电度					
JT	特种继电器					
JM	脉冲继电器					
JS	时间继电器					
JAG	干簧式继电器					

例如：JRX - 13F（封闭式小功率小型继电器）

JR——小功率继电器；X——小型；13——序号；F——封闭式。

（5）继电器性能的测量

① 线圈直流电阻的测量

用指针式万用表 $R \times 10\,\Omega$ 挡，测量线圈两引脚之间的电阻值。阻值与继电器的额定工作电压有关。额定电压越高，直流电阻值越大，反之额定电压越低，则电阻值越小。几种常用小型继电器的主要参数如表 2 – 22 所示。

表 2 – 22　几种常用小型继电器的主要参数

型号	标称工作电压/V	吸合电压/V	释放电压/V	直流电阻/Ω	工作电流/mA
HG4123006 – 2	6	4.5	2.2	93	65
HCT4123009 – 2CI	9	7		200	45
NT73C – S10 12VDC10A/125VAC	12	9		380	32
4098	12	9		380	
JRC	12	9		370	

② 吸合性能测量

吸合性能测量指吸合电压的测量，即达到这种电压时，继电器触点动作。吸合电压一般是继电器标称额定工作电压的 0.75 倍。

测量方法（以 HG4123 继电器为例）如图 2 – 71 所示。继电器 1、2 脚接直流可调电源，3、4 脚接万用表，万用表置 $R \times 1\,\mathrm{k}\Omega$ 挡，当 $E = 0\,\mathrm{V}$ 时，万用表应指示为零欧姆。当可变直流电源由 0 V 逐渐上升至 4.5 V 时，继电器触点动作吸合（有轻微的吸合声响），此时万用表指示为无穷大。此时，4.5 V 电压为吸合电压。符合此要求则正常。

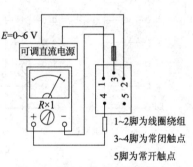

1～2 脚为线圈绕组
3～4 脚为常闭触点
5 脚为常开触点

图 2-71　继电器吸合性能测试

2.8.3　LED 数码管和液晶显示器

1. LED 数码管

LED 数码管也称为半导体数码管，能将电信号转换成光信号显示出红、橙、黄、绿等颜色，是数字式显示装置的重要部件，其外形如图 2 – 72 所示。它具有体积小、功耗低、寿命长、响应速度快、显示清晰、易于与集成电路匹配等优点，适用于数字化仪表及各种终端设备中作数字显示器件。

图 2 – 72　LED 数码管外形

（1）LED 数码管的结构及原理

LED 数码管是由多个发光二极管封装在一起组成 "8" 字形的器件，引线已在内部连接完成。只需引出它们的各个笔段，公共电极。LED 数码管常用段数一般为 7 段，有的另加一个小数点。LED 数码管根据 LED 的接法不同分为共阴和共阳两类，内部结构如图 2－73 所示。a～g 代表笔段的驱动端，也称笔段电极。DP 是小数点。第 3 脚与第 8 脚内部连通，⊕ 表示公共阳极，⊖ 表示公共阴极。对于共阳极 LED 数码管如图 2－73（a）所示，将 8 只发光二极管的阳极（正极）连接起来作为公共阳极。其工作特点是当笔段电极接低电平而公共阳极接高电平时，相应笔段就发光。共阴极 LED 数码管则相反，如图 2－73（b）所示，当驱动信号为高电平，负端接低电平时，发光二极管才发光。发光二极管在正向导通之前，正向电流近似为零，笔段不发光。当电压超过发光二极管的开启电压时，电流急剧增大，笔段才会发光。LED 工作时，工作电流一般选为 10 mA/段左右，保证亮度适中，对发光二极管来说也安全。

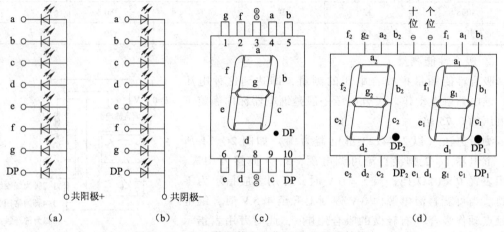

图 2－73　LED 数码管和双位 LED 显示器结构

（2）LED 数码管的分类

根据显示位数划分。LED 数码管可划分成一位、双位和多位显示器。一位的就是通常说的 LED 数码管，如图 2－73（c）所示。两位以上的一般称作显示器。双位显示器是将两只数码管封装在一起，其结构紧凑、成本低。国外产品 LC5012－11S（两位、红色、共阴极）LED 显示器的管排列如图 2－73（d）所示。

（3）LED 数码管的检测

① 判断 LED 数码管是共阴极还是共阳极。将万用表置 $R \times 1$ 挡并串联两节 1.5 V 电池，接法如图 2－74 所示。把黑表笔接 LED 数码管 1 脚，将电池负极引出一条软导线，用软导线依次去接触 LED 数码管的其他引脚（2～10 引脚），若软导线接 3 脚和 8 脚，LED 数码管某一笔段才发出光来，而接触其他引脚数码管不发光，说明引脚 3 和 8 是公共极，此 LED 数码管是共阴极的。

共阳极 LED 数码管检测方法与共阴极 LED 数码管的检测方法一样，只是把电池引线互换一下即可。

② LED 数码管发光情况的检测。使用万用表的 $R \times 10$ k 挡也可直接检测 LED 数码管的发光情况，如图 2－75 所示。对于共阴极的 LED 数码管来说，将万用表置 $R \times 10$ k 档，红

表笔接 3 脚或 8 脚，黑表笔依次接触其他引脚，黑表笔接触哪个引脚，哪个笔段就会发光，同时万用表指针应大幅度摆动。如果黑表笔接触某个引脚，它对应的笔段不发光，万用表指针也不摆动，说明该笔段已经损坏。如果接触某一引脚，而两个笔段都显示出来，这是连笔现象，这样的数码管不能使用。若 LED 数码管是好的，当 2、4、5、6、7、9 脚均短接上，并接黑表笔，再把 3 脚或 8 脚接在万用表的红表笔上，则 LED 数码管应能显示出"口"字形。

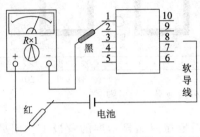

图 2-74　判断数码管是共阴还是共阳

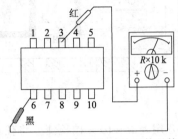

图 2-75　用万用表挡检测数码管

2. 液晶显示器

液晶是一种有机化合物，是介于固体和液体之间的一种晶状物质。它具有液体的流动性，同时也具有某些类似固态晶体的各向异性的特征，因而称为液晶。在外加电场的作用下，由于液晶分子排列的变化而引起液晶光学性质改变，这种现象称为液晶的光电效应。液晶显示器就是利用液晶的光电效应制成的一种显示器件。

（1）液晶显示器的构造

液晶显示器的结构如图 2-76 所示。将上下两块制作有透明电极的玻璃（留有一定的间隙，约 1μm），四周用胶框封好，封接边框留有一个注入口，从注入口抽真空并注入液晶材料后，将注入口封好，形成液晶盒。在玻璃的上下表面各贴上一片偏振方向相互垂直的偏振片，底部再加一个反射板。

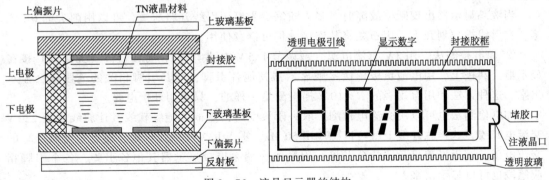

图 2-76　液晶显示器的结构

（2）液晶显示器的检测

应用广泛的三位半静态液晶显示屏的引脚如图 2-77 所示，一般引脚均匀按此排列。背极（也称公共极）一般在显示器最边缘最后一个引脚，而且较宽，通常液晶显示器上有 1~4 个背极引脚。平时主要检测液晶显示器有无断笔或连笔现象，并检测其清晰程度。

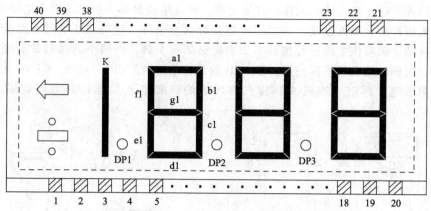

图 2 - 77　三位半静态显示液晶屏的引脚

① 用万用表 $R \times 10$ k 挡检测。将任一表笔固定在液晶显示屏的背极上，用另一表笔依次接触其他各引脚，当表笔接触到某一笔段引脚时，该笔段就应显示出来。如果能看到清晰、无毛边的各笔段，说明质量良好。如果发现某笔段不显示，有缺笔现象，或发现某些笔段连在一起，有连笔现象，说明此显示器质量不佳。检测中会遇到某引脚和背极间电阻为零的情况，则此引脚也是背极。检测中应注意：

上面检测中，有时在测某笔段时，会出现邻近笔段也显示出来，这是感应显示，不是故障。此时，用手摸一摸邻近笔段与公共极，就可以消除感应显示。

液晶显示器不宜长时间在直流电压下工作，因此用万用表的 $R \times 10$ k 挡检测时，时间不要过长。

由于万用表的 $R \times 10$ k 挡内部有 $9 \sim 15$ V 的电池，而液晶显示器的阈值为 1.5 V，为了避免损坏显示屏，最好在表笔上串联一个 $40 \sim 60$ kΩ 的电阻器。

在检测时，用表笔接触显示器引脚时，用力不要太大，否则容易划伤引脚造成液晶显示器接触不良。

当液晶显示器出现断笔故障时，多为断笔引脚侧面引线开路所致，可以用削尖的 6B 铅笔，在引线根部划几下，用石墨将其连接，仍可继续使用。

② 加电检测法。用 3 V 直流电源（或两节 1.5 V 电池串联），将任一极（如正极）接在显示器公共极上，用电池负极依次接触显示器其他各引脚，与其引脚相关的笔段就会显示出来。这种方法和用万用表的 $R \times 10$ k 挡检测是一样的，只是用外接电源。

加电检测法也可以用交流电检测。取一段长度约为 1 m 的绝缘软线，让软线靠近 220 V 交流电源线，这样软导线上就可以感应出 50 Hz、零点几 V（依线长短、靠近程度而定）的交流电压，用手摸着显示器的公共极，用导线一端去接触显示器其他各引脚，各个引脚相应笔段也可以显示出来。

习　题

1. 电子元器件的主要参数有哪几项？
2. 电子元器件的规格参数有哪些？
3. 如何对电子元器件进行检验和筛选？

4. 在元器件上常用的标注方法有哪几种？

5. 常用电阻器有哪些类型？它们分别有哪些特点？

6. 常用电位器的种类有哪些？如何用万用表测量电位器的性能？

7. 请在表中填入相应的颜色环。

电阻器	四色环	五色环
10（1±10%）Ω		
10（1±10%）kΩ		

8. 请在表中填入相应的电阻值。

电阻器种类	色环顺序	电阻值	允许偏差
四色环电阻器	绿、蓝、金、金		
五色环电阻器	橙、黑、绿、棕、棕		

9. 测量电阻器时，将实测电阻两端与人体并联后，测量结果如何？为什么？

10. 常用电容器有哪些类型？它们分别有哪些特点？

11. 请在表中填入相应的电容值。

种类	电容值	种类	电容值	种类	电容值
473		473		331	
103		682		339	

12. 电容器常表现哪些故障现象？

13. 如何用万用表测量电容器的好坏？

14. 电感器有何作用？有哪些类型？电感器有哪些基本参数？如何用万用表测量电感器的好坏？

15. 常用变压器有哪些特点？变压器的主要性能参数有哪些？如何用万用表测量变压器的好坏？

16. 常用二极管有哪些类型？它们分别有哪些特点？

17. 如何用万用表测量二极管的质量好坏和电极？

18. 晶体管有哪些作用和种类？它们分别有哪些特点？

19. 如何判别普通晶体管的电极、类型、放大能力和好坏？

20. 场效应管、晶闸管的分类与特点是什么？

21. 如何对单、双向晶闸管的引脚与质量进行判别？

22. 请总结归纳 DIP、SIP、SOP、QFP、BGA 等封装方式各自的特点。

23. 常用 SMT 元器件的特点、种类是什么？

24. 试写出下列 SMC 元器件的长和宽（mm）：3216、2012、1608、1005。
25. 试说明下列 SMC 元器件的含义：3216C、3216R。
26. 电动式扬声器和压电陶瓷扬声器的主要特点是什么？
27. 选用继电器应考虑的主要参数有哪些？
28. 总结使用集成电路的注意事项。
29. 简述用万用表 $R \times 10$ k 挡检测 LED 数码管应注意的事项。

第 3 章 焊接技术

学习目的及要求：
(1) 了解常用焊接材料、新型焊接技术的基本特点。
(2) 熟悉焊点的基本要求与缺陷焊点产生的原因。
(3) 掌握手工焊接技术，能独立完成简单电子产品的安装与焊接。

3.1 手工焊接常用工具

焊接是电子产品实现连接的重要方法之一，是将导线、元器件引脚与印制电路板连接在一起的过程，是电子产品装配过程中的一个重要步骤。采用合适的焊接工具是保证电子产品焊接质量的关键一环。

3.1.1 电烙铁

电烙铁是最常用的手工焊接工具之一，被广泛用于各种电子产品的生产与维修。

1. 电烙铁的分类

常见的电烙铁分为外热式、内热式、恒温式等，最常用的是内热式和外热式两种。

(1) 内热式电烙铁。常见的内热式电烙铁及烙铁头形状如图 3-1 所示。电烙铁由手柄、电源线、紧固螺钉、烙铁头、加热体等部分组成。烙铁芯一般采用极细的镍铬电阻丝绕在磁管上制成，它被铬铁头包起来，故称为内热式。烙铁头的温度也可以通过移动烙铁头与烙铁芯的相对位置来调节。内热式电烙铁发热快，热效率高，体积小，重量轻，故目前用得较多。

(2) 外热式电烙铁。外热式电烙铁因烙铁芯在烙铁头外面故称之为外热式。烙铁头是由紫铜或铜合金制成，具有较好的传热性能。烙铁头的体积、形状、长短与工作所需温度和工作环境有关。常用的烙铁头有凿形、圆锥形、圆斜面形、弯形等。

烙铁头的温度可以通过烙铁头固定螺钉来调节。外热式电烙铁的规格有多种，常用的有 25 W、45 W、75 W，100 W 等。其热利用率相对内热式要低得多。常用外热式电烙铁外形及烙铁头形状如图 3-2 所示。

(3) 吸锡电烙铁。吸锡电烙铁如图 3-3 所示，常用于对焊点进行拆焊。它主要由含电热丝的外壁、弹簧及柱状内芯组成。使用时，挤压内芯使弹簧变形，待焊点融化后，按下卡内芯的按钮，弹簧迅速恢复形变，弹起内芯，吸锡口形成强劲气流，将溶化的焊料吸走，以便拆卸元器件。吸锡电烙铁是将活塞式吸锡器与电烙铁融为一体的拆卸工具。

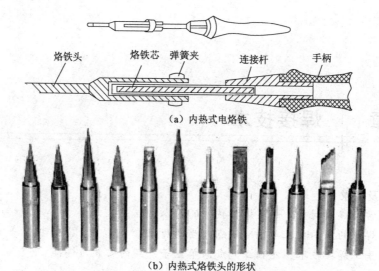

（a）内热式电烙铁

（b）内热式烙铁头的形状

图 3 - 1　内热式电烙铁外形及各种常见的烙铁头的形状

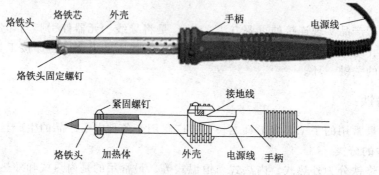

（a）外热式电烙铁

（b）外热式烙铁头的形状

图 3 - 2　外热式电烙铁外形图及烙铁头形状

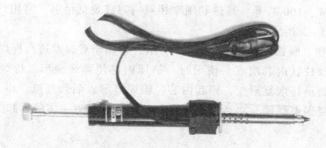

图 3 - 3　吸焊电烙铁外形

（4）电热镊子。电热镊子是一种专用于 SMC 贴片元器件的高档工具，它相当于两把组装在一起的电烙铁，只是两个电热芯独立安装在两侧，同时加热。接通电源后，捏合电热镊子夹住 SMC 元器件的两个焊端，加热头的热量熔化焊点，很容易把元器件取下来。电热镊子的外形如图 3-4 所示。

（5）恒温电烙铁。恒温电烙铁的结构图如图 3-5 所示，在烙铁头内装有磁铁式的温度元器件，由它来控制通电时间，实现恒温的目的。当电烙铁通电时，温度上升，当达到预定

图 3-4　电热镊子的外形

温度时，烙铁头内的强磁体传感器达到某一温度（居里点）而磁性消失，从而使磁芯开关触点断开，烙铁加热器断电。当温度低于强磁体传感器某一温度（居里点）时，强磁体便恢复磁性，并吸动磁芯开关中的永久磁铁，使控制开关的触点接通，继续向电烙铁供电，如此循环往复，达到控制温度的目的。在电子产品的焊接中常选用恒温电烙铁，但它的价格比一般电烙铁的价格高。

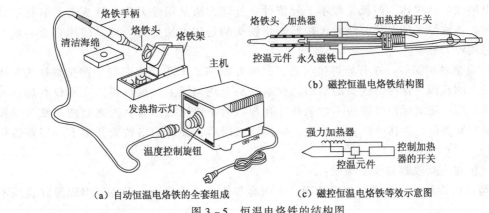

图 3-5　恒温电烙铁的结构图

2. 电烙铁的选用

电烙铁的种类及规格有很多种，而被焊工件的大小有所不同，因而合理地选用电烙铁的功率和种类，对提高焊接质量和工作效率有直接关系。如果被焊件较大，使用的电烙铁功率较小，则焊接温度过低，焊料熔化慢，焊剂不能挥发，焊点不光滑、不牢固，势必造成焊接强度及质量不合格，甚至焊料不熔化，使焊接无法进行。如果电烙铁的功率太大，会使过多的热量传递到被焊工件上面，使元器件的焊点过热，造成元器件损坏，致使印制电路铜箔脱落等。

选用电烙铁时，可以从以下几方面进行考虑：

（1）焊接集成电路、晶体管及受热易损元器件时，应选用 20 W 内热式、25 W 的外热式电烙铁或恒温电烙铁。

（2）焊接导线及同轴电缆时，应选用 45~75 W 外热式电烙铁或者 50 W 内热式电烙铁。

（3）焊接较大的元器件时，如输出变压器的引线脚、大电解电容的引线脚、金属底盘接地焊片等，应选用 100 W 以上的电烙铁。

（4）烙铁头长度的调整。电烙铁的功率选定后，已基本满足焊接温度的要求。工作中还可以通过调整烙铁头的长度来调整烙铁头的温度。例如，焊接集成电路与晶体管时，电

烙铁温度就不能太高，且时间不能过长，此时可适当调整烙铁头插入烙铁芯的长度，从而控制烙铁头的温度，烙铁头往前调整温度降低，反之升高。

（5）烙铁头的选择。烙铁头有直头和弯头两种。当采用握笔法时，直头的电烙铁使用起来较灵活，适合在元器件较多的电路中进行焊接。弯头电烙铁用正握法较合适，多用于线路板垂直于桌面的情况下焊接。

3. 电烙铁使用注意事项

（1）新烙铁使用前的处理。在使用前先用砂布打磨烙铁头，将其氧化层去除，露出均匀、平整的铜表面，然后将烙铁头装好通电。当烙铁头温度长到能熔锡时，将烙铁头在松香上蘸涂一下，等松香冒烟后再蘸涂上一层锡，如此反复进行几次，直到整个烙铁头修整面均匀地挂上一层锡为止。电烙铁通电后一定要立刻蘸上松香，否则其表面会再一次生成氧化层。

（2）使用过的烙铁头的处理。电烙铁用了一定时间，或是烙铁头被焊锡腐蚀得凹凸不平，此时不利于热量传递，或者是烙铁头表面氧化使烙铁头被"烧死"，不再吃锡。这种情况下，电烙铁虽然很热，但就是焊不上元器件。处理方法是用锉刀将烙铁头部的氧化层及凹坑锉掉，锉成原来的形状，然后再按照新烙铁头的处理方法进行处理。使用合金烙铁头时，切忌用锉刀修整。

（3）电烙铁的保养。在开始焊接前后，经常在湿润的木质纤维海绵上擦拭烙铁头，清除烙铁头上的残锡，保持烙铁头的清洁。在烙铁头上均匀镀上一层焊锡，它不仅在焊接时起到传热作用，还能保护烙铁头不被氧化。在焊接时不要施加压力，否则会使烙铁头受损变形或损坏元器件、损伤电路板的焊盘。焊接完成以后，要清洁烙铁头并镀上一层新锡作为保护。

（4）恒温电烙铁焊接作业顺序：

① 清洗纤维海绵，使海绵表面洁净，无明显焊锡或松香残渣，保持海绵润湿（轻压不出水）。

② 打开电源开关，调整控温旋钮到所需温度。

③ 加热指示灯开始闪烁时，可以开始焊接作业。

④ 操作完毕，加锡保养烙铁头，将电烙铁置于烙铁架上，调节温度到最低后关闭电源开关。

4. 电烙铁常见故障及其维护

电烙铁使用过程中常见的故障有：电烙铁通电后不发热，烙铁头不吃锡，烙铁带电等。下面以内热式 20 W 电烙铁为例分述如下：

（1）电烙铁通电后不发热。遇此故障首先断开电源，用万用表欧姆挡测量电源引线（插头）两端，如表针不动，说明有断路故障。当插头本身无故障时，可用万用表测量胶木手柄内烙铁芯的两根引线，若表针仍不动说明烙铁芯损坏，应更换新烙铁芯。更换烙铁芯时应注意引线的正确连接，电烙铁有 3 个接线柱，其中一个为地接线柱以防感应电压使外壳带电，电热丝的接头通过接线柱与 220 V 交流电源相接。若将 220 V 电源接到地接线柱上，则电烙铁的外壳就会带电，被焊件也带电，将损坏元器件或发生触电事故。如果测得电阻值为 2.5 kΩ 左右，说明烙铁芯是好的，故障出现在引线及插头上，多为电源引线断路或接点断开，进一步测量即可发现。

更换烙铁芯的方法：将固定的烙铁芯的引线松开，将引线卸下，把烙铁芯从连接杆中取出，然后将新的同规格的烙铁芯插入连接杆将引线固定在固定螺钉上，并将烙铁芯多出的引线头剪掉，以防两引线不慎短路。

（2）烙铁头带电。烙铁头带电除前面所述电源线错接在接地线的接线柱上的原因外，多为电源线从烙铁芯固定螺钉上脱落后，碰到了接地线的螺钉上，从而造成烙铁头带电。这种故障最易造成触电事故，并损坏元器件。为此，要经常检查压线螺钉是否松动或丢失，发现问题应及时修理。

（3）烙铁头不吃"锡"。烙铁头长时间使用因氧化而不沾锡，这种现象称之为烧死。当出现不吃锡的情况时，可用细砂纸或锉刀将烙铁头重新打磨或锉出新刃，然后重新镀上焊锡即可使用。

（4）烙铁头出现凹坑或氧化腐蚀层，使烙铁头的刃面不平。遇此情况，可用锉刀将氧化层及凹坑锉掉，锉成原来的形状，然后再镀上锡，即可重新使用。

3.1.2　电热风枪

电热风枪是利用高温热风加热焊锡和元器件引脚，使焊锡熔化，实现焊接或拆焊的半自动设备，如图 3-6 所示。

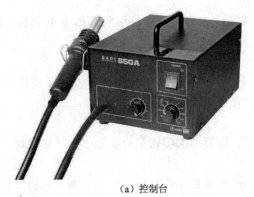

(a) 控制台　　　　　　　　　　　　　　(b) 电热风吹枪

图 3-6　电热风枪图形

电热风枪由控制台（主机）和电热风吹枪组成。电热风吹枪内装有电热丝，用软管连接热风吹枪和控制台内置的吹风电动机。按下热风台前面板上的电源开关（开关 ON），电热丝和吹风电动机同时开始工作，电热丝被加热，吹风电动机压缩空气，通过软管从热风吹枪前端吹出来，电热丝达到足够的温度后，就可以用热风进行焊接或拆焊；断开电源开关（开关 OFF），电热丝停止加热，但吹风电动机还要工作一段时间，直到热风吹枪的温度降低以后才自动停止。热风枪的前面板上，除了电源开关，还有 HEATER（加热温度）和 AIR（吹风强度）两个旋钮，分别用来调整、控制电热丝的温度和吹风电动机的送风量。两个旋钮的刻度都是从 1 到 8，分别指示热风的温度和吹风强度。使用电热风枪焊接 SMT 电路板时，应该把"温度"旋钮置于刻度"4"左右，"送风量"旋钮置于刻度"3"左右。热风吹枪的前端可以装配各种专用的热风嘴，用于拆卸不同尺寸、不同封装方式的芯片。

3.1.3　其他焊接装配辅助工具

电子产品在装配过程中常用的其他工具如图 3-7 所示。

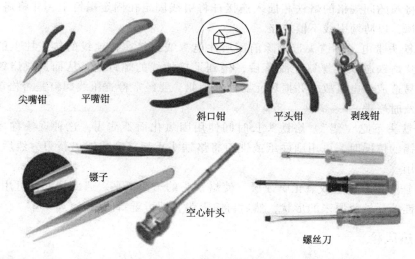

尖嘴钳　　平嘴钳

斜口钳　　平头钳　　剥线钳

镊子

空心针头

螺丝刀

图 3 – 7　常用的其他工具图形

1. 尖嘴钳

尖嘴钳头部较细，适用于夹持小型金属零件或弯曲元器件引线，以及电子装配时其他钳子较难涉及的部位，不宜用力夹持物体。

2. 平嘴钳

平嘴钳钳口平直，可用于夹弯元器件引线，因为钳口无纹路，所以对导线拉直，整形比尖嘴钳适用。但因钳口较薄，不易夹持螺母或需施力较大部位。

3. 斜嘴钳

斜嘴钳用于剪掉焊后线头或元器件引脚，也可与尖嘴钳配合，剥去导线的绝缘皮。

4. 平头钳

平头钳头部较宽平，适用于螺母或紧固件的装配操作，但不能代替锤子敲打零件。

5. 剥线钳

剥线钳专门用于剥去导线绝缘层，使用时应注意将需剥皮的导线放入合适的槽口，以免剥皮时剪断或剪伤导线，剪口的槽合拢后应为圆形。

6. 镊子

镊子有尖嘴镊子和圆嘴镊子两种。尖嘴镊子用于夹持细小的导线，以便于装配焊接，圆嘴镊子用于弯曲元器件引线和夹持元器件焊接等，用镊子夹持元器件焊接时还能起到散热的作用。元器件的拆卸也需要用镊子。

7. 空心针头

用空心针头拆卸电子元器件或集成电路时。应首先选择合适的空心针头，以针头的内径能正好套住集成电路引脚或电子元器件引脚为宜。拆卸时一边用电烙铁熔化集成电路引脚上的焊点，一边用空心针头套住引脚旋转，等焊锡凝固后拔出针头，这样引脚便会和印制电路板完全分开。待各引脚按上述办法与印制电路板脱开后，集成电路或电子元器件便可轻易从电路板上拆下。

8. 螺丝刀

螺丝刀又称起子或改锥，有"－"字形和"＋"字形两种，专用于拧螺钉。

3.2 焊接材料

焊接材料包括焊料和焊剂（助焊剂），掌握焊料和焊剂的性质、作用、原理及选用知识，是电子工艺技术中的重要内容之一，对于保证产品的焊接质量具有决定性的影响。

焊料一般用熔点较低的金属或金属合金制成，它的熔点低于被焊金属，而且要易于与被焊物金属连接到一起，形成导电性能良好的整体。一般而言，焊料要具备以下特征：

（1）焊料的熔点要低于被焊接物。

（2）易于与被焊物连成一体，熔融时具有较好的润湿性和流动性。

（3）焊点凝固速度快，凝固后有足够的机械强度、导电性能要好、抗氧化性能、抗腐蚀性能好。

3.2.1 锡铅合金焊料

1. 锡铅合金焊料的种类与形状

在电子产品的装配中，主要使用的是锡铅合金焊料，俗称焊锡。焊锡主要由锡和铅组合构成，还含有其他成分。这些金属的配比不同，其熔点和其他物理性能都会发生变化。例如，在锡铅合金中掺入少量的银，可使焊锡的熔点降低，机械强度增大；在锡铅合金中掺入少量的锑，可改善焊锡的机械强度，由于锑的价格低于锡，所以以锑取代锡可以降低焊锡的成本；在锡铅合金中掺入铋或铟或镉，可使焊锡变成低温焊锡。电子产品中焊接常用的锡铅合金焊料的种类如表 3 - 1 所示，它反映了锡铅合金焊料配比与熔点的关系。

锡铅合金焊料的形状有粉末状、带状、球状、块状、管状和装在罐中的锡膏等几种，粉末状、带状、球状、块状的焊锡用于浸焊或波峰焊中；锡膏用于贴片元器件的再流焊接；手工焊接中最常用的是管状松香焊锡丝。管状松香焊锡丝是将焊锡制成管状，其轴向芯内夹优质焊剂松香。常见的焊锡丝直径有 4 mm、3 mm、2.5 mm、1.5 mm、1 mm、0.8 mm 和 0.5 mm 等。焊接时，根据焊盘的大小选择松香焊锡丝尺寸。

表 3 - 1 电子产品中常用锡铅合金焊料的种类

序号	合金焊料				熔 点/℃
	锡/%	铅/%	镉/%	铋/%	
1	61.9	38.9			182
2	35	42		23	150
3	50	32	18		145
4	23	40		37	125
5	20	40		40	110

2. 铅锡合金状态图

图 3 - 8 所示为不同比例的铅和锡的合金状态随温度变化的曲线。从图中可以看出，当铅与锡以不同的比例组成合金时，合金的熔点和凝固点也各不相同。除了纯铅在 330 ℃（图中 C 点）左右、纯锡在 230 ℃（图中 D 点）左右的熔化点和凝固点是一个点以外，只有 T 点所示比例的合金是在一个温度下熔化。其他比例的合金都在一个温度区间内处于半

熔化、半凝固的状态。

在图 3-8 中，$C-T-D$ 线叫作液相线，温度高于这条线时，合金为液态；$C-E-T-F-D$ 叫作固相线，温度低于这条线时，合金为固态；在两条线之间的两个三角形区域内，合金是半熔融、半凝固状态。例如，铅、锡各占 50% 的合金，熔点是 212℃，凝固点是 182℃，在 182~212℃之间，合金为半熔化、半凝固状态。因为在这种比例的合金中锡的含量少，所以成本较低，一般的焊接可以使用；但又由于它的熔点较高而凝固点较低，所以不宜用来焊接电子产品。

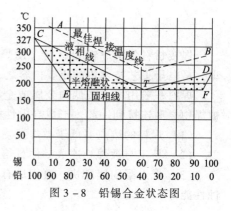

图 3-8　铅锡合金状态图

图 3-8 中 $A-B$ 线表示最适合焊接的温度，它高于液相线约 50℃。

3. 共晶焊锡

图 3-8 中的 T 点叫作共晶点，对应合金成分为锡占 61.9% 、铅占 38.1% 的铅锡合金称为共晶焊锡。它的熔点最低，只有 182℃，是铅锡焊料中性能最好的一种。它具有以下优点：

（1）低熔点。降低了焊接时的加热温度，可以防止元器件损坏。

（2）熔点和凝固点一致。可使焊点快速凝固，几乎不经过半凝固状态，不会因为半熔化状态时间间隔长而造成焊点结晶疏松，强度降低。这一点对于自动焊接有着特别重大的意义。因为在自动焊接设备的传输系统中，不可避免地存在振动。

（3）流动性好，表面张力小，润湿性好。有利于提高焊点质量。

（4）机械强度高，导电性好。

由于上述优点，共晶焊锡在电子产品制造中获得了广泛应用。在实际应用中，铅和锡的比例不可能也不必要严格控制在共晶焊料的理论比例上，一般把锡占 60% 、铅占 40% 左右的焊料称为共晶焊锡，其熔化点和凝固点也不是在单一的 182℃上，而是在某个小范围内。从工程的角度分析，这是经济的。

3.2.2　无铅焊料

在电子产品制造中采用铅锡合金作为电路板、电子元器件引线表面镀层和焊接材料，由于铅锡焊料中的铅易溶于含氧的水中，污染水源，破坏环境；铅及其化合物又是对人体有害的，是含有损伤人类的神经系统、造血系统和消化系统的重金属毒物，可导致呆滞、高血压、贫血、生殖功能障碍等疾病，影响儿童的生长发育、神经行为和语言行为，铅浓度过大时，可能致癌。为了消除铅污染，我国已于 2006 年 7 月 1 日起广泛采用无铅焊料，目的是为了减少铅及其化合物对人类和环境造成污染与伤害。

1. 无铅焊料的构成

无铅焊料通常是以锡为主体，添加其他金属材料制造而成。目前，国际上对无铅焊料的成分并没有统一的标准要求。无铅焊料中并不是一点铅都没有，只是规定铅的含量必须少于 0.1% 。无铅焊料的性能比较稳定，各种焊接特性参数接近有铅焊料。

（1）对无铅焊料的技术要求：

无铅合金焊料应该无毒或毒性极低，现在和将来都不会成为新的污染源；电导率、热导率、润湿性、机械强度和抗老化性等性能，至少应该相当于当前使用的锡铅共晶焊料；并且应该容易检验焊接质量，容易修理有缺陷的焊点；所选用的材料能保证充分供应且价格便宜；使用无铅焊料进行焊接，应尽可能在不需要更换原有的设备，不需要改变工艺条件下进行。

（2）无铅焊料的特点和性能：

① Sn-Ag 系列焊料。这种焊料的机械性能、拉伸强度、蠕变特性及耐热老化性能比锡铅共晶焊料优越，但延展性稍差。主要缺点是熔点温度偏高，润湿性差，成本高。目前投入使用最多的无铅焊料就是这种合金，配比为 Sn96.3-Ag3.2-Cu0.5，美国推荐使用的配比是 Sn95.5-Ag4.0-Cu0.5，日本推荐的配比是 Sn96.2-Ag3.2-Cu0.6，其熔点为 $217 \sim 218\,^{\circ}\mathrm{C}$。

② Sn-Zn 系列焊料。这种焊料的机械性能、拉伸强度比锡铅共晶焊料好，可以拉成焊料线材使用；蠕变特性好，变形速度慢，拉伸变形至断裂的时间长；主要缺点是 Zn 极容易氧化，润湿性和稳定性差，具有腐蚀性。

③ Sn-Bi 系列焊料。这种焊料是在 Sn-Ag 系列的基础上，添加适量的 Bi 组成。优点是熔点低，与锡铅共晶焊料的熔点相近；蠕变特性好，增大了拉伸强度；缺点是延展性差，质地硬且脆，可加工性差，不能拉成焊料线材。

2. 无铅焊料存在的缺陷

目前，无铅焊料已经在国内众多电子制造企业开始使用，但它目前仍然存在一些缺陷，要解决的主要是焊料和焊接两个基本问题，所涉及的范围包括焊接材料、焊接设备、焊接工艺、阻焊剂、电子元器件和印制电路板的材料等方面。

目前的无铅合金焊料与锡铅合金焊料相比，存在着以下主要缺陷：

（1）熔点高。无铅焊料的熔点高于锡铅合金焊料大约 $34 \sim 44\,^{\circ}\mathrm{C}$，要求电烙铁设定的工作温度增高，使烙铁头更容易氧化，降低了烙铁头的使用寿命；同时无铅焊料的熔化温度有可能接近或高于一些元器件、PCB 的温度承受水平，导致元器件易损坏、PCB 变形或铜箔脱落。

（2）可焊性不高。无铅焊料在焊接时，润湿、扩展的面积只有锡铅共晶焊料的 1/3 左右。这必将影响到焊点的焊接强度，显示出焊点的机械强度性能不足。

（3）焊点的氧化严重。造成导电不良，焊点没有光泽等质量问题。

（4）没有配套的助焊剂。助焊剂的功能是去除被焊物表面的金属氧化物，降低焊料的表面张力，提高焊料的流动性，以此帮助润湿焊点，提高焊接质量。而目前使用的阻焊剂不能帮助无铅焊料提高润湿性，即不能起到良好的助焊效果。

（5）成本高。无铅焊料和无铅焊接设备的成本较高，无铅焊料的价格是锡铅合金焊料的 $2 \sim 3$ 倍，无铅焊接设备的价格是锡铅焊接设备的 $2.5 \sim 4$ 倍。由于需要更换焊接设备，且无铅焊料和设备的价格较高，导致电子产品的成本上升，性价比下降。

3. 无铅焊接的技术难点

由于焊料的成分和性能发生了变化，焊接过程中也出现了新的问题。

由于成分不同而出现焊料的熔点及性能不同，焊接温度和设备的控制变得比铅锡焊料复杂；熔点的提高对设备和被焊接的元器件的耐热要求随之提高，对波峰炉材料、再流焊温区设置提出了新的要求。对被焊接的元器件如 LED、塑料件、PCB 提出了新的耐高温问题。

由于无铅焊润湿性差，要求采用新的助焊剂和新的焊接设备，才能达到焊接效果。因此，要采用提高助焊剂的活性、延长预热区等措施。

3.2.3　常用焊料

目前使用的焊料有很多种，根据各自的需要可以选择自己所需的焊料。

1. 管状焊锡丝

在手工焊接时，为了方便常将焊锡制成管状，中空部分注入由特级松香和少量活化剂组成的助焊剂，这种焊锡称为焊锡丝。有时在焊锡丝中还添加 1%～2% 的锑，可适当增加焊料的机械强度。

焊锡丝的直径有 0.5 mm、0.8 mm、0.9 mm、1.0 mm、1.2 mm、1.5 mm、2.0 mm、2.5 mm、3.0 mm、4.0 mm、5.0mm 等多种规格，也有的制成扁带状，规格也有很多种。焊锡丝的种类有多种，按组成的成分来分，有铅锡焊丝和无铅焊锡丝等。

2. 抗氧化焊锡

由于浸焊和波峰焊使用的锡槽都有大面积的高温表面，焊料液体暴露在大气中，很容易被氧化而影响焊接质量，使焊点产生虚焊。在锡铅合金中加入少量活性金属，能使氧化锡和氧化铅还原，并漂浮在焊锡表面形成致覆盖层，从而使焊锡不被继续氧化，这类焊锡在浸焊与波峰焊中已得到广泛应用。

3. 含银焊锡

电子元器件与导电结构件中，有不少是镀银件，使用普通焊锡，镀银层易被焊锡溶解，而使元器件高频性能变坏。在焊锡中添加 0.5%～2.0% 的银，可减少镀银件中的银在焊锡中的溶解量，并可降低焊锡的熔点。

4. 焊膏

焊膏是表面安装技术中的一种重要贴装焊接材料，由焊粉、有机物和溶剂组成，制成膏糊状体，能方便地用丝网、模板或涂膏机涂在印制电路板上，广泛用于再流焊中。

焊膏的品种较多，其分类方式主要有以下几种：

（1）按焊料中的成分来分，可分为有铅焊膏和无铅焊膏，含银焊膏和不含银焊膏。

（2）按合金的熔点来分，可分为高温、中温和低温等几种焊膏。例如，锡银焊膏 96.3Sn/3.7Ag 为高温焊膏，其熔点温度为 221 ℃；锡锑焊膏 63Sn/58Bi 为低温焊膏，其熔点温度为 138 ℃。

（3）按焊剂的成分来分，可分为免清洗、有机溶剂清洗和水清洗焊膏等几种。免清洗焊膏是指焊接后焊点只有很少的残留物，焊接后不需要清洗；有机溶剂清洗焊膏通常是指掺入松香助焊剂的焊膏，需要清洗时通常使用有机溶剂清洗；水清洗焊膏是指焊膏中用其他有机物取代松香助焊，焊接后可以直接用水进行冲洗去除焊点上的残留物。

（4）按黏度分，可分为印制用焊膏和滴涂用焊膏等。

3.2.4　助焊剂

助焊剂是进行锡铅焊接时所必需的辅助材料，是焊接时添加在焊点上的化合物，参与焊接的整个过程。

1. 助焊剂的作用

助焊剂能去除被焊金属表面的氧化物，防止焊接时被焊金属和焊料再次出现氧化，并降低焊料表面的张力，提高焊料的流动性，有助于焊接，使焊点易于成形，有利于提高焊点的质量。其主要作用有：

（1）可以清除金属表面的氧化物、硫化物、各种污物。

（2）有防止被焊物被氧化的作用。

（3）能帮助焊料流动，减少表面张力的作用。

（4）焊剂能帮助传递热量，润湿焊点。

2. 助焊剂的种类

助焊剂分为无机、有机和树脂三大系列。在电子产品焊接中，助焊剂基本上以松香为主，它属于树脂系列，表 3-2 给出了常用助焊剂及其性能。

表 3-2　常用助焊剂及其性能

品　种	松香酒精焊剂	盐酸二乙胺焊剂	盐酸苯胺焊剂	201 焊剂	SD 焊剂	202-2 焊剂
绝缘电阻/Ω	8.5×10^{11}	1.4×10^{11}	2×10^{9}	1.8×10^{10}	4.5×10^{9}	5×10^{10}
可焊性能	中	好	中	好	好	中

（1）无机助焊剂。这一类助焊剂主要由氯化锌、氯化铵等混合物组成，活性很强，助焊效果较理想，但腐蚀性大，俗称焊油的多为这类焊剂，在电子产品焊接中是不可用的。

（2）有机焊剂。有机焊剂多为有机酸卤化物的混合物，助焊性能也较好，但具有有机物的特性，遇热分解、有腐蚀性。一般不单独使用，而是作为活化剂与松香一起使用。

（3）树脂焊剂。树脂焊剂通常从树木的分泌物中提取，属于天然产物，不会有什么腐蚀性。松香是这类焊剂的代表。

3. 助焊剂的应用

（1）如果电子元器件的引脚以及电路板表面都比较干净，可使用纯松香焊剂，这样的焊剂活性较弱。

（2）如果电子元器件的引脚以及焊接面上有锈渍等，可用无机焊剂。但要注意，在焊接完毕后要清除残留物。

（3）焊接金、铜、铂等易焊金属时，可使用松香焊剂。

（4）焊接铅、黄铜、镀镍等焊接性能差的金属和合金时，可选用有机焊剂的中性焊剂或酸性焊剂，但要注意清除残留物。

3.2.5　阻焊剂

阻焊剂是一种耐高温的涂料，可将不需要焊接的部分保护起来，致使焊接只在所需要的部位进行，以防止焊接过程中的桥连、拉尖、短路、虚焊等现象发生。阻焊剂对高密度印制电路板尤为重要，可降低返修率，节约焊料，使焊接时印制电路板受到热冲击小，板面不易起泡和分层。电路板上绿色的涂层就是阻焊剂。

3.3　手工焊接技术及工艺要求

手工焊接是焊接技术的基础，尽管目前现代化企业已经普遍使用自动插装、自动贴装、自动焊接的生产工艺，但产品试制、小批量生产和具有特殊要求的高可靠性产品的生产及电子产品的维修，还是采用手工焊接。即使大批量采用自动焊接的产品，也还有一定数量的焊接点需要手工焊接，所以目前还没有任何一种焊接方法可以完全取代手工焊接。因此，在培养高素质的电子技术人员过程中，手工焊接工艺是必不可少的训练项目。

3.3.1　手工焊接准备

1. 选用合适功率的电烙铁

根据不同的焊接对象选择不同功率的电烙铁。若有特殊要求，可选用感应式、调温式电烙铁。一般根据焊件大小与性质来确定电烙铁的功率和类型。表 3 – 3 提供了不同工作条件下电烙铁的选择原则。

表 3 – 3　电烙铁的选择

焊件或工作性质	选用电烙铁	烙铁温度/℃
一般印制电路，安装导线、小功率晶体管、集成电路、敏感元器件、片状元器件	20 W 内热式、30 W 外热式、恒温式	300 ~ 400
焊片、电位器、功率 2 ~ 8 W 的电阻器，大电解电容	35 ~ 50 W 内热式、50 ~ 75 W 外热式、恒温式	350 ~ 450
功率 8 W 以上大电阻、大功率元器件、变压器引线脚、整流桥	100 W 内热式、150 ~ 200 W 外热式	400 ~ 550
汇流排、金属板	300 W 外热式	500 ~ 630
维修、调试一般电子产品	20 W 内热式、恒温式、感应式	—

实际工作中，要根据情况灵活运用电烙铁。不要以为电烙铁功率小就不会烫坏元器件。假如用一个小功率电烙铁焊接大功率元器件，因为电烙铁的功率较小，烙铁头同元器件引脚接触以后不能提供足够的热量，焊点达不到焊接温度，不得不延长烙铁头的停留时间。这样，热量将传到整个元器件上，并使管芯温度可能达到损坏元器件的程度。相反，用大功率的电烙铁，则能很快使焊点局部达到焊接温度，不会使整个元器件承受长时间的高温，因此不容易损坏元器件。

2. 选用合适的烙铁头

电烙铁的温度与烙铁头体积、形状、长短等都有一定的关系，当烙铁头的体积比较大时，保持温度的时间就长些。为了适应不同焊接物的要求，烙铁头的形状有所不同，如图 3 – 9 所示。在整个焊接过程中要注意烙铁头的温度，烙铁头温度可以通过插入烙铁芯的深度来调节。烙铁头往里送，温度就升高；反之则降低。一般来说，选择烙铁头的尺寸，以能够与焊点充分接触、在焊接时不影响邻近元器件、提高焊接效率为标准。

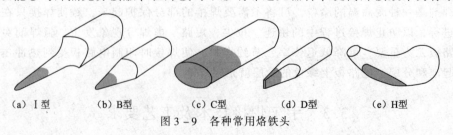

(a) I 型　　(b) B 型　　(c) C 型　　(d) D 型　　(e) H 型

图 3 – 9　各种常用烙铁头

图 3 – 9 (a) 是 I 型（尖锥形）烙铁头，它的尖端细小，适合于精细的焊接或焊接空间狭小的情况，也可以用来修正焊接 SMT 集成电路时产生的短路。

图 3 – 9 (b) 是 B 型（圆锥形）烙铁头，这种烙铁头无方向性，整个前端均可以进行

焊接，适合于一般焊接。

图 3-9（c）是 C 型（圆斜面形）烙铁头，它用烙铁头前端斜面部分进行焊接，适合于需要焊料多、焊接面积大的场合，如焊接电路板上的电源端、接地端等粗端子、大焊盘。

图 3-9（d）是 D 型（凿形或一字形）烙铁头，它用扁嘴进行焊接，与 C 型烙铁头相似，适合于需要焊料多、焊接面积大的场合。

图 3-9（e）是 H 型（弧面形）烙铁头，它的镀锡层在烙铁头的底部，适用于拉焊式焊接引脚间距较大的 SMT 集成电路。

选择烙铁头的依据是，应使其尖端的接触面积略小于焊盘的面积，如图 3-10 所示。

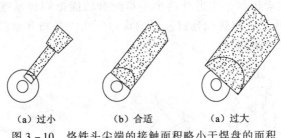

（a）过小　　　　（b）合适　　　　（a）过大

图 3-10　烙铁头尖端的接触面积略小于焊盘的面积

3. 电烙铁的保养

在开始焊接前后，经常在湿润的木质纤维海绵上擦拭烙铁头，清除烙铁头上的残锡，保持烙铁头的清洁。

在烙铁头上均匀镀上一层焊锡，它不仅在焊接时起到传热作用，还能保护烙铁头不被氧化。

在焊接时不要施加压力，否则会使烙铁头受损变形或损坏元器件、损伤电路板的焊盘。焊接完成以后，要清洁烙铁头并镀上一层新锡作为保护。

烙铁用了一定时间，或者烙铁头被焊锡腐蚀到头部凸凹不平，此时不利于热量传递，或者烙铁头表面氧化使烙铁头被"烧死"，不再吃锡。这种情况下，电烙铁虽然很热，但就是焊不上元器件。处理方法是用锉刀将烙铁头部锉平，然后再按照新烙铁头的处理方法进行处理。使用合金烙铁头时，切忌用锉刀修整。

3.3.2　手工焊接技术

手工焊接是焊接技术的基础，也是电子产品装配中的一项基本操作技能。手工焊接适合于电子产品研发试制、电子产品的小批量生产电子、产品的调试与维修，以及某些不适合自动焊接的场合。学好手工焊接的要点如：

（1）稳定情绪、有耐心，认真踏实、一丝不苟。

（2）掌握正确操作姿势、勤于练习、熟能生巧，熟练掌握焊接的基本操作方法。

正确的焊接姿势

正确的操作姿势，可以保证操作者的身心健康，减轻伤害。手工焊接一般采用坐姿焊接，工作台和坐椅的高度要合适。在焊接过程中，为减小焊料、焊剂挥发的化学物质对人体的伤害，同时保证操作者焊接便利，要求焊接时电烙铁离操作者鼻子的距离以 20~30 cm 为佳。

（1）电烙铁的握法

根据电烙铁的大小、形状和被焊件的要求等不同情况，在焊接操作时对电烙铁的握法通常有 3 种方式。图 3－11（a）所示为反握法，即用五指把电烙铁手柄握在掌内。这种握法焊接时动作稳定，长时间操作手不易感到疲劳，它适用于大功率的电烙铁和热容量大的被焊件。图 3－11（b）所示为正握法，适用弯烙铁头操作或直烙铁头在机架上焊接互连导线时操作。图 3－11（c）所示为握笔法，就像写字时拿笔一样。用这种方法长时间操作手容易疲劳，适用于小功率电烙铁和热容量小的被焊件的焊接。

（2）焊锡丝的拿法

焊锡丝的拿法分为两种：一种是连续焊接时拿法，如图 3－12（a）所示，即用左手的拇指、食指和小指夹住焊锡丝，用另外两个手指配合就能把焊锡丝连续向前送进；另一种拿法如图 3－12（b）所示，焊锡丝通过左手的虎口，用大拇指和食指夹住，这种拿焊锡丝的方法不能连续向前送进焊锡丝。

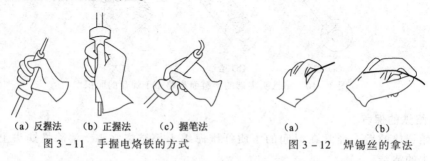

（a）反握法　（b）正握法　（c）握笔法
图 3－11　手握电烙铁的方式

（a）　　　　　（b）
图 3－12　焊锡丝的拿法

（3）手工焊接的步骤

初学者学习正确的手工焊接操作，可以把焊接过程分成五步和三步两种操作方法，如图 3－13 所示。

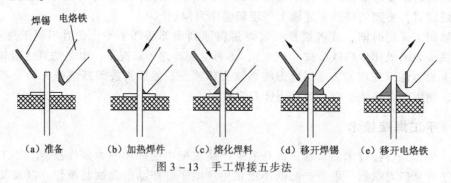

（a）准备　　（b）加热焊件　　（c）熔化焊料　　（d）移开焊锡　　（e）移开电烙铁
图 3－13　手工焊接五步法

① 准备施焊，左手拿焊丝，右手握烙铁，要求烙铁头保持干净，表面镀有一层焊锡，如图 3－13（a）所示。

② 加热被焊件，将电烙铁放在被焊点上，加热整个被焊件，时间为 1~2 s，如图 3－13（b）所示。

③ 熔化焊料，将焊锡丝放到被焊件上，使焊锡丝熔化并浸湿焊点，如图 3－13（c）所示。

④ 移开焊锡，当焊点上的焊锡已将焊点浸湿，要及时撤离焊锡丝，如图 3－13（d）所示。

⑤ 移开电烙铁，移开焊锡后，待焊锡全部润湿焊点时，就要及时迅速移开电烙铁，电烙铁移开的方向以 45°角最为适宜，如图 3-13（e）所示。

以上焊接步骤，必须经过反复训练，仔细领会其中的要领（特别是移开电烙铁这一关键步骤）才能熟练地掌握好手工焊接技术，获得高质量的焊接点。

在焊点较小的情况下，也可采用三步焊接，如图 3-13（a）、（c）、（d）所示。将五步焊接法中的（b）、（c）合为一步，即加热被焊件和加焊料同时进行；（d）、（e）步合为一步，即同时移开焊锡和电烙铁。

另外，在焊接的过程中，对焊接操作要领总结如下：

① 焊前要准备好工具与材料。

② 焊剂的用量要合适。

③ 焊接的温度和时间要掌握好。

④ 焊料的施加应视焊点的大小而定。

⑤ 焊接时被焊物要扶稳。

⑥ 焊点重焊时必须注意加入的焊料要适量，待焊料彻底熔化后才能移开电烙铁。

⑦ 烙铁头要保持清洁。

⑧ 焊接时烙铁头与引线、印制电路板的铜箔之间的接触位置与时间要合适。

⑨ 撤离电烙铁时要掌握好撤离方向，并带走多余的焊料，从而控制焊点的形成，如图 3-14 所示。

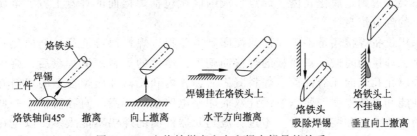

图 3-14　电烙铁撤离方向和焊点锡量的关系

⑩ 焊接结束后应将焊点周围的焊剂清洗干净，并检查有无漏焊、错焊、虚焊等现象。

对于初学焊接的人，应该注意以下几点：

• 稳定情绪，有耐心，一定要克服急于求成的心理。

• 认真踏实，一丝不苟，不能把焊接质量问题留到整机电路调试的时候再去解决。

• 勤于练习，熟能生巧，通过一定时间的练习，操作技能肯定会不断提高。

上面介绍的一些具体方法和注意要点，都是实践经验的总结，是初学者迅速掌握焊接技能的捷径。

3.3.3　印制电路板的手工焊接工艺

印制电路板是用黏合剂把铜箔压粘在绝缘基板上制成的，而且铜箔与绝缘基板的热膨胀系数各不相同，铜箔与这些绝缘材料的黏合能力不是很强，高温时结合力则更差。过高的焊接温度和过长的焊接时间会引起印制电路板起泡、变形，甚至铜箔翘起。

另一方面，印制电路板插装的元器件一般为小型元器件（如晶体管）、集成电路及使用塑料骨架的器件等，耐高温性能较差，若焊接温度过高，时间过长，都会造成元器件的损坏。

根据以上印制电路板的焊接特点，印制电路板的手工焊接工艺大致分为以下 7 个步骤：

（1）电烙铁的使用。由于铜箔和绝缘基板之间的结合强度，铜箔的厚度等原因，烙铁头的温度最好控制在 250～300 ℃之间，因此，最好选用 20 W 内热式电烙铁。当焊接能力达到一定的熟练程度时，为提高焊接效率，也可选用 35 W 内热式电烙铁。

（2）烙铁头的形状。以不损坏印制电路板为原则，同时也要考虑适当增加烙铁头的接触面积（见图 3 - 10）。

（3）电烙铁的握法。不能对焊盘施加太大的压力，以防止焊盘受压翘起。

（4）焊料和助焊剂的选择。焊料可选用活性树脂芯焊锡丝，直径可根据焊盘大小和焊接密度决定。对难焊的焊接点，在复焊与修整时要添加适量的助焊剂。

（5）焊接的步骤。可按前述手工焊接步骤进行，根据印制电路板的特点，为防止焊接温度过高，焊接时间一般以 2～3 s 为宜。当焊盘面积很小或用 35 W 电烙铁时，可以将第（1）、（2）步合并，节省时间，提高效率。

（6）焊接点的形式和要求：

① 焊点的形成。在印制电路板上，焊点的形成是有区别的。如图 3 - 15 所示，在单面板上，焊点仅形成在焊接面的焊盘上方；但在双面板或多层板上，熔融的焊料不仅浸润焊盘上方，还会渗透到金属化孔内，焊点形成的区域包括焊接面的焊盘上方、金属化孔内和元器件面上的部分焊盘。

无论采用设备焊接还是手工焊接双面印制电路板，焊料都可能通过金属化孔流向元器件面。在手工焊接的时候，双面板的焊接面朝上，熔融的焊料浸润焊盘后，会由于重力的作用沿着金属化孔流向元器件面。焊料凝固后，孔内和元器件面焊盘上的焊料有助于提高电气连接性能和机械强度。所以，设计双面印制电路板的焊盘，直径可以小一些，从而提高双面板的布线密度和装配密度。不过，流到元器件面的焊锡不能太多，以免在元器件面上造成短路。

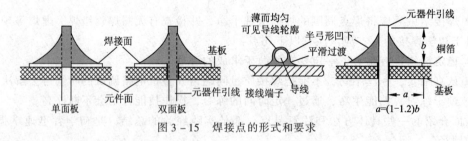

图 3 - 15　焊接点的形式和要求

② 对焊点的要求。焊点的形状如图 3 - 15 所示，近似圆锥而表面微凹陷，呈漫坡状，焊锡和焊件的交界面处平滑、接触角尽可能小，焊点平滑、有金属光泽，焊点无裂纹、针孔、夹渣并以焊接导线为中心对称，呈裙形展开。

（7）检查和整理焊点。焊接完成后要进行检查和整理。检查项目包括：有无插错元器件、漏焊及桥连；元器件的极性是否正确和印制电路板上是否有飞溅的焊料，剪断的线头等，检查后还需将歪斜的元器件扶正并整理好导线。印制电路板上各种焊接缺陷如

图 3 - 16、图 3 - 17 所示。

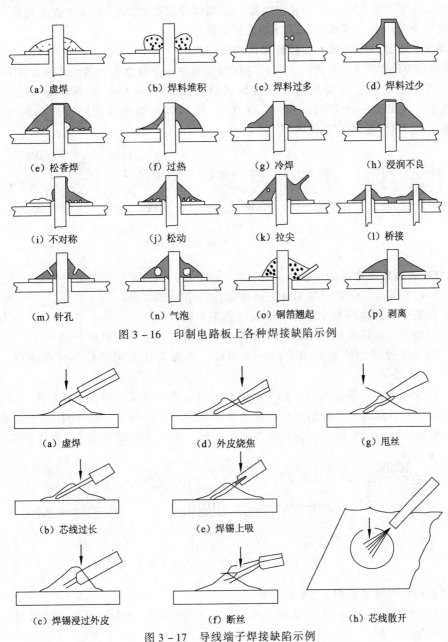

（a）虚焊　　　　（b）焊料堆积　　　　（c）焊料过多　　　　（d）焊料过少

（e）松香焊　　　　（f）过热　　　　（g）冷焊　　　　（h）浸润不良

（i）不对称　　　　（j）松动　　　　（k）拉尖　　　　（l）桥接

（m）针孔　　　　（n）气泡　　　　（o）铜箔翘起　　　　（p）剥离

图 3 - 16　印制电路板上各种焊接缺陷示例

（a）虚焊　　　　（d）外皮烧焦　　　　（g）甩丝

（b）芯线过长　　　　（e）焊锡上吸

（c）焊锡浸过外皮　　　　（f）断丝　　　　（h）芯线散开

图 3 - 17　导线端子焊接缺陷示例

3.3.4　SMT 器件的手工焊接

用电烙铁焊接 SMT 元器件，最好在带有照明灯的放大镜下，使用恒温电烙铁进行，若使用普通电烙铁，其金属外壳应该接地，防止感应电压损坏元器件。由于片状元器件的体积小，烙铁头尖端的截面积应该比焊接面小一些。焊接时要注意随时擦拭烙铁尖，保持烙铁头洁净；焊接时间要短，一般不超过 2 s，看到焊锡丝开始熔化就立即抬起烙铁头；在整个焊接过程中烙铁头不要碰到其他元器件；焊接完成后，要用带照明灯的 2～5 倍放大镜仔细检查焊点是否平顺牢固、有无虚焊现象；假如焊件需要镀锡，先将烙铁尖接触待镀锡处约 1 s，然后再放焊料，焊锡熔化后立即撤回烙铁。

1. 焊接电阻器、电容器、二极管等两端元器件

具体焊接方法如图 3-18 所示。图 3-18（a）先在一个焊盘上镀适量焊锡，图 3-18（b）电烙铁不要离开焊盘，保持焊锡处于熔化状态，图 3-18（c）立即用镊子夹着元器件放到焊盘上，先焊好一个焊端，图 3-18（d）先移开电烙铁等焊锡凝固后再移开镊子，图 3-18（e）再焊接另一个焊端。

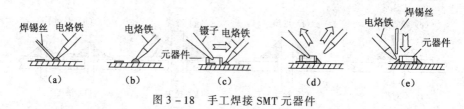

图 3-18　手工焊接 SMT 元器件

2. QFP 封装集成电路的焊接

如图 3-19 所示，QFP 封装集成电路的焊接操作方法如下：

（1）在安放集成电路的中心基板上点一滴不干胶。

（2）将集成电路压放到不干胶上，并使每个引脚与焊盘严格对准。

（3）用少量焊锡焊接芯片角上的一个引脚，检查芯片有无移位，如有移位，应及时修正。

（4）用少量焊锡焊接芯片角上的 3 个引脚。检查芯片有无移位，如有移位，及时修正。然后，对余下的引脚均匀涂敷助焊剂，逐个焊接各引脚。再用带照明灯的 2～5 倍放大镜检查焊接点是否牢固，每个焊点用锡量是否基本一致，相邻两引脚有无桥连现象。

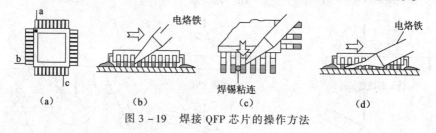

图 3-19　焊接 QFP 芯片的操作方法

3. 用热风枪焊接或拆焊 SMT 元器件

用热风枪焊接或拆焊 SMT 元器件很易操作，比使用电烙铁方便得多，能够焊接或拆焊的元器件种类也很多。

（1）用热风枪焊接 SMT 元器件

按下热风枪的电源开关，同时接通了吹风电动机和电热丝的电源，调整热风枪面板上的旋钮，使热风的温度和送风量适中。这时热风嘴吹出的热风就能用来焊接集成电路，不过，焊料应该使用焊锡膏，不能使用焊锡丝。可以先用手工点涂的方法往焊盘上涂敷焊锡膏，贴放元器件以后，用热风嘴沿着芯片周边迅速移动均匀加热全部引脚的焊盘，使焊锡膏熔化，就可以完成焊接。

假如用电烙铁焊接时，发现有引脚"桥接"短路或者焊接的质量不好，也可以用热风工作台进行修整，往焊盘上滴涂免清洗助焊剂，再用热风加热焊点使焊料熔化，短路点在助焊剂的作用下分离，让焊点表面变得光滑圆润。

（2）用热风枪拆焊 SMT 元器件

使用热风枪拆焊集成电路时，由于热风枪的热风筒上可以装配各种专用的热风嘴，用于拆卸不同尺寸、不同封装方式的芯片。针管状的热风嘴使用比较灵活，不仅可以用来拆焊两端元器件，也可以拆焊其他多种集成电路。

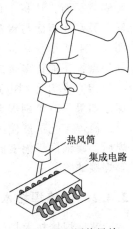

使用热风枪焊接或拆焊元器件，要注意调整温度的高低和送风量大小：温度低，熔化焊点的时间长，使过多的热量传到芯片内部，反而容易损坏器件；温度高，可能烤焦印制电路板或损坏器件；送风量大，可能把周围的其他元器件吹跑；送风量小，加热的时间则明显变长。初学者使用热风枪应该把"温度"、"送风量"旋钮都置于中间位置（"温度"旋钮刻度"4"左右，"送风量"刻度"3"左右）；如果担心周围的元器件被吹走，可以把待焊接或拆焊芯片周边的元器件粘贴上胶带，用胶带把它们保护起来；在拆焊时必须特别注意：全部引脚的焊点都被热风充分熔化以后才能用镊子拈取元器件，以免印制电路板上的焊盘或线条受力脱落。在图 3 - 20 中，用针管状的热风嘴拆焊集成电路时，箭头描述了热风嘴沿着芯片周边迅速移动、同时加热全部引脚的焊点。

使用热风枪要注意以下几点：

① 热风喷嘴应距欲焊接或拆除的焊点 1 ~ 2 mm，不能直接接触元器件引脚，也不要过远，并保持稳定。

② 焊接或拆除元器件一次不要连续吹热风超过 20 s，同一位置使用热风不要超过 3 次。

热风筒
集成电路

图 3 - 20　用热风枪拆焊 SMT 元器件

3.4　电子工业生产中的自动焊接技术

随着电子产品向小型化、微型化方向发展，为了提高生产效率，降低生产成本，保证产品质量，在电子工业生产中常采用以下几种自动化的焊接技术。

3.4.1　浸焊技术

浸焊是将装好元器件的印制电路板浸入装有熔融状焊料的锡锅内，一次完成印制电路板上众多焊接点的焊接方法，是最早应用在电子产品中的焊接方法。常用的浸焊机有两种：一种是普通浸焊机；另一种是超声波浸焊机。

1. 浸焊的特点

浸焊要求先将印制电路板安装在具有振动头的专用设备上，然后再进入焊料中。此法在焊接双面印制电路板时，能使焊料浸润到焊点的金属化孔中，使焊接更加牢固，并可振动掉多余的焊锡，焊接效果较好。需要注意的是，使用锡锅浸焊，要及时清理掉锡锅内熔融焊料表面形成的氧化膜、杂质和焊渣。此外，焊料与印制电路板之间大面积接触，时间长，温度高，容易损坏元器件，还容易使印制电路板变形。通常，很少采用机器浸焊。对于小体积的印制电路板如果要求不高时，采用手工浸焊较为方便。

2. 手工浸焊的工艺流程

手工浸焊是手持印制电路板来完成焊接，其步骤如下：

（1）焊前应将锡锅加热，以熔化的焊锡达到230～250℃为宜。为了去掉锡锅内熔融焊料层表面的氧化残渣，必须从焊料表面刮去氧化残渣或随时加一些焊剂，通常使用松香。

（2）焊接前，在印制电路板上浸蘸助焊剂，应该保证助焊剂均匀涂敷到焊接面的各处，一般是在松香酒精溶液中浸一下，最好使用助焊剂发泡装置，有利于均匀涂敷。

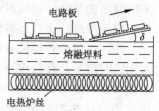

（3）使用夹具将待焊接的印制电路板夹住使板面水平地接触锡液平面，让板上的全部焊点同时进行焊接；离开锡液的时候，最好让板面与锡液平面保持向上倾斜10°～20°的夹角，如图3-21所示。这样有利于焊点内的助焊剂挥发，避免形成夹气焊点，还能让多余的焊锡流下来。

图3-21 浸焊设备工作原理示意图

（4）拿开印制电路板，待冷却后，检查焊接质量。若有较多焊点没有焊好，要重复浸焊。如果只有个别焊点没有焊好，可用电烙铁手工补焊。

浸焊工艺虽然使生产效率得到提高，但是由于其锡锅内的焊锡表面是静止的，多次浸焊后，锡锅内焊锡表面会积累大量的氧化物等杂质，会影响质量，造成虚焊、桥接、拉尖等焊接缺陷。

3.4.2 波峰焊技术

波峰焊接技术是先进的有利于实现全自动化生产流水线的焊接方式，它适用于品种基本固定、产量较大、质量要求较高的产品，现已被大、中型电子产品生产厂家在实际生产中所采用，效果十分明显。

1. 波峰焊机的工作原理

波峰焊机是在浸焊机的基础上发展起来的自动焊接设备，两者最主要的区别在于设备的焊锡锅（焊锡槽）。波峰焊是利用焊锡锅（槽）内的机械式或电磁式离心泵，将熔融焊料压向喷嘴，形成一股向上平稳喷涌的焊料波峰并源源不断地从喷嘴中溢出。装有元器件的印制电路板以平面直线匀速运动的方式通过焊料波峰，在焊接面上形成浸润焊点而完成焊接，如图3-22所示。

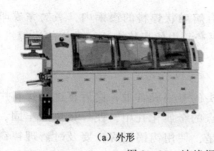

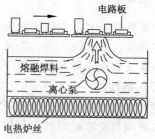

（a）外形　　　　　　　　　　（b）焊接原理

图3-22 波峰焊机的外形及焊接原理

与浸焊机相比，波峰焊设备具有如下优点：

（1）熔融焊料的表面漂浮一层抗氧化剂隔离空气，只有焊料波峰暴露在空气中，减少了氧化的机会，可以减少氧化残渣带来的焊料浪费。

（2）电路板接触高温焊料时间短，可以减轻电路板翘曲变形。

（3）浸焊机内的焊料相对静止，焊料中不同比重的金属产生分层现象（下层富铅而上层富锡）。波峰焊机在焊料泵的作用下，整槽熔融焊料循环流动，使焊料成分均匀一致。

（4）波峰焊机的焊料充分流动，有利于提高焊点质量。

2. 波峰焊机的组成

波峰焊机由传送装置、涂助焊剂装置、预热装置、锡波喷嘴、锡锅（焊锡槽）冷却装置等组成，如图 3 – 23 所示。

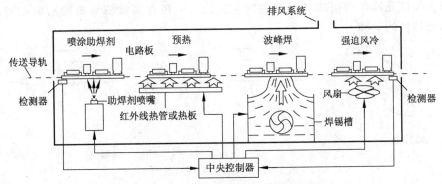

图 3 – 23　波峰焊机的内部结构示意图

在波峰焊机内部，焊锡槽被加热使焊锡熔融，机械泵根据焊接要求工作，使液态焊锡从喷嘴口涌出，形成特定形态的连续不断的锡波；已完成插件工序的电路板放在导轨上，以匀速直线运动的形式向前移动，顺序经过涂敷助焊剂和预热，电路焊接面在通过焊锡波峰时进行焊接，焊接面经过冷却后完成焊接过程，被送出来。冷却方式大都为强迫风冷，正确的冷却温度与时间，有利于改进焊点的外观与可靠性。助焊剂喷嘴即可以实现连续喷涂，也可以被设置成检测到有电路板通过时才进行喷涂的经济模式。预热装置可分为热风型与辐射型，其作用是把焊剂加热到活化温度，将焊剂中的酸性活化剂分解，然后与氧化膜起反应，使印制电路板与焊件上氧化膜清除。另一个作用是减少电子元器件受到热冲击而损坏的可能性。同时还有使印制电路板减小经波峰焊后产生的变形，并能使焊点光滑发亮。

3. 几种波峰焊机

波峰在焊接时容易造成焊料堆积、焊点短路等现象，用人工修补焊点的工作量较大。并且，在采用一般波峰焊机焊接 SMT 电路板时，有两个技术难点：

（1）气泡遮蔽效应：在焊接过程中，助焊剂或 SMT 元器件的粘贴剂受热分解所产生的气泡不易排出，遮蔽在焊点上，可能造成焊料无法接触焊接面而形成漏焊。

（2）阴影效应：印制电路板在焊料熔液的波峰上通过时，较高的 SMT 元器件对它后面或相邻的较矮的 SMT 元器件周围的死角产生阻挡，形成阴影区，使焊料无法在焊接面上漫流而导致漏焊或焊接不良。

为了克服这些 SMT 焊接缺陷，创造出了空心波、组合空心波、紊乱波等新的波峰形式。新型的波峰焊机按波峰形式分类，可以分为单峰、双峰、三峰和复合峰 4 种。

（1）斜坡式波峰焊机

这种波峰焊机的传送导轨以一定角度的斜坡方式安装，并且斜坡的角度可以调整，如

图 3-24（a）所示。这样的好处是，增加了电路板焊接面与焊锡波峰接触的长度。假如电路板以同样速度通过波峰，等效增加了焊点浸润的时间，从而可以提高传送导轨的运行速度和焊接效率；不仅有利于焊点内的助焊剂挥发，避免形成夹气焊点，还能让多余的焊锡流下来。

（2）高波峰焊机

高波峰焊机适用于 THT 元器件"长脚插焊"工艺，它的焊锡槽及锡波喷嘴如图 3-24（b）所示。其特点是：焊料离心泵的功率比较大，从喷嘴中喷出的锡波高度比较高，并且高度可以调节，保证元器件的引脚从锡波里顺利通过。一般在高波峰焊机的后面配置剪腿机，用来剪短元器件的引脚。

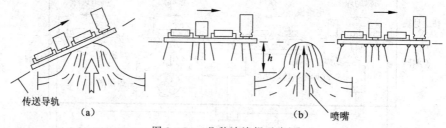

传送导轨　（a）　　　　　（b）　喷嘴

图 3-24　几种波峰焊示意图

（3）双波峰焊机

为了适应 SMT 技术发展，特别是为了适应焊接那些 THT + SMT 混合电路板，在单波峰焊机的基础上改进成了双波峰焊机，即有两个焊料波峰。双波峰焊机的焊料波形有 3 种：空心波、紊乱波、宽平波。一般两个焊料波峰的形式不同，最常见的波形组合是"紊乱波 + 宽平波"，"空心波 + 宽平波"，如图 3-25 所示。

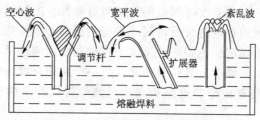

空心波　　　　宽平波　　　紊乱波
调节杆　　扩展器
熔融焊料

图 3-25　波峰焊机的焊料波形图

① 空心波。空心波的特点是在熔融焊料的喷嘴出口设置了指针形调节杆，让焊料熔液从喷嘴两边对称的窄缝中均匀地喷流出来，使两个波峰的中部形成一个空心的区域，并且两边焊料熔液喷流的方向相反。空心波的波形结构可以从不同方向消除元器件的阴影效应，有极强的填充死角、消除桥接的效果。它能够焊接 SMT 元器件和 THT 元器件混合装配的印制电路板，特别适合焊接极小的元器件。空心波焊料熔液喷流形成的波柱薄、截面积小，使 PCB 基板与焊料熔液的接触面减小，不仅有利于助焊剂热分解气体的排放，克服气体遮蔽效应，还可以减少电路板吸收的热量，降低元器件损坏的概率。

② 紊乱波。如果在双波峰焊机中，用一块多孔的平板去替换空心波喷口的指针形调节杆，就可以获得由若干个小子波，看起来像平面涌泉似的紊乱波，能很好地克服一般波峰焊的遮蔽效应和阴影效应。

③ 宽平波。如果在焊料的喷嘴出口处安装扩展器，熔融的焊料熔液从倾斜的喷嘴喷流

出来，形成偏向宽平波（也叫片波），逆着印制电路板前进方向的宽平波流速较大，对电路有很好的擦洗作用；在设置扩展器的一侧，熔液的波面宽而平，流速较小，使焊接对象可以获得较好的后热效应，起到修整焊接面、消除桥接和拉尖、丰满焊点轮廓的效果。

（4）选择性波峰焊设备

近年来，SMT 元器件的使用率不断上升，在某些混合装配的电子产品里已经占到 95% 左右，按照以往的思路，对电路 A 面进行再流焊、B 面进行波峰焊的方案已经面临挑战。在以集成电路为主的产品中，很难保证在 B 面上只贴装耐受温度的 SMC 元器件。不贴装 SMD（例如集成电路）承受高温的能力较差，可能因波峰焊导致损坏的元器件，为此，国外厂商推出了选择性波峰焊设备。这种设备的工作原理是：在由电路板设计文件转换的程序控制下，小型波峰焊锡槽和喷嘴移动到电路板需要补焊的位置，顺序、定量喷涂助焊剂并喷涌焊料波峰，进行局部焊接。

4. 波峰焊操作工艺

（1）波峰焊焊接材料的补充

在波峰焊机工作的过程中，焊料和助焊剂被不断消耗，需要经常对这些焊接材料进行监测与补充。

① 焊料。波峰焊机的焊料应根据设备的使用情况，在一周到一个月定期检测焊料中 Sn 的比例和主要金属杂质含量。如果不符合要求，可以更换焊料或采取其他措施。例如，当 Sn 的含量低于标准时，可以添加纯 Sn 以保证含量比例。波峰焊焊料中主要金属杂质的最大含量范围如表 3－4 所示。

表 3－4　波峰焊焊料中主要金属杂质的最大含量范围

金属杂质	铜（Cu）	铝（Al）	铁（Fe）	铋（Bi）	锌（Zn）	锑（Sb）	砷（As）
最大含量/%	0.8	0.05	0.2	1	0.02	0.2	0.5

② 助焊剂。波峰焊使用的助焊剂，要求表面张力小，扩展率大于 85%；黏度小于熔融焊料；密度在 0.82～0.84 g/ml，可以用相应的熔剂来稀释调整。

另外，可根据电子产品对清洁度和电性能的要求选择助焊剂的类型；要求不高的消费类电子产品，可以采用中等活性的松香助焊剂，焊接后不必清洗，当然也可以使用免清洗助焊剂。通信类产品可以采用免清洗助焊剂，或者用清洗型助焊剂，焊接后进行清洗。

③ 焊料添加剂。在波峰焊的使用过程中，还要根据需要添加或补充一些辅料，比如防氧化剂和锡渣减除剂。防氧化剂由油类与还原剂组成，可以减少高温焊接时焊料的氧化，不仅可以节约焊料，还能提高焊接质量。锡渣减除剂能让熔融的焊料与锡渣分离，起到防止锡渣混入焊点、节省焊料的作用。

（2）波峰焊温度参数的设置

波峰焊的整个焊接过程被分为 3 个区域：预热、焊接、冷却。理想的双波峰焊的焊接温度曲线如图 3－26 所示，实际的焊接温度曲线可以通过对设备的控制系统编程进行调整。

① 预热区的温度设置。在预热区内，电路板上助焊剂中的溶剂被挥发，松香和活化剂开始分解活化，去除焊接面上的氧化层和其他污染，并且防止金属表面在高温下再次氧化。在该区域，印制电路板和元器件被充分预热，可以有效地避免焊接时急剧升温产生的热应力损坏。电路板的预热温度及时间是可调的，常根据印制电路板的大小、厚度、元器件的尺寸和数量，以及贴装元器件的多少来确定，在 PCB 表面测量的预热温度应该在 90～130 ℃，多层

板或贴片元器件较多时，预热温度取上限。

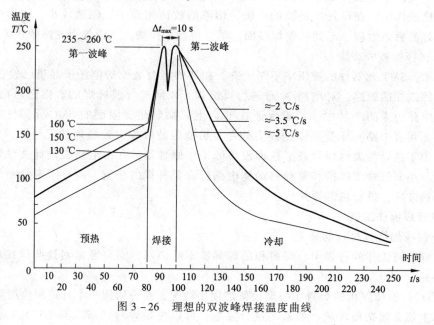

图 3 – 26   理想的双波峰焊接温度曲线

预热时间由传送带的速度来控制。如果预热温度偏低或预热时间过短，助焊剂中的溶剂挥发不充分，焊接时就会产生气体引起气孔、锡珠等焊接质量缺陷；如果预热温度偏高或预热时间过长，焊剂被提前分解，使焊剂失去活性，同样会引起毛刺、桥接等焊接缺陷。为恰当控制预热温度和时间，达到最佳的预热温度，可以参考表 3 – 5 中的数据，也可以从波峰焊前涂敷在 PCB 底面的助焊剂是否有黏性来进行判断。

表 3 – 5   不同印制电路波峰焊时的预热

PCB 类型	元器件种类	预热温度/℃
单面板	THC + SMD	90 ~ 100
双面板	THC	90 ~ 110
双面板	RHC + SMD	100 ~ 110
多层板	THC	110 ~ 125
多层板	THC + SMD	110 ~ 130

② 焊接区温度的设置。焊接过程是焊接金属、熔融焊料之间相互作用的复杂过程，同样必须控制好温度和时间。如果焊接温度偏低，液体焊料的黏性大，不能很好地在金属表面浸润和扩散，容易产生拉尖和桥接、焊点表面粗糙等缺陷；如果焊接温度过高，容易损坏元器件，还会由于焊剂被炭化失去活性、焊点氧化速度加快，产生焊点失去光泽、不饱满等问题。由于热量、温度是时间的函数，在一定温度下，焊点和元器件的受热量随时间而增加，所以波峰焊的焊接时间可以通过调整传送系统的速度来控制。在实际操作时，传送带的速度要根据不同波峰焊机的长度、预热温度、焊接温度等因素进行调整。如果以每个焊点接触波峰的时间来表示焊接时间，焊接时间一般为 3 ~ 4 s。双波峰焊第一波峰一般调整为 235 ~ 240 ℃/1 s，第二波峰一般设置在 240 ~ 260 ℃/3 s 左右。

③ 冷却区温度的设置。为了减少印制电路板受高热时间，防止印制线路板变形，提高印制导线与基板的附着强度，增加焊点的牢固性，焊接后应立即冷却。冷却区温度应根据产品的工艺要求、环境温度及传送速度来确定，冷却区温度一般以一定负温度速率下降，可以设置成 -2℃/s、-3.5℃/s、或 -5℃/s。

（3）其他工艺要求

① 元器件的可焊性。元器件的可焊性是焊接良好的一个主要方面。对可焊性的检查要定时进行，按现场所使用的元器件、助焊剂、焊料进行试焊，测定其可焊性。

② 波峰高度及波峰平衡性。波峰高度是作用波的表面高度。较好的波峰高度是以波峰达到线路板厚度的 1/2～2/3 为宜。波峰过高易拉毛、堆锡，还会使锡溢到线路板上面，烫伤元器件；波峰过低，易漏焊和挂焊。

③ 焊接温度。焊接温度是指焊接处与熔化的焊料相接触时的温度。温度过低会使焊接点毛糙、不光亮，造成虚假焊及拉尖；温度过高，易使电路板变形，烫伤元器件。对于不同基板材料的电路板，焊接温度略有不同。

④ 传递速度。印制电路传递速度决定焊接时间。速度过慢，则焊接时间过长且温度较高，给印制电路板及元器件带来不良影响；速度过快，则焊接时间过短，容易有假焊、虚焊、桥焊等不良现象。焊接点与熔化的焊料所接触的时间以 3～4 s 为宜，即印制电路板选用 1 m/min 的速度左右。

⑤ 传递角度。在印制电路板的前进过程中，当印制电路板与焊料的波峰成一个倾角时，则可减少挂锡、拉毛、气泡等不良现象，所以在波峰焊焊接时印制电路板通常与波峰成 5°～8°的仰角。

⑥ 氧化物的清理。锡槽中焊料长时间与空气接触容易被氧化，氧化物漂浮在焊料表面，积累到一定程度，在泵的作用下，随焊料一起喷到印制电路板上，使焊点无光泽，造成渣孔和桥连等缺陷，所以要定时清理氧化物，一般每 4h 一次，并在焊料中加入抗氧化剂，防止焊料氧化。

5. 波峰焊工艺中的检查工作

波峰焊是进行高效率、大批量焊接电路板的主要手段之一，操作中如有不慎，即可能出现焊接质量问题。所以，操作工人应对波峰焊机的构造、性能、特点有全面的了解，并熟悉设备的操作方法。在操作中还要做好三检查。

（1）焊前检查。工作前应对设备的各个部分进行可靠性检查。

（2）焊中检查。在焊接过程中应不断检查焊接质量，检查焊料成分，及时去除焊料表面的氧化层，添加防氧化剂，并及时补充焊料。

（3）焊后检查。对焊接的质量进行抽查，及时发现问题，少数漏焊可用电烙铁手工补焊，大量的焊接质量问题，要及时查找原因。

6. 波峰焊的缺陷分析

（1）沾锡不良或局部沾锡不良

沾锡不良是不可接受的缺点，在焊点上只有部分沾锡。局部沾锡不良不会露出箔面，只有薄薄的一层锡，无法形成饱满的焊点。产生的原因及改善方式如下：

① 在印制阻焊剂时沾上的外界污染物，如油、脂、腊等。通常可用熔剂清洗去除。

② 氧化。因储存状况不良或在基板制造过程中发生氧化，且助焊剂无法完全去除，会造成沾锡不良。解决方法是过两次锡。

③ 助焊剂涂敷方式不正确，或发泡气压不稳定或不足，致使泡沫高度不稳或不均匀，使基板部分没有沾到助焊剂。解决方法是调整助焊剂涂敷质量。

④ 浸锡时间不足，焊接一般需要足够的时间对焊盘湿润，焊锡温度应高于熔点温度 50～80 ℃。

⑤ 锡温不足，焊接一般需要足够的温度对焊盘湿润，总时间约 3 s。

（2）冷焊或焊点不亮

焊点碎裂、不平。大部分原因是元器件在焊锡正要冷却形成焊点时振动而造成，注意传送系统是否有异常振动。

（3）焊点破裂

焊点破裂通常是由于焊锡、基板、导通孔及元器件引脚之间膨胀系数不一致造成的，应在基板材质、零件材料及设计上去改善。

（4）焊点锡量太大

通常在评定一个焊点时，总希望焊点能又大又圆，但事实上过大的焊点对导电性及抗拉强度未必有所帮助。产生的原因可能有以下几点：

① 基板与焊锡的接触角度不当，会造成焊点过大。调整角度，一般角度约 3.5°。角度越大，沾锡越薄，角度越小，沾锡越厚。

② 焊接温度和时间设置不够正确。一般略微提高锡槽温度，或加长焊锡时间，使多余的锡再回流到锡槽。

③ 预热温度设置不正确。一般提高预热温度，可减少基板沾锡所需热量，曾加助焊效果。

④ 助焊剂比重有问题。通常比重越高吃锡越厚，也越易短路，比重越低吃锡越薄，但越易造成锡桥，锡尖。

（5）拉尖

拉尖是指在元器件引脚顶端或焊点上发现有冰尖般的锡，通常发生在通孔安装元器件的焊接过程中。产生的原因和解决方法如下：

① 基板的可焊性差，通常伴随着沾锡不良。此问题应从基板可焊性方面去考虑，可试着提升助焊剂比重来改善。

② 基板上焊盘面积过大。可用阻焊漆线将焊盘分隔来改善，原则上用阻焊漆线将大焊盘分隔成 5 mm × 10 mm 区块。

③ 锡槽温度不足或沾锡时间太短。可用提高锡槽温度加长焊锡时间来改善。

④ 冷却风的角度不对。冷却风不可朝锡槽方向吹，会造成锡点急速冷却，多余焊锡无法受重力与内聚力拉回锡槽。

（6）白色残留物

在焊接或溶剂清洗过后发现有白色残留物在基板上。这些白色残留物通常是松香的残留物，它不会影响电路性能，但客户不接受。

① 助焊剂通常是此问题主要原因。例如，助焊剂使用过久或暴露在空气中吸收水汽劣化。改用另一种助焊剂或更新助焊剂，即可得到改善。

② 基板制作过程中残留杂质或所使用的溶剂使基板材质变化，通常是某一批量单独产生，在长期储存下也会产生白斑，可用助焊剂或溶剂清洗，建议印制电路板储存时间越短越好。

③ 助焊剂与基板氧化保护层不兼容。通常出现在新的供货商或更改助焊剂厂牌时，应请供货商协助解决。

④ 清洗基板的溶剂水分含量过高，降低了清洗能力并产生白斑，应更新清洗溶剂。

⑤ 若在元器件引脚及其他器件的金属上出现白色残留物，尤其是含铅成分较多的金属上有白色腐蚀物，可能是氯离子与铅形成了氯化铅，再与二氧化碳形成碳酸铅（白色腐蚀物）。在清洗时，应正确选用清洗剂，若用清洗剂不当，只能清洗松香，无法去除含氯离子，如此一来反而加速腐蚀。

（7）深色残留物及侵蚀痕迹

通常黑色残留物均位于焊点的底部或顶端，此缺陷通常是不正确的使用助焊剂或清洗造成的。

① 松香助焊剂焊接后未立即清洗，留下黑褐色残留物，解决方法是尽量提前清洗。

② 有机类助焊剂在较高温度下烧焦而产生黑斑。应检查锡槽温度或改用较耐高温的助焊剂。

（8）绿色残留物

绿色残留物通常是腐蚀造成，特别是电子产品。通常来说发现绿色物质应为警讯，必须立即查明原因，尤其是当绿色物质越来越多时，应非常注意。

① 如果绿色发生在裸铜面或含铂合金上，且使用了非松香助焊剂，说明发生了腐蚀。绿色物质内应该含铜离子，这大多是由于使用非松香助焊剂后未正确清洗造成的。

② 若使用了松香助焊剂，绿色是氧化铜与松香的化合物，不是腐蚀物，它具有高绝缘性，不影响品质，但应清洗。

③ 若基板焊前就发现有残留物，在焊锡后变成绿色残留物，可以确认绿色是基板制造过程中残留物形成的，应要求基板制作厂在基板制作清洗后，再做清洁度测试，以确保基板清洁度品质。

（9）针孔及气孔

针孔是在焊点上发现小孔，内部通常是空的，气孔则是焊点上较大的孔可看到内部，是空气完全喷出而造成的或焊锡在气体尚未完全排除即已凝固而形成的。造成此缺陷的原因主要有以下几方面：

① 基板与元器件引脚有污染物，焊接时才可能产生气体而造成针孔或气孔，这些污染物一般可能来自自动插件机或储存过程，解决此问题较为简单，只要用溶剂清洗即可。但如发现污染物不容易被溶剂清洗，可能是制造过程中一些化合物的残余，应考虑其他产品代用。

② 使用质量低劣便宜的基板材质，或使用较粗糙的钻孔方式导致在孔处容易吸收空气中的湿气，焊接过程中受到高温，湿气蒸发出来而造成针孔与气孔。解决方法是把印制电路板放在烤箱中 120 ℃烤两小时。

③ 电镀溶液中的光亮剂挥发造成针孔或气孔。印制电路板制造时，使用大量光亮剂电镀，特别是镀金时，光亮剂常与金同时沉积，遇到高温则挥发，这时要与印制电路板供货方协商解决。

（10）焊点灰暗

焊点灰暗现象是指制造出来的成品焊点颜色灰暗。产生的原因有以下两点：

① 焊锡内杂质或含量过低，必须定期检验焊锡内的金属成分。

② 某些助焊剂（如有机酸类助焊剂）在热的焊点表面上会产生某些程度的灰暗色，在焊接后立刻清洗。

（11）焊点表面粗糙

焊点表面呈砂状并突出在焊点的表面，而焊点整体形状较好。产生原因如下：

① 有金属杂质的结晶。此时必须定期检验焊锡内的金属成分。

② 有锡渣。锡渣被泵经锡槽内喷嘴喷流涌出，使焊点表面有砂状突出，此时应追加焊锡并应清理锡槽及泵内的氧化物。

③ 有外来物质。如毛边，绝缘材料等藏在元器件引脚处，也会产生粗糙表面。

（12）短路

短路是指两焊点相接。产生短路的原因如下：

① 基板吃锡时间不够或预热不足。

② 助焊剂不良，助焊剂的比重不当，劣化等。

③ 基板行进方向与锡波配合不良。

④ 线路设计不良，线路或接点间太过接近。

⑤ 被污染的锡或积聚过多的氧化物被泵带上造成短路，此时应清理锡炉或全部更新锡槽内的焊锡。

（13）黄色焊点

造成焊点颜色发黄的主要原因是焊锡温度过高，应立即查看焊锡温度及温控器是否发生故障等。

3.4.3 再流焊技术

再流焊，也叫作回流焊，是为了适应电子元器件的微型化而发展起来的锡焊技术。它是预先在印制电路板的焊接部位施放适量和适当形式的焊锡膏，然后贴放表面组装元器件，焊锡膏将元器件粘在 PCB 上，利用外部热源加热，使焊料熔化而再次流动浸润，将元器件焊接到印制电路板上。再流焊的核心环节是预敷的焊料熔融、再流、浸润。

再流焊操作方法简单，效率高、质量好、一致性好，节省焊料（仅在元器件的引脚下有很薄的一层焊料），是一种适合自动化生产的电子产品装配技术。再流焊工艺目前已经成为 SMT 电路主流。

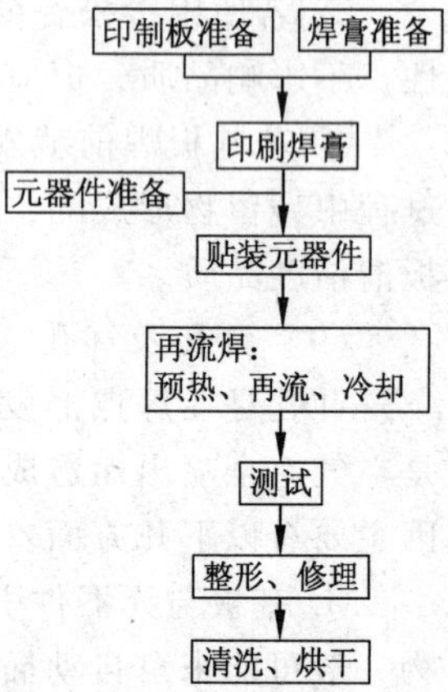

再流焊技术的一般工艺流程如图 3 - 27 所示。

图 3 - 27　再流焊技术的
一般工艺流程

1. 再流焊工艺的特点与要求

（1）再流焊工艺的特点

与波峰焊技术相比，再流焊工艺具有以下技术特点：

① 元器件不直接浸渍在熔融的焊料中，所以元器件受到的热冲击小（由于加热方式不同，有些情况下施加给元器件的热应力也会比较大）。

② 能在前导工序里控制焊料的施加量，减少了虚焊、桥接等焊接缺陷，所以焊接质量好，可靠性高。

③ 假如前导工序在 PCB 上施放焊料的位置正确而贴放元器件的位置有一定偏离，在再

流焊过程中，当元器件的全部焊端、引脚及其相应的焊盘同时浸润时，由于熔融焊料表面张力的作用，产生自定位效应，能够自动校正偏差，把元器件拉回到近似准确的位置。

④ 再流焊的焊料是能够保证正确组分的焊锡膏，一般不会混入杂质。

⑤ 可以采用局部加热的热源，因此能在同一基板上采用不同的焊接方法进行焊接。

⑥ 工艺简单，返修的工作量很小。

（2）再流焊工艺中的温度控制

在再流焊工艺过程中，首先要将由铅锡焊料、黏合剂、抗氧化剂组成的糊状焊膏涂敷到印制电路板上，可以使用自动或半自动丝网印制机，如同油墨印制一样将焊膏漏印到印制电路板上，也可以用手工涂敷。然后，同样也能用自动机械装置或手工，把元器件贴装到印制电路板的焊盘上。将焊膏加热到再流温度，可以在再流焊炉中进行，少量电路板也可以用手工热风设备加热焊接。当然，加热的温度必须根据焊膏的熔化温度准确控制（有些合金焊膏的熔点为 223 ℃）。再流焊的加热过程可以分成预热区、焊接区（再流区）和冷却区 3 个最基本的温度区域，主要有两种实现方法：一种是沿着传送系统的运行方向，让电路板顺序通过隧道式炉内的 3 个温度区域；另一种是把电路板停放在某一固定位置上，在控制系统的作用下，按照各个温度区域的梯度规律调节、控制温度的变化。理想的再流焊的焊接温度曲线如图 3 – 28 所示。

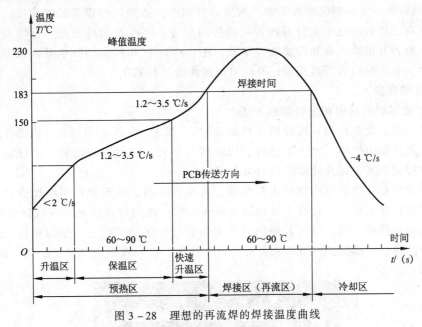

图 3 – 28　理想的再流焊的焊接温度曲线

典型的温度变化过程通常由 4 个温度区组成，分别为预热区、保温区、再流区与冷却区。

① 预热区：焊接对象从室温逐步加热至 150 ℃ 左右的区域，缩小与再流焊的温差，焊膏中的溶剂被挥发。为防止热冲击对元器件的损伤，一般温度上升速率设定为 1～3.5 ℃/s，典型的升温速率为 2 ℃/s。

② 保温区：温度维持在 120～160 ℃，焊膏中的活性剂开始作用，去除焊接对象表面的氧化层，整个电路板的温度达到平衡。应注意的是 SMB 上所有元器件在这一段结束时应具

有相同的温度，否则进入段将会因为各部分温度不均产生各种不良焊接现象。

③ 再流区：温度逐步上升，超过焊膏熔点温度 30% ~40%，峰值温度达到 220 ~230℃ 的时间短于 10 s，焊膏完全熔化并湿润元器件焊端与焊盘。这个范围一般被称为工艺窗口。

④ 冷却区：焊接对象迅速降温，形成焊点，完成焊接。

由于元器件的品种、大小与数量不同以及电路板尺寸等诸多因素的影响，要获得理想而一致的曲线并不容易，需要反复调整设备各温区的加热器，才能达到最佳温度曲线。

为调整最佳工艺参数而测定焊接温度曲线，是通过温度测试记录仪进行的，这种记录测量仪，一般由多个热电偶与记录仪组成。分别固定在小元器件、大元器件、BGA 芯片内部、电路板边缘等位置，连接记录仪，一起随电路板进入炉腔，记录时间—温度参数。在炉子的出口处取出后，把参数送入计算机，用专用软件并描绘曲线。

（3）再流焊的工艺要求

① 要设置合理的温度曲线。再流焊是 SMT 生产中的关键工序，假如温度曲线设置不当，会引起焊接不完全、虚焊、元器件翘立（"竖碑"现象）、锡珠飞溅等焊接缺陷，影响产品质量。

② SMT 电路板在设计时就要确定焊接方向，应当按照设计方向进行焊接。

③ 在焊接过程中，要严格防止传送带振动。

④ 必须对第一块印制电路板的焊接效果进行判断，适当调整焊接温度曲线。检查焊接是否完全、有无焊膏熔化不充分或虚焊和桥接的痕迹、焊点表面是否光亮、焊点形状是否向内凹陷、是否有锡珠飞溅和残留物等现象，还要检查 PCB 的表面颜色是否改变。在批量生产过程中，要定时检查焊接质量，及时对温度曲线进行修正。

2. 再流焊设备

（1）再流焊炉的结构和主要加热方法

用于再流焊的设备称为再流焊机（再流焊炉），图 3 – 29 所示为再流焊机的外形图。

再流焊机主要由炉体、上下加热源、PCB 传送装置、空气循环装置、冷却装置、排风装置、温度控制装置，以及计算机控制系统组成。

再流焊的核心环节是将预敷的焊料熔融、再流、浸润。再流焊对焊料加热有不同的方法，就热量的传导来说，主要有辐射和对流两种方式；按照加热区域，可以分为对 PCB 整体加热和局部加热两大类：整体加热的方法主要有红外线加热法、气相加热法、热风加热法、热板加热法；局部加热的方法主要有激光加热法、红外线聚焦加热法、热气流加热法、光束加热法。

图 3 – 29　再流焊机的外形图

（2）再流焊设备的种类

根据再流焊对焊料加热方式的不同，常见的再流焊设备有以下几种：

① 红外线再流焊。红外线再流焊的加热炉使用远红外线辐射作为热源的叫作红外线再流焊炉。现在国内企业已经能够制造这种焊接设备，所以红外线再流焊是目前使用最为广泛的 SMT 焊接方法。这种方法的主要工作原理是：在设备的隧道式炉膛内，通电的陶瓷发热板（或石英发热管）辐射出远红外线，热风机使热空气对流均匀，让电路板随传动机构直线匀速进入炉膛，顺序通过预热、焊接和冷却 3 个温区。在预热区里，PCB 在 100 ~ 160 ℃的温度下均匀预热 2 ~ 3 min，焊膏中的低沸点溶剂和抗氧化剂挥发，化成烟气排出；同时，焊膏中的助焊剂浸润焊接对象，焊膏软化塌落，覆盖了焊盘和元器件的焊端或引脚，使它们与氧气隔离；并且，电路板和元器件得到充分预热，以免它们进入焊接区因温度突然升高而损坏。在焊接区，温度迅速上升，比焊料合金熔点高 20 ~ 50 ℃，漏印在印制电路板焊盘上的膏状焊料在热空气中再次熔融，浸润焊接面，时间大约 30 ~ 90 s。当焊接对象从炉膛内的冷却区通过，使焊料冷却凝固以后，全部焊点同时完成焊接。图 3 – 30 所示为红外线再流焊机的外观和工作原理示意图。

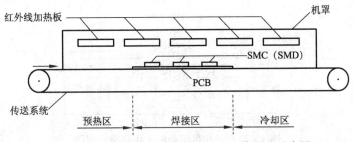

图 3 – 30　红外线再流焊机的外观和工作原理示意图

红外线再流焊机的优点是热效率高，温度变化梯度大，温度曲线容易控制，双面焊接电路板时，PCB 的上、下温度差别明显；缺点是同一电路板上的元器件受热不够均匀，特别是当元器件的颜色和体积不同时，受热温度就会不同，为使深颜色的和体积大的元器件同时完成焊接，必须提高焊接温度。

现在，随着温度控制技术的进步，高档的红外线再流焊设备的温度隧道更多地细分了不同的温度区域，例如把预热区细分为升温区、保温区和快速升温区等。在国内设备条件较好的企业里，已经用到 7 ~ 10 个温区的再流焊设备。

红外线再流焊设备适用于单面、双面、多层印制电路板上 SMT 元器件的焊接，以及在其他印制电路板、陶瓷基板、金属芯基板上的再流焊，也可以用于电子器件、组件、芯片的再流焊，还可以对印制电路板进行热风整平、烘干，对电子产品进行烘烤、加热或固化黏合剂。红外线再流焊设备既能够单机操作，也可以连入电子装配生产线配套使用。

红外线再流焊设备还可以用来焊接电路板的两面：先在电路板的 A 面漏印焊膏，粘贴 SMT 元器件后入炉完成焊接；然后在 B 面漏印焊膏，粘贴元器件后再次入炉焊接。这时，电路板的 B 面朝上，在正常的温度控制下完成焊接；A 面朝下，受热温度较低，已经焊好的元器件不会从板上脱落下来。这种工作状态如图 3 – 31 所示。

② 气相再流焊。这是美国西屋公司于 1974 年首创的焊接方法，在美国的 SMT 焊接中占有很高比例。其工作原理是：把介质的饱和蒸气转变成为相同温度（沸点温度）下的液体，释放出潜热，使膏状焊料熔融浸润，从而使电路板上的所有焊点同时完成焊接。这种焊接方法的介质液体要有较高的沸点（高于铅锡焊料的熔点），有良好的热稳定性，不自

燃。常见的介质有 FC70（沸点 215℃）和 FC71（沸点 253℃）等。

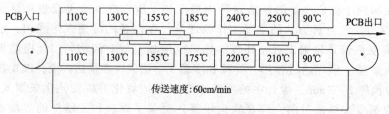

图 3 – 31　再流焊时电路板两面的温度不同

气相再流焊的优点是焊接温度均匀、不会发生过热现象；并且，蒸气中含氧量低，焊接对象不会氧化、能获得高精度、高质量的焊点。其缺点是介质液体及设备的价格高，工作时介质液体会产生少量有毒气体。图 3 – 32 所示为气相再流焊设备的工作原理示意图。

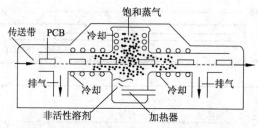

图 3 – 32　气相再流焊的工作原理示意图

③ 热板传导再流焊。利用热板传导来加热的焊接方法称为热板再流焊。热板再流焊的工作原理如图 3 – 33 所示。发热器件为板型，放置在传送带下，传送带由导热性能良好的材料制成。待焊电路板放在传送带上，热量先传送到电路板上，再传至铅锡焊膏与 SMC/SMD 元器件上，焊锡膏熔化以后，再通过风冷降温，完成 SMC/SMD 与电路板的焊接。这种设备的热板表面温度不能大于 300℃，适用于高纯度氧化铝基板、陶瓷基板等导热性好的电路板单面焊接，对普通覆铜箔电路板的焊接效果不好。

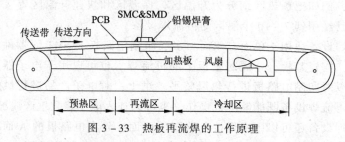

图 3 – 33　热板再流焊的工作原理

④ 热风对流再流焊与红外热风再流焊。热风对流再流焊是利用加热器与风扇，使炉膛内的空气或氮气不断加热并强制循环流动，工作原理如图 3 – 34 所示。这种再流焊设备的加热温度均匀但不够稳定，容易产生氧化，PCB 上、下的温差以及沿炉长方向的温度梯度不容易控制，一般不单独使用。

红外热风再流焊是按一定热量比例和空间分布，同时混合红外线辐射和热风循环对流来加热的方式，也叫热风对流红外线辐射再流焊。目前，多数大批量 SMT 生产中的再流焊炉都是采用大容量循环强制对流加热的工作方式。在炉体内，热空气不停流动，均匀加热，有极高的热传递效率，并不依靠红外线直接辐射加温。这种方法的特点是各温区独立调节热量，减小热风对流，在电路板的下面采取制冷措施，从而保证加热温度均匀稳定，电路板表面和元器件之间的温差小，温度曲线容易控制。红外热风再流焊设备的生产能力高，操作成本低，是 SMT 大批量生产中的主要焊接设备之一。

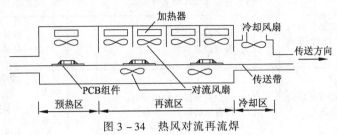

图 3 - 34　热风对流再流焊

图 3 - 35 所示为简易的红外热风再流焊设备的实物图。它是内部只有一个温区的小加热炉，能够焊接的电路板最大面积为 400 mm × 400 mm（小型设备的有效焊接面积会小一些）。炉内的加热器和风扇受计算机控制，温度随时间变化，电路板在炉内处于静止状态，连续经历预热、再流和冷却的温度过程，完成焊接。这种简易设备的价格比隧道炉膛式红外热风再流焊设备低很多，适用于生产批量不大的小型企业。

⑤ 激光加热再流焊。激光加热再流焊是利用激光束良好的方向性及功率密度高的特点，通过光学系统将激光束聚集在很小的区域内，在很短的时间内使被加热处形成一个局部的加热区。图 3 - 36 所示为激光加热再流焊的工作原理示意图。激光加热再流焊的加热，具有高度局部化的特点，不产生热应力，热冲击小，热敏元器件不易损坏。但是设备投资大，维护成本高。

图 3 - 35　简易的红外热风再流焊设备

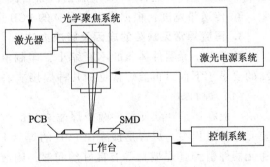

图 3 - 36　激光加热再流焊

（3）各种再流焊工艺主要加热方法的优缺点

各种再流焊工艺主要加热方法的优缺点如表 3 - 6 所示。

表 3 - 6　再流焊主要加热方法的优缺点

加热方式	原　理	优　点	缺　点
红　外	吸收红外线辐射加热	（1）连续，同时成组焊接； （2）加热效果好，温度可调范围宽； （3）减少焊料飞溅、虚焊及桥接	材料、颜色与体积不同，热吸收不同，温度控制不够均匀

续表

加热方式	原 理	优 点	缺 点
气 相	利用惰性溶剂的蒸气凝聚时放出的潜热加热	(1) 加热均匀，热冲击小； (2) 升温快，温度控制准确； (3) 同时成组焊接； (4) 可在无氧环境下焊接	(1) 设备和介质费用高； (2) 容易出现吊桥和芯吸现象； (3) 不利于环保
热 风	高温加热的气体在炉内循环加热	(1) 加热均匀； (2) 温度控制容易	(1) 容易产生氧化； (2) 强风会使元器件产生位移
热 板	利用热板的热传导加热	(1) 减少对元器件的热冲击； (2) 设备结构简单，价格低	(1) 受基板热传导性能影响大； (2) 不适用于大型基板、大型元器件； (3) 温度分布不均匀
激 光	利用激光的热能加热	(1) 聚光性好，适用于高精度焊接； (2) 非接触加热； (3) 用光纤传送能量	(1) 激光在焊接面上反射率大； (2) 设备昂贵

（4）再流焊设备的主要技术指标

① 温度控制精度（指传感器灵敏度）：应该达到 $\pm 0.1 \sim 0.2\,℃$。

② 传输带横向温差：要求 $\pm 5\,℃$ 以下。

③ 温度曲线调试功能：如果设备无此装置，要外购温度曲线采集器。

④ 最高加热温度：一般为 $300 \sim 350\,℃$，如果考虑温度更高的无铅焊接或金属基板焊接，应该选择 $350\,℃$ 以上。

⑤ 加热区数量和长度：加热区数量越多、长度越长，越容易调整和控制温度曲线。一般中小批量生产，选择 $4 \sim 5$ 个温区，加热长度 $1.8\,m$ 左右的设备，即能满足要求。

⑥ 传送带宽度：根据最大和最宽的 PCB 尺寸确定。

3. 再流焊常见缺陷的成因及解决办法

随着电子元器件体积的不断缩小，印制电路组装密度越来越高，对焊接质量提出了更高的要求。下面对再流焊常见的几种焊接缺陷进行分析，并提出相应的解决办法。

（1）焊料球

一般在矩形片状元器件两个焊端之间的侧面或细间距引脚之间常常出现焊料球。在贴装元器件过程中，焊膏是预涂在 PCB 的焊盘上的，再流焊时焊膏熔化成液态。如果与焊盘和元器件引脚（焊端）等有良好的润湿，则液态焊料填满焊缝。否则，润湿很差，液态焊料会因收缩而使焊缝填充不充分，部分液态焊料会从焊缝流出，在接合点外部形成焊球。

焊球是再流焊中经常出现的焊接缺陷，焊料球的产生意味着产品出厂后存在着短路的可能性，因此必须避免。国际上对焊球存在的认可标准是，印制电路组件在 $600\,mm^2$ 范围内焊料球不能超过 5 个。产生焊料原因可能有以下几种：

① 模板的开孔过大或变形严重。过大的开孔或变形的开孔会使模板上的开孔与 PCB 上相对应的焊盘不能恰好重合或造成漏印焊膏的外形轮廓不清晰，从而使涂覆的焊膏部分置于焊盘之外，再流焊后会产生焊料球。

解决办法：缩小模板的开孔尺寸，严格控制模板化学腐蚀工艺，或直接改用激光切割法制作模板。

② 非接触式印制或印制压力过大。非接触式印制使模板与 PCB 之间留有一定空隙，如果刮刀压力控制不好，容易使模板下面的焊膏挤到 PCB 表面的非焊盘区，再流焊后会产生焊料球。

解决办法：无特殊要求宜采用接触式印制或小印制压力。

③ 贴片时放置压力过大。过大的旋转压力可以把焊膏挤压到焊盘之外，如果焊膏涂覆得较厚，过大的放置压力更容易把焊膏挤压到焊盘之外，再流焊后会产生焊料球。

解决办法：控制焊膏厚度，同时减小贴片头的放置压力。

④ 助焊剂未能发挥作用。助焊剂的作用是清除焊盘和焊料颗粒表面的氧化膜，从而改善液态焊料与焊盘、元器件引脚（焊端）之间的润湿性。如果在涂覆焊膏之后，放置时间过长，助焊剂容易挥发，就失去了助焊剂的去氧作用，液态焊料润湿性变差，再流焊时会产生焊料球。

解决办法：选用工作寿命超过 4 h 的焊膏或尽量缩短旋转时间。

⑤ 再流温度曲线设置不当。如果，预热不充分，没有达到足够的温度或时间，助焊剂不仅活性较低，而且挥发很少，不仅不能去除焊盘和焊料颗粒表面的氧化膜，而且不能从焊膏粉末中上升到爆料表面，改善液态焊料的润湿性，也易产生焊料球。

解决办法：预热温度在 120 ~ 150 ℃ 保持达 1.5 min 左右。

如果再流焊预热阶段温度上升速度过快，使焊膏内部的水分、溶剂未完全挥发出来，到达再流焊区时，引起水分、溶剂的沸腾飞溅，形成焊料球。

解决办法：将预热阶段的温度上升速度控制在 1 ~ 4 ℃/s。

如果再流焊时温度设置太低，液态焊料的润湿性受到影响，易产生焊料球。随着温度的不断升高，液态焊料的润湿性得到明显改善，减少了焊料球的产生。但再流焊温度太高，会损伤元器件、印制电路板和焊盘。

解决办法：选择合适的焊接温度，使焊料具有必要的润湿性。

⑥ 焊膏中含有水分。如果从冰箱中取出焊膏，直接开盖使用，因温差较大而产生水汽凝结，再流焊时，极易引起水分的沸腾飞溅，形成焊料球。

解决办法：焊膏从冰箱取出后，应放置 4 h 以上，待焊膏温度达到环境温度后，再开盖使用。

⑦ 印错焊膏的印制电路板清洗不干净，焊膏残留于印制电路板表面及通孔中，这也是形成焊料球的原因。

解决办法：加强操作人员在生产过程中的质量意识，严格遵照工艺要求和操作规程进行生产。

（2）"立碑"现象

再流时，贴装的元器件会因翘立而产生脱焊的缺陷，人们形象地称之为"立碑"现象。产生"立碑"现象的主要原因是由于元器件两端焊盘上的焊膏在再流熔化时，不是同时熔化，导致元器件两个焊端产生的表面张力不平衡，张力较大的一端拉着元器件沿其底部旋转，产生"立碑"现象。造成张力不平衡的因素有以下几种：

① 预热不充分。当预热温度设置较低、预热时间设置较短时，元器件两端焊膏不能同时熔化的概率就大大增加，从而导致元器件两个焊端的表面张力不平衡，产生"立碑"现象。

解决办法：正确设置预热期工艺参数，预热温度一般为 120 ~ 150 ℃，时间为 1.5 min

左右。

② 焊盘尺寸设计不合理。若片式元器件的一对焊盘不对称，会引起漏印的焊膏量不一致，小焊盘对温度响应快，其上的焊膏易熔化，大焊盘则相反。所以，当小焊盘上的焊膏熔化后，在表面张力的作用下，将元器件拉直竖起，产生"立碑"现象。

解决办法：严格按标准规范进行焊盘设计，确保焊盘图形的形状与尺寸完全一致。此外，设计焊盘时，在保证焊点强度的前提下，焊盘尺寸应尽可能小，因为焊盘尺寸减小后，焊膏的涂覆量相应减少，焊膏熔化时的表面张力也随之减小，"立碑"现象就会大幅度下降。

③ 焊膏较厚。焊膏较厚时，两个焊盘的焊膏不是同时熔化的概率就大大增加，从而导致元器件两个焊端表面张力不平衡，产生"立碑"现象。相反，焊膏变薄时，两个焊盘上的焊膏同时熔化的概率就大大增加，"立碑"现象会大幅度减少。

解决办法：焊膏厚度是由模板厚度决定的，因此应选用模板厚度薄的模板。

④ 贴装精度不够。一般情况下，贴装时产生的元器件偏移，在再流焊时会"自定位"，这是由于焊膏熔化产生表面张力造成的。但如果偏移严重，拉动反而会使元器件竖起，产生"立碑"现象。这是因为与元器件接触较多的焊料端得到更多的热量，从而先熔化，由于表面张力的作用，产生"立碑"现象的原因之一。

解决办法：调整贴片机的贴片精度，避免产生较大的贴片偏差。

⑤ 元器件质量较轻。较轻的元器件"立碑"现象发生率较高，这是因为元器件两端不均衡的表面张力可以很容易地拉动元器件。

解决办法：选取元器件时，如有可能优先选择尺寸重量较大的元器件。

⑥ 元器件排列方向设计有缺陷。如果在再流焊时，片式元器件的一个焊端先通过再流焊区域，焊膏先熔化，而另一个焊端未达到熔化温度，所以先熔化的焊端，在表面张力的作用下，将元器件拉直竖起，产生"立碑"现象。

解决办法：确保片式元器件两端同时进入再流焊区域，使两端焊盘上的焊膏同时熔化。

（3）桥接

桥接经常出现在细间距元器件引脚间或间距较小的片式元器件间，桥接会严重影响产品的性能。通常产生桥接的主要原因有以下几种：

① 焊膏过量。由于模板厚度及开孔尺寸偏大，造成焊膏过量，再流焊后会形成桥接。

解决办法：选用模板厚度较薄的模板，缩小模板的开孔尺寸。

② 焊膏的黏度较低，印制后坍塌，再流焊后产生桥接。

解决办法：选择黏度较高的焊膏。

③ 模板孔壁粗糙不平，不利于焊膏脱膜，印制出的焊膏也容易坍塌，从而产生桥接。

解决办法：采用激光的模板。

④ 过大的刮刀压力，使印制出的焊膏发生坍塌，从而产生桥接。

解决办法：降低刮刀压力。

⑤ 印制错位，也会导致产生桥接。

解决办法：采用光学定位，基准点设在印制电路板对角线处。

⑥ 贴片时放置压力过大，使印制出的焊膏发生坍塌，从而产生桥接。

解决办法：减小贴片头的放置压力。

⑦ 再流焊时，温度上升速度过快，焊膏内部的溶剂挥发出来，引起溶剂的沸腾飞溅，

溅出焊料颗粒，形成桥接。

解决办法：设置适当的焊接温度曲线。

（4）润湿不良

润湿不良是指焊接过程中焊料和电路基板的焊区（焊盘）或贴片元器件的外部电极，经浸润后不生成相互间的反应层，而造成漏焊或少焊故障。

产生此缺陷的原因大多是焊区表面受到污染或沾上阻焊剂，或是被焊接件表面生成金属化合物层。另外，当焊料中的铝、锌、镉等超过 0.005% 以上时，由于焊剂的吸湿作用使活化程度降低，也会发生润湿不良。

解决方法是在焊接基板表面和元器件表面做好防污染措施；选择合适的焊料，并设定合理的焊接温度曲线。

3.4.4 其他焊接技术

（1）无锡焊接

近几年无锡焊接在电子产品整机装配中得到了推广和使用，压接与绕接这两种焊接是采用的较多的无锡焊接。其特点是不需要焊料与焊剂即可获得可靠的连接，因而避免了因焊接而带来的诸多问题。无锡焊接在电子产品整机装配中得到了一定的应用。

① 压接。压接是借助较高的挤压力和金属位移，使引脚或导线与连接端子实现连接的。压接分冷压接与热压接两种。压接使用的工具是压接钳，将导线端头放入压线钳中用力压紧，即可获得可靠的连接。图 3 - 37 所示为导线与压接端子压接示意图。

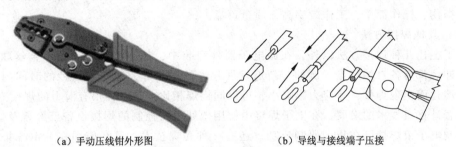

（a）手动压线钳外形图　　　　　（b）导线与接线端子压接

图 3 - 37　手动压线钳与导线与压接端子压接示意图

压接技术特点如下：

- 操作简便。压接操作方便简单，使用简单的工具即可完成。
- 适宜在众多的场合下。压接操作方法与所用工具简便，可在室内、室外及各种气候条件下操作。
- 生产效率高、成本低。与焊接相比，省去了导线端头浸焊及焊接和焊接后的清洗等工序，提高了生产效率，节省了材料，降低成本。
- 无任何公害和污染。压接因不使用焊料与焊剂，无任何公害和污染。

压接的缺点：压接点的接触电阻大，因而压接处的电气损耗大。

② 绕接。绕接也是一种无锡焊接，主要用于针对导线的连接。它是用绕接器对单股实芯裸导线施加一定的拉力，按要求的圈数将导线紧紧地绕在带有棱边的接线柱上，使导线与接线柱紧密连接，以达到可靠的电气连接目的，如图 3 - 38 所示。

绕接比锡焊有一定的优越性，其特点是：可靠性高、寿命长、没有虚焊，接触电阻比锡焊小，抗震能力比锡焊大，无任何污染，节省材料，降低成本。

但也存在着不足之处，如对接线柱有特殊要求，且走线方向受到限制。多股导线不能绕接，单股线又容易折断等。

③ 穿刺。穿刺也是一种无锡焊接工艺，适合于以聚氯乙烯为绝缘层的扁平线缆和接插件之间的连接。其焊接过程是：先将需要连接的扁平线缆和接插件置于穿刺机的上、下工装模块之中，再将芯线的中心对准插座每个簧片的中心缺口，然后将上模压下，施行穿刺，如图 3 – 39（a）所示；插座的簧片穿过绝缘层，在下工装模的凹槽作用下将芯线夹紧，即完成穿刺焊接过程，如图 3 – 39（b）所示。

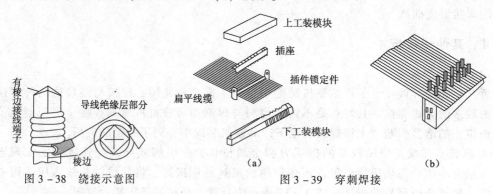

图 3 – 38　绕接示意图　　　　　　　图 3 – 39　穿刺焊接

穿刺焊接的特点：无须焊料、焊剂和其他辅助材料，节省材料；不需加热焊接，不会产生热损伤；操作简单，工作效率高，质量可靠。

（2）其他焊接方法

除了上述几种焊接方法以外，在微电子器件组装中，超声波焊、热超声金丝球焊、机械热脉冲焊都有各自的特点。例如，新近发展起来的激光焊，能在几微秒的时间内将焊点加热到熔化而实现焊接，热应力影响小，可以同锡焊相比，是一种很有潜力的焊接方法。

随着计算机技术的发展，在电子焊接中使用微处理器控制的焊接设备已经普及。例如，微机控制电子束焊接已在我国研制成功。还有一种光焊技术，已经应用在 CMOS 集成电路的全自动生产线上，其特点是采用光敏导电胶代替焊剂，将电路芯片粘在印制电路板上用紫外线固化焊接。

随着电子工业的不断发展，传统的方法将不断改进和完善，新的高效率的焊接方法也将不断涌现。

习　　题

1. 焊接的作用是什么？常用的焊接工具有哪些？
2. 有哪几种电烙铁？电烙铁在使用时应注意什么？
3. 元器件引线成形的目的是什么？
4. 对手工焊接的焊点有哪些要求？
5. 手工焊接的基本步骤是什么？烙铁头的撤离方向和焊点上的焊料量有何关系？
6. 如何用烙铁头给元器件引线镀锡？

7. 造成虚焊的原因有哪些？

8. 手工焊接或拆焊 SMT 元器件常用的工具有哪些？使用方法是什么？

9. 助焊剂在焊接的过程中起到的作用是什么？手工焊接常用的助焊剂是什么？

10. 对常见焊点缺陷及原因进行分析。

11. 什么叫浸焊？操作浸焊机时应注意哪些问题？

12. 简述波峰焊机主要流程。

13. 波峰焊机的传递速度和角度应如何确定？

14. 简述波峰焊接缺陷和产生原因。

15. 什么叫再流焊？主要用在什么元器件的焊接上？再流焊温度曲线如何调整？

16. 简述再流焊常见缺陷和解决办法。

17. 请列举其他的焊接方法。

第 4 章 | 电子整机产品的防护

学习目的及要求：

（1）了解气候、机械、辐射等因素对电子产品可靠性和使用寿命的影响。

（2）了解电子设备的气候、机械、辐射防护措施。

（3）掌握在电子产品中常采取的散热方式、减振缓冲及防止电磁干扰措施。

由于电子产品使用的范围非常广泛，其工作环境和条件也是复杂多变的，除了自然环境以外，影响产品的因素还包括气候、机械、辐射等因素。它们都对电子产品的工作可靠性和使用寿命产生一定的影响。

4.1 气候因素对电子产品的影响与防护措施

气候因素对电子产品的影响，主要是温度、潮湿、盐雾等因素的影响。主要表现在电气性能下降、温度升高、运动部位不灵活、甚至不能正常工作等，直接影响了电子产品的工作可靠性和使用寿命。

4.1.1 温度的影响与防护

1. 温度的影响

环境温度的变化会造成材料的物理性能的变化、元器件电参数的变化、电子产品整机性能的变化等。高温环境会加速塑料、橡胶材料的老化，元器件性能变差，甚至损坏，整机出现故障；而低温和极低温又能使导线和电缆的外层绝缘物发生龟裂。因而温度的异常变化可能造成电子产品的工作不稳定，外观出现变形、损坏等现象。

2. 温度的防护

温度的防护主要考虑低温状态和高温状态的防护。

（1）高温状态的防护。电子产品的温度与周围的环境温度、电子产品的功率大小及散热情况等有密切的关系。环境温度高、电子产品的功率大及散热不好，电子产品的温度将急剧上升，导致构成电子产品的元器件超过极限工作，使电子产品工作的可靠性下降，使用寿命缩短，因而要及时对电子产品降温。

降温最好的办法是散热。电子产品常用的散热方式有：元器件加装散热片散热、电子整机外壳打孔散热、自然散热、强迫通风散热（如计算机主机及 CPU 加装风扇散热）、液体冷却散热（如大型变压器的散热）蒸发制冷（如电冰箱、空调的制冷）等。

（2）低温状态的防护。在低温室外环境下工作的电子产品，要注意保温处理，防止导线、塑封元器件及塑料外壳在低温情况下发生龟裂、变形、性能变坏。

保温常用的办法：采用整体防护结构和密封式结构，保持电子产品内部的温度，或采用外加保温层的方法保持电子产品的工作温度。

4.1.2　湿度的影响与防护

1. 湿度（潮湿）的影响

湿度大小指空气中含水气的多少，常用潮湿与干燥表述。过于潮湿和过于干燥的环境对电子产品的工作都会造成不利影响。

物体吸湿有扩散、吸收、吸附、凝露 4 种形式，这 4 种吸湿形式可能同时出现，也可能出现其中一两种，物体吸湿的过程都称为潮湿侵入（物体受潮）。它会使许多材料吸水，降低了材料的机械强度和耐压强度，从而造成元器件性能的变化，甚至造成漏电和短路故障。

比如，当空气中相对湿度大于 90% 时，物体表面会附着约 0.001 ~ 0.01 μm 的水膜，如有酸、碱、盐等溶解于水膜中，会使电子产品外露部分加速受到腐蚀。

湿度小、干燥的空气容易产生静电，静电放电时会产生高电压和瞬间的大电流，使电子元器件的性能变坏甚至失效，也会干扰电子产品的正常工作。

2. 湿度的防护

湿度的防护包括潮湿防护和静电防护。

（1）防潮湿措施。防潮措施主要有：憎水处理、浸渍、灌封、密封等方法。

① 憎水处理防潮，经过憎水处理后的材料不吸水，从而提高元器件的防潮湿性能。例如，用硅有机化合物蒸气处理吸湿性和透湿性大的物质，其方法是把硅有机化合物盛在容器中，放到加热器中加热到 50 ~ 70 ℃ 让其挥发，使被处理的元器件、零件在蒸气中吸收有机硅分子，然后在 180 ~ 200 ℃ 烘烤。有机硅分子深入替换、零件所有的细孔、缝隙和毛细孔以及与不化合后，在元器件、零件表面形成憎水性的聚硅烷膜，或者使某些物质发生化学变化而使材料变成憎水性。

② 浸渍防潮。浸渍是将被处理的元器件或材料浸入不吸湿的绝缘液中，经过一段时间，使绝缘液进入材料的小孔、毛细管、缝隙和结构间的空隙，从而提高元器件材料的防潮湿性能以及其他性能。浸渍有两种方法：一般浸渍和真空浸渍。一般浸渍是在大气压下进行浸渍处理，真空浸渍则是在具有一定真空度的密闭容器中进行浸渍处理。真空浸渍的效果好于一般浸渍，对于关键性的元器件多采用真空浸渍。

③ 醮渍防潮。是把被处理的材料或元器件短时间（几分钟）地浸在绝缘液中，使材料或元器件表面形成一层薄绝缘膜，也可以用涂覆的方法在材料或元器件表面上涂上一层绝缘液膜。

醮渍和浸渍的区别在于：醮渍只是在材料表面形成一层防护性绝缘膜，而浸渍则是将绝缘液深入到材料内部。醮渍的防潮性能比浸渍差，防潮要求高的材料和元器件一般不采用醮渍。

④ 灌封或灌注防潮。在元器件本身或元器件与外壳间的空间或引线孔中，注入加热熔化后的有机绝缘材料，冷却后自行固化封闭防止潮气侵入。灌封防潮性能是由灌封材料或混合物的物理性、灌注层厚度、通过灌注层的引线数量等因素决定的。

⑤ 密封防潮。密封是将元器件、零部件、单元电路或整机安装在不透气的密封盒里，防止潮气的侵入，这是一种长期防潮的最有效的方法。密封措施不仅可以防潮，而且还可以防水、防霉、防盐雾、防灰尘等。密封的防护功能好，但造价高，结构和工艺复杂。

⑥ 通电加热驱潮。在潮湿的季节，定期对电子产品通电，使电子产品在工作时自动升

温（加热）驱潮。

（2）静电防护。在电子产品的设计和制造过程中，注意做好屏蔽设计，并进行良好的接地，防止静电的积累，也就消除了静电对电子产品的危害。

4.1.3 霉菌的影响与防护

1. 霉菌的影响

霉菌属于细菌的一种，它生长在土壤里，并在多种非金属材料的表面生长，很容易随空气侵入电子设备。

霉菌会降低和破坏材料的绝缘电阻、耐压强度和机械强度，严重时可使材料腐烂脆裂。例如，霉菌会腐蚀玻璃表面，使之变得不透明；会腐蚀金属或金属镀层，使之表面污染甚至腐烂；会腐蚀绝缘材料，使其电阻率下降；腐蚀电子电路，使其频率特性等发生严重变化，影响电子整机设备的正常工作。

此外，霉菌的侵蚀，还会破坏元器件和电子整机的外观，以及对人身造成毒害作用。

2. 霉菌的防护

霉菌是在温暖潮湿条件下通过酶的作用进行繁殖的，在湿度低于65%的干燥条件下，或温度低于10℃以下，绝大多数霉菌就无法生长。所以采用密封、干燥、低温和足够的紫外线辐射、曝光照射，以及定期对通电增温能有效地防止霉菌生长。

另外，使用防霉材料或防霉剂，也可以增强抗霉性能，但要注意，防霉剂具有一定的毒性，气味难闻，因而不能经常使用。

4.1.4 盐雾的影响与防护

1. 盐雾的影响

海水与潮湿的大气结合，形成带盐分的雾滴，称为盐雾。盐雾只存在于海上和沿海地区离海岸线较近的大气中。

盐雾的危害主要是：对金属和金属镀层产生强烈的衣饰，使其表面产生锈腐蚀现象，造成电子产品内部的零部件、元器件表面上形成固体结晶盐粒，导致绝缘强度下降，出现短路、漏电的现象；细小的盐粒破坏产品的机械性能，加速机械磨损，减少使用寿命。

2. 盐雾的防护

盐雾防护的主要方法：对金属零部件进行表面镀层处理。选用适当的镀层各类、一定镀层厚度对产品进行电镀处理，或采用喷漆等表面处理等防护措施，可以降低潮湿、盐雾和霉菌对电子产品的侵害。

4.2　电子产品的散热与防护

电子产品工作时其输出功率只占输入功率的一部分，其功率损失一般都是以热能的形式散发出来。实际上，电子产品内部任何具有实际电阻的截流元器件都是一个热源。其中，最大的热源是变压器、大功率晶体管、扼流圈和大功率电阻器等。电子产品工作的温度与设备周围的环境温度有密切的关系，当环境温度较高或散热困难时，电子产品工作时所产生的热能难以散发出去，将使电子产品温度提高。由于电子产品内的元器件都有一定的工作温度范围，若超过其极限温度，就要引起工作状态改变，甚至缩短寿命，因而使电子产品不能稳定可靠地工作。

电子产品除了散热问题外，在某些情况下，还要考虑热稳定问题，这些都属于电子产品的热设计范围。在设计电子产品时应采取各种散热手段，使电子产品的工作温度不超过其极限温度，电子产品在预定的环境条件下稳定可靠地工作。

4.2.1　热的传导方式

热的传导就是热能的转移。热总是自发地从高温物体向低温物体传播。传热的基本方式有 3 种：传导、对流和辐射。

1. 热传导

热传导是指通过物体内部或物体间的直接接触传播热能的过程，是由热端（或高温物体）向冷端（或低温物体）传递的过程。

2. 热对流

热对流是依靠发热物体（高温物体）周围的流体（气体或液体）将热能转移的过程。由于流体运动的原因不同，可分为自然对流和强迫对流两种热对流方式。

自然对流是由于流体冷热不均，各部分密度不同而引起介质自然的运动。

强迫对流是受机械力的作用（如风机、水泵等）促使流体运动，使流体高速度地掠过发热物体（或高温物体）表面。

3. 热辐射

热辐射是一种以电磁波（红外波段）辐射形式来传播能量的现象。由于温度升高，物体原子振动的结果引起了辐射，任何物体都是在不断地辐射能量，这种能量辐射在其他物体上，一部分被吸收，一部分被反射，另一部分要穿透该物体。物体所吸收的那部分辐射能量又重新转变为热能，被反射出来的那部分能量又要辐射到周围其他物体上，而被其他物体所吸收。由此可见，一个物体不仅是在不断地辐射能量，而且还在不断地吸收能量；这种能量之间的互变现象（热能→辐射→热能），就是辐射换热的过程。一个物体总的辐射能量是放热还是吸热，决定于该物体在同一时期内放射和吸收辐射能量之间的差额。

4.2.2　提高散热能力的措施

利用热传导、对流及辐射，把电子产品中的热量散发到周围的环境中去称为散热。电子产品常用的散热方法有：自然散热、强制散热、晶体管及集成电路芯片散热等。

1. 自然散热

自然散热也称为自然冷却。它是利用设备中各元器件及机壳的自然热传导、自然热对流、自然热辐射来达到散热的目的。自然散热是一种最简便的散热形式，广泛应用于各种类型的电子产品，使电子产品工作在允许温度范围之内。

（1）机壳自然散热。电子产品的机壳是接受产品内部热量并将其扩散到周围环境中去的重要途径，它在自然散热中起着重要作用。从散热的角度设计机壳时应考虑以下几方面：

① 选择导热性能好的材料做机壳。为提高机壳的热辐射能力，可在机壳内外表面涂粗糙的深色漆。颜色越深其辐射能力越好。粗糙的表面比光滑表面热辐射能力强。如果美观要求不高，可涂黑色皱纹漆，其热辐射效果最好。

② 在机壳上，合理地开通风孔，可以加强气体对流的换热作用。通风孔的位置可开在机壳的顶部和底部以及两侧，开在机壳顶部的散热效果较好。开通风孔时应注意不能使气

流短路，进出风口应开在温差最大的两处，距离不能太近。通风口的形式很多，为了保障良好的通风，其孔要大又要防止灰尘落入，并且能保证机壳的一定强度。

（2）电子设备内部的自然散热

① 元器件的自然散热。在安装发热元器件时，不能贴板安装并要尽可能地远离其他元器件。在电子产品中变压器是主要的发热器件，在安装变压器时要求铁芯与支架、支架与固定面都要良好接触，减少热阻，增加热传导散热的效果。晶体管、集成电路及其他元器件主要是靠外壳及引线的对流、辐射和传导散热。但大功率晶体管、集成电路和大功率的其他元器件，同样应采用散热器散热。

② 元器件的合理布置。为了加强热对流，在布置元器件时，元器件和元器件、元器件与结构件之间，应保持足够的距离，以利于空气流动，增强对流散热。

在布置元器件时应将不耐热的元器件放在气流的上游，而将本身发热又耐热的元器件放在气流的下游，这样可使整个印制电路板上元器件的温度较为均匀。

对于热敏感元器件，在结构上可采取"热屏蔽"方法来解决，热屏蔽是采取措施切断热传播的通路，使电子产品内某一部分的热量不能传到另一部分去，从而达到对敏感元器件的热保护。

③ 电子产品内部的合理布局。应合理地布置机壳（机箱）进出风口的位置，尽量增大进出口之间的距离和它们的高度差，以增强自然对流。

对于大体积的元器件应特别注意其放置位置，如机箱的底板、隔热板、屏蔽罩等。若安装位置不合理，可能阻碍或阻断自然对流的气流。

合理安排印制电路板的位置，如设备内只有一块印制电路板，无论印制电路板水平放置还是垂直放置，其元器件温升区别不大。如果设备内安排多块电路板，这时应垂直并列安装，每块印制电路板之间的间隔要保持 30 mm 以上，以利于自然对流散热。

2. 强制散热

强制散热方式通常有：强制风冷、液体冷却、蒸发冷却、半导体制冷等。

（1）强制风冷

强制风冷是利用风机进行送风或抽风，提高设备内空气流动的速度，增大散热面的温差，达到散热的目的。强制风冷的散热形式主要是对流散热，其冷却介质是空气。强制风冷应用很广泛，它比其他形式的强制冷却具有结构简单、费用低、维修简便等优点，是目前应用最多的一种强制冷却方法。

（2）液体冷却

由于液体的热导率、热容量和比热都比空气大，利用它作为散热介质的效果比空气要好，因此多用于大功率元器件以及某些大的分机和单元。液体冷却系统可分为两类：直接液体冷却和间接液体冷却。但液体冷却系统比较复杂，体积和重量较大，设备费用较高，维护也比较复杂。

（3）蒸发冷却

每一种液体都有一定的沸点，当液体温度达到沸点时就会沸腾而产生蒸汽，从沸腾到形成蒸汽的过程称为液体的气化，液体气化时要吸收热量。蒸发冷却就是利用液体在气化时能吸收大量热量的原理来冷却发热器件的。比如电冰箱就是利用这一原理进行制冷的。

（4）半导体制冷

半导体制冷又称热电制冷，是利用半导体材料的珀尔帖效应。当直流电通过两种不同半导体材料串联成的电偶时，在电耦的两端即可分别吸收热量和放出热量，可以实现制冷的目的。它是一种产生负热阻的制冷技术。但这种吸热和放热现象在一般的金属中很弱，而在半导体材料中则比较显著，其特点是无运动部件、无噪声、无振动，可靠性也比较高。利用半导体制冷的方式来解决散热问题，具有很高的实用价值，如无氟冰箱利用半导体制冷技术实现制冷及自动调节。

3. 晶体管及集成电路芯片散热

在电子设备中使用的晶体管和集成电路，由于流过晶体管或集成电路的电流产生热量，必须采用有效的方法将这些热量散发出去，否则晶体管与集成电路的工作性能会变坏，严重时会烧坏。因此，在使用晶体管与集成电路时，必须认真地考虑其散热问题。目前，常用的散热器大致有以下几种形式：平板型、平行筋片、叉指型等，如图 4 - 1 所示。

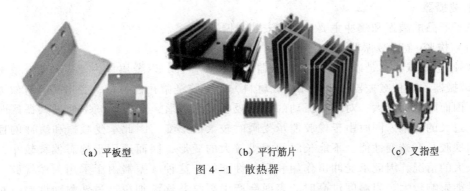

|　(a) 平板型　　　　　　　　(b) 平行筋片　　　　　　　　(c) 叉指型|
图 4 - 1　散热器

（1）平板型散热器

平板型散热器是最简单的一种散热器，它由 1.5 ~ 3 mm 厚的金属薄板制成，一般多为正方形或长方形的铝板或铝合金板。对于一般的中小功率的晶体管，可以直接安装在金属板上进行散热。若要使所占的空间较小，则采取垂直安装，而且垂直的热阻比水平安装要小，如图 4 - 1（a）所示。

（2）平行筋片散热器

平行筋片散热器是铝合金挤压成型的具有平行筋片的铝型材做成的散热器，这种散热器在较大的耗损功率下具有较小的热阻，因而其散热能力强，一般用于大、中晶体管的散热器，如图 4 - 1（b）所示。

（3）叉指型散热器

叉指型散热器是用铝板冲压而成的，这种散热器制作工艺简单，结构形式多样，可作为中、大功率晶体管的散热用，如图 4 - 1（c）所示。

4.3　电子产品机械振动和冲击的隔离与防护

电子产品在使用、运输和存放过程中，不可避免地会受到机械振动、冲击和其他形式的机械力的作用，如果产品结构设计不当，就会导致电子产品的损坏或无法工作。

振动与冲击对电子产品造成的破坏一般来说有两种。一种是由于设计不良造成的，对振动来说，当外激振动频率与电子产品或其中的元器件、零部件的固定频率接近或相同时，将产生共振，因而振动幅度越来越大，最后因振动加速度超过设备及其元器件、零部件的极限加速度而破坏。对冲击来说，由于在很短的时间内（几微秒）冲击能量转化为很强的冲击力，在质量不变的情况下，其冲击加速度必然很大。因冲击加速度超过产品及其元器件、零部件的极限加速度而使电子产品损坏。

另一种是疲劳损坏，虽然振动和冲击加速度未超过极限值，但在长时间的作用下，产品及其元器件，零部件因疲劳作用而降低了强度，最后导致损坏。

电子产品在振动和冲击的作用下被损坏，除了元器件、零部件的质量不合格外，其主要原因是在设计整机或元器件的安装系统时，没有很好地考虑防振和缓冲措施，使系统的振动和冲击的隔离系统选择或设计得不够正确。因此，保证电子产品在不同程度的机械振动和冲击环境中可靠地工作，是一个十分重要的技术问题。电子产品的减振和缓冲一般措施有以下几种：

1. 减振器

电子产品的减振和缓冲主要是依靠安装减振器。

（1）橡胶-金属减振器结构

橡胶-金属减振器是以橡胶作为减振器的弹性元器件，以金属作为支撑骨架，故称橡胶-金属减振器。这种减振器由于使用橡胶材料，因橡胶是微孔性材料，变形时具有较大的内摩擦，因而阻尼比较大，对高频振动的能量吸收尤为显著，当振动频率通过共振区时也不会产生过大的振幅。同时由于橡胶能承受瞬时较大的形变，因此承受减振和缓冲的性能较好。但橡胶具有蠕变性能，不能长时间承受较大的变形，因而适用于静态偏移较小，瞬时偏移较大的情况，因此承受冲击作用和缓冲性能好。这种减振器由于采用天然橡胶，温度对其性能影响较大，当温度过高时，表面会产生裂纹并逐渐加深，另外耐油性差，对酸和光照等敏感，容易老化，寿命短，应定期更换。

（2）金属弹簧减振器

金属弹簧减振器是用弹簧钢板或钢丝绕制而成，常用的有圆柱形弹簧和圆锥形弹簧及板簧等。这种减振器的特点是：对环境条件反应不敏感，适用于恶劣环境，如高温、高寒、油污等；工作性能稳定，不易老化；刚度变化范围宽，不能做得非常柔软，但能做得非常坚硬。其缺点是阻尼比很小，共振时很危险，因此必要时还应另加阻尼器或在金属减振器中加入橡胶垫层、金属丝网等。这种减振器的固有频率较高，通常用于载荷大、外激频率较高及有冲击的情况。

2. 减振和缓冲的其他措施

为了保证电子产品在外界机械因素影响下仍能可靠地工作，除了安装减振器进行隔离外，还应考虑设备中的各种元器件采取的减振措施。在进行电子产品整机结构设计时，元器件、部件的布局除了必须满足电性能和散热要求外，还必须从防振缓冲的角度来考虑，务必使整个产品的重量分布均匀，使产品的重心尽量落在地面的几何中心上。对于过重的元器件、部件，尽可能放在产品的下部，使产品的重心下移，从而减小产品的摇摆。对各种类型的电子元器件，从提高抗振和抗冲击的角度出发，在布置和安装时应根据其特点作如下考虑。

（1）导线和电缆

两端受到约束的导线或电缆，就像一个松弛的琴弦，在振动时容易产生导线变形、还可能在导线的两端引起脱焊或拉断等。因此，要尽量将几根导线编扎在一起，并用线夹分段固定，以提高抗冲击振动能力。使用多股软导线比单股硬导线好，跳线不能过紧也不能太松。若过紧，在振动时由于没有缓冲而易造成脱焊或拉断；若过松，在振动时易引起导线摆动造成短路。

（2）晶体管

小功率晶体管一般采用立装，为了提高其本身抗冲击和振动能力，可以卧装、倒装，并用弹簧夹、护圈或黏胶（如硅胶、环氧树脂）固定在印制电路板上。为了提高大功率晶体管的抗震能力，应把晶体管连同散热器一起用螺栓固定在底板或机壳上。

（3）电容器和电阻器

小电容器一般采用立装和卧装两种方式，卧装抗振能力强，为了提高其抗震能力，立装应尽量剪短引线，最好垫上橡皮、塑料、纤维、毛毡等，卧装可用环氧树脂固定。

为了提高抗振能力，小电阻应采用卧装，同样也有利于传导散热。大功率电阻器和电容器，可采用固定夹、弹簧夹固定支架、托架等进行固定。对于电感、二极管等其他元器件的安装类似于电容器和电阻器的安装。

（4）变压器等较重的元器件

变压器从其结构本身的特性来说，已形成了一个坚固的整体，具有一定的抗冲击和抗振动能力，但变压器是电子设备中比较重的元器件，如果事先对振动和冲击考虑不足，采用了刚性差的支架和较小的螺栓连接，就可能在受到冲击和振动时产生较大的位移。如变压器脱落，将严重损坏设备。

为了降低设备的重心，对于变压器等较重的元器件应尽量安装在设备的底层，其位置不能偏离重心太远，为了提高变压器的牢固性，应将变压器牢固地固定在底板上，其螺栓应有防松装置。

（5）印制电路板

印制电路板较薄，易于弯曲变形，故需要加固。通常采用螺钉与机壳底板加固，其加固构件可以是金属或塑料成型框架，也可以完全灌封在塑料或硅橡胶中，一般印制电路板常用插接端、插座和两根导轨条加以固定，必要时还须采用压板（条）压紧。

（6）其他

机架和底座的结构可根据要求设计成框架薄板金属盒或复杂的铸件。从抗冲击与抗振动的观点出发，不管机架和底座采用什么形式，通过刚度或强度设计，最终提供一个最佳挠度方案。

对特别怕振动的元器件、部件（如主振回路元器件），可进行单独的被动隔振，对振动源（如电动机）也要单独进行主动隔振。

调谐机构应有锁定装置，紧固螺钉应有防松动装置。

陶瓷元器件及其他较脆弱的元器件和金属零件连接时，它们之间最好垫上橡皮、塑料、纤维、毛毡等衬垫。

为了提高抗振动和冲击能力，应可能使设备小型化。其优点是易使产品具有较坚固的结构和较高的固有频率，在既定的加速度作用下，惯性力也较小。

4.4　电磁干扰的屏蔽

在电子产品的外部和内部存在着各种电磁干扰，外部干扰是指除电子产品所要接收的信号以外的外部电磁波对产品的影响。其中，有些是自然产生的，如宇宙干扰、地球大气的放电干扰等。有些是人为的，如电焊机、电吹风所产生干扰等。外部干扰可通过辐射、传导的方式从设备的外壳、输入导线、输出导线等，进入设备的内部了，从而影响或破坏产品的正常工作。

内部干扰是由于产品内部存在着寄生耦合。寄生耦合有电容耦合、电感耦合，这不是人为设计的。

为了保证电子产品正常地工作，就需要防止来自产品外部和内部的各种电磁干扰。要求电子产品的抗干扰能力大于环境中的电磁干扰强度。而电子产品在工作时会向周围辐射电磁波，形成对外界的干扰，因此在设计产品时，不允许这种干扰超过环境部门为保护环境、控制电磁污染所作的规定。只有这样各种电子产品才能在同一环境中同时相互兼容地工作。所谓"电磁兼容性"是指在不损失有用信号的条件下，信号和干扰共存的能力。它是评价一台电子产品对环境造成的电磁污染的危害程度和抵御电磁污染的能力的指标。

电子产品工作时受到的干扰可分为两种情况：一是场的干扰（如电场、磁场等）；二是路的干扰（如公共阻抗的耦合、地电流干扰、馈线传导干扰等）。前者可采取隔离和屏蔽等方法解决，后者可采取滤波、合理设计馈线系统和地线系统等措施解决。

抑制干扰是电子产品在设计、制造时需要解决的主要问题。要使一个电子产品有抑制干扰的良好性能，就需要在电路设计、结构设计以及元器件选择、制造、装配工艺等方面采取抗干扰措施。

4.4.1 电场的屏蔽

电场的屏蔽是为了抑制寄生电容耦合（电场耦合），隔离静电或电场干扰。

寄生电容耦合：由于产品内的各种元器件和导线都具有一定电位，高电位导线相对的低电位导线有电场存在，也即两导线之间形成了寄生电容耦合。

通常把造成影响的高电位叫感应源，而被影响的低电位叫受感器。实际上凡是能幅射电磁能量并影响其他电路工作的都称为感应源（或干扰源），而受到外界电磁干扰的电路都称为受感器。

电场屏蔽的最简单的方法，就是在感应源与受感器之间加一块接地良好的金属板，就可以把感应源与受感器之间的寄生电容短接到地，达到屏蔽的目的。

4.4.2 磁场的屏蔽

磁场的屏蔽主要是为了抑制寄生电感耦合，寄生电感耦合也叫磁耦合。当感应源内的电路中有电流通过时，在感应源和受感器之间，由于电感的作用而形成寄生电感耦合。随着频率的不同，磁场屏蔽要采用不同的磁屏蔽材料，其磁屏蔽原理也不同。

1. 静磁场（恒定磁场）和低频磁场的屏蔽

静磁场是稳恒电流或永久磁体产生的磁场。静磁屏蔽是利用高磁导率的铁磁材料做成屏蔽罩以屏蔽外磁场。它与静电屏蔽作用类似而又不同。静磁屏蔽的原理是利用材料的高导磁率对干扰磁场进行分路。磁场有磁力线，磁力线通过的主要路径为磁路，与电路具有电阻一样，磁路也有磁阻 R_c，即

$$R_c = \frac{l_c}{\mu S}$$

式中　　μ——相对磁导率；

　　　S——磁路横截面积；

　　　l_c——磁路长度。

可见，磁导率越大，磁阻就越小。由于铁磁材料的 μ 比空气的 μ 高很多，因此铁磁材料的磁阻 R_c 比空气的磁阻 R_c 小得多。将铁磁材料置于磁场中时，磁通将主要通过铁磁材料，而通过空气的磁通将大为减小，从而起到磁场屏蔽作用。

图 4-2 所示的屏蔽线圈，采用铁磁材料作屏蔽罩。在图 4-2 （a）中，线圈是一个感应源（干扰源），所产生的磁力线主要沿屏蔽罩内通过，从而 $H_0 < H_1$（H 为磁场强度）线圈周围的电路或元器件不受线圈产生的磁场影响。同样在图 4-2 （b）中，线圈是一个受感器，外界磁场被屏蔽罩隔离。而很少进入罩内，从而使 $H_0 < H_1$ 线圈不受外部磁场的影响。屏蔽物的导磁系数越高，屏蔽物壁越厚，磁屏蔽的效果就越好。但是，在垂直于磁力线的方向上，不应出现缝隙，否则磁阻将增大，使屏蔽效果变差。

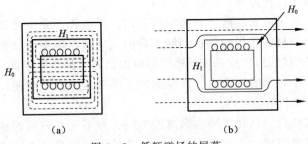

图 4-2　低频磁场的屏蔽

当要屏蔽的磁场很强时，如果使用高导磁材料，会在磁场中饱和，丧失屏蔽效果，而使用低导磁材料，磁阻较大，磁通分路能力差，不能达到很好的屏蔽作用。遇到这种情况，可采用双层屏蔽。第一层屏蔽材料具有低导磁率，但不易饱和；第二层屏蔽材料具有高导磁率，但易饱和。第一层先将磁场衰减到适当的强度，不会使第二层饱和，使第二层（高导磁率材料）能够充分发挥磁屏蔽作用。同时，两个屏蔽层之间应保持磁路上的隔离，使用非铁磁材料做支撑。

静磁场和低频磁场的屏蔽，常用磁导率高的铁磁材料如软铁、硅钢、坡莫合金做屏蔽层，故静磁屏蔽又叫铁磁屏蔽。磁屏蔽的效果与屏蔽物壁厚成正比，与垂直于磁力线的缝隙成反比；磁场强时，要使用多层屏蔽，以防止磁饱和；机械加工会降低高导磁材料的导磁率，影响屏蔽效果，热处理后可以恢复；高导磁率材料导磁率与频率有关，频率高导磁率降低，一般只用于 1 kHz 以下。

2. 高频磁场的屏蔽

如果在一个均匀的高频磁场中，如图 4-3 （a）所示，放置一金属圆环，那么，在此金属环中将产生感应涡流，此涡流将产生一个反抗外磁场变化的磁场，如图 4-3 （b）所示。此磁场的磁力线在金属圆环内与外磁场磁力线方向相反，在圆环外方向与外磁场方向相同，结果使得金属圆环内部的总磁力线减小，即总磁场削弱，而圆环外部的总磁力线增加，即总磁场加强，从而发生了外磁场从金属圆环内部被排斥到金属圆环外面去的现象，如图 4-3 （c）所示。

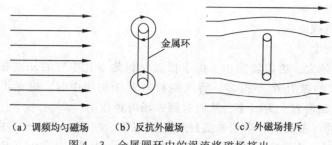

（a）调频均匀磁场　　　（b）反抗外磁场　　　　（c）外磁场排斥

图 4 - 3　金属圆环中的涡流将磁场挤出

如果在外磁场中放置一块金属板，金属板可以看成由若干个彼此短路的圆环所组成。那么，由于涡流阻止外磁场的变化，将反抗外磁场通过金属板，而将外磁场排斥到金属板外面，故金属板就成为阻止外磁场的屏蔽物。这种屏蔽方式称为屏蔽物对磁场排斥。高频磁场的屏蔽方式均属于这种方式。

由此可以得出，对于磁场屏蔽：当频率较低时，屏蔽作用是屏蔽物对磁路分路，应采用相对磁导率高的铁磁材料作屏蔽物；当频率高时，屏蔽作用是屏蔽物对磁场的排斥（这种排斥是由感应涡流引起的），应采用导电性能好的金属材料作屏蔽物。

用金属板做成一个封闭的屏蔽盒，将线圈置于屏蔽盒内，即能使线圈不受外磁场的干扰，也能使线圈不干扰外界。

屏蔽物的接缝或切口，只允许顺着涡流的方向，而不允许截断涡流的方向，因为截断涡流意味着对涡流的电阻增大，即涡流减小，从而使屏蔽效果变差。考虑到实际情况，如被屏蔽的是复杂电路，或者作用于电路的外磁场有几个，即产生的磁通方向是多种多样的，则屏蔽物上应避免有长缝隙。

如果需要在屏蔽物上开一些小孔，则孔的尺寸应小于波长 0.25% ~ 1%。由于被屏蔽的磁场磁力线是闭合的，从小孔穿出的磁力线数与穿入小孔的磁力线数相等，即穿过小孔的总磁通等于零。所以，可近似地认为屏蔽没有磁泄漏，也就是说，这样的小孔对屏蔽效果几乎没有影响。屏蔽物上缝隙的允许直线尺寸比小孔的允许尺寸还要小一些，一般是小孔允许尺寸的 50%，这是因为在相同孔隙面积的情况下，缝隙的电磁泄漏比孔洞严重。

4.4.3　电磁场的屏蔽

除了静电场和恒定磁场外，电子产品在工作过程中，电场和磁场总是同时出现的，如元器件与元器件之间、线圈与线圈之间、导线与导线之间都可能同时存在着电场和磁场耦合。另外，元器件工作在高频时，辐射能力增强，产生辐射电场，其电场分量和磁场分量也是同时出现在这种情况下。这就要求对电场和磁场同时加以屏蔽，即对电磁场屏蔽。

电磁屏蔽主要用来防止高频电磁场的影响。从上面电场屏蔽和磁场屏蔽的讨论中可以看出，只要将高频磁场的屏蔽物良好接地，就能达到电场和磁场同时屏蔽的目的。一般所说电磁屏蔽就是指高频电磁场屏蔽，而磁屏蔽多指静磁场和低频磁场的屏蔽。

由于电磁感应，一个交变的调频电磁场（指 3 kHz 以上频段）在一个金属壳体上将激励出交变电动势，而此交变电动势将产生交变的感应涡流。根据电磁感应定律，涡流的磁场与激励的磁场在壳体外方向相同，而在壳体内方向相反。这样，金属壳体的磁场就排斥到壳体外部去了，从而达到屏蔽交变电磁场的效果。感应的涡流越大，产生的反磁场就超强，金属壳体的屏蔽作用就越好。

由上所述电磁屏蔽和静电屏蔽有相同点也有不同点。相同点是都应用高电导率（导电性能好）的金属材料来制作；不同点是静电屏蔽只能消除电容耦合，防止静电感应，屏蔽必须接地。而电磁屏蔽是使电磁场只能透入屏蔽物一薄层，借涡流消除电磁场的干扰，这种屏蔽物可不接地。但因用作电磁屏蔽的导体增加了静电耦合，因此即使只进行电磁屏蔽，也还是接地为好，这样电磁屏蔽也同时起静电屏蔽作用。

4.4.4　屏蔽的结构形式与安装

屏蔽的结构形式与安装要根据屏蔽的具体要求而定，下面介绍几种典型的结构形式与安装。

1. 线圈的屏蔽结构与安装

线圈加上屏蔽罩后，电感量将减小，品质因素将降低，分布电容增大，稳定性可能降低。屏蔽罩的体积越小，对线圈的参数影响越大。但线圈不加屏蔽，则会使工作不稳定。要不要屏蔽，如何屏蔽，应根据具体情况决定。一般来说，为提高可靠性，高频线圈均要屏蔽。

（1）线圈屏蔽罩的结构

线圈屏蔽罩的结构既要满足屏蔽要求，又要尽量减小对线圈参数的影响，并且还应在允许的体积范围之内。

① 屏蔽罩的尺寸。为了使屏蔽线圈品质因素下降不超过 10%。电感量减小不超过 15%～20%，圆形屏蔽罩的直径和高度应该足够大，如图 4-4 所示。

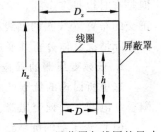

图 4-4　屏蔽罩与线圈的尺寸

对单层线圈取：$D_z/D = 1.6 \sim 2.5$

对于短线圈取：$D_z/D = 1.5 \sim 2.8$

对于多层线圈取：$D_z/D' = 1.6 \sim 2.5$

式中 $D' = \sqrt{\dfrac{D_1^3 + D_2^3}{2}}$，其中 D_1、D_2 分别为多层线圈的外径与内径。

对于要求稳定的线圈取：$D_z/D \geqslant 2.5$。屏蔽罩的高度应比线圈高度 h 大一个线圈直径 D，$h_z = h + D$。

对于线圈本身的尺寸选择：当线圈的外径一定时，单层线圈绕组中的损耗，在绕组的长度与外径的比值等于 0.7 时为最小；对于多层线圈，这个比值应等于 0.2～0.5；对于安装在屏蔽罩内的线圈，这个比值近似等于 1。如果线圈能按一定的长度与外径的比值绕制，则品质因数 Q 值比不按一定比值绕制成的线圈的 Q 值高 20%～30%。

② 屏蔽罩的形状与壁厚。在同样的空间位置安装方形屏蔽罩的效果要比圆形的好。金属屏蔽罩的壁厚一般为 0.2～0.5 mm。必须保证屏蔽罩具有一定的机械强度，以防止在温度变化或振动等情况下，由于屏蔽罩变形而引起线圈参数的变化。

③ 屏蔽结构与制造工艺。屏蔽罩上缝隙、切口方向，必须注意不切断涡流的方向，最好是避免有缝隙和切口。屏蔽罩最好用冲压来制造，因为用板料焊接的屏蔽罩，其接缝会引入很大的电阻，从而影响屏蔽效果。此外，屏蔽罩与底板应有良好的接触，即接地良好。

④ 屏蔽罩的材料。线圈屏蔽罩的材料一般选用方法是频率 100～500 kHz 时用铁氧体材料或铝；500 kHz 以上用铝或铜热浸锡或铜镀银；频率越高，要求材料的导电率越高，以减

少损耗。

铁磁材料对于低频的屏蔽原理是屏蔽物对磁场的分路。但当频率稍高时由于涡流增大，因此屏蔽原理就变为屏蔽物对磁场排斥。也正是由于铁磁材料的电阻率较大、涡流小、损耗大。因此，几乎不用铁磁材料来屏蔽 100 kHz 以上的高频线圈。

（2）线圈及其屏蔽罩的安装

① 线圈的安装。线圈应垂直地安装于底座上，此时，线圈的磁通与底座的交连最小，在底座中感应的电流也小，底座对线圈的电感量 L、品质因数 Q 和分布电容影响也小。线圈的高频低电位端应接在靠近底座的一端，这样高频高电位端与底座之间的分布电容小，经分布电容流到底座的容性电流也小，高频击穿的可能性也小。此外，垂直安装也比较方便。

② 屏蔽线圈的安装。线圈仍应垂直安装于底座上，线圈平行于底座的安装是不正确的。不仅没有垂直安装的优点，而且由于线圈与底座平行安装，屏蔽罩与底座的连接就垂直于涡流的方向，因此若接触不好而切断涡流或者涡流减少，则会严重影响屏蔽效果。但在屏蔽盒的结构完整无缝隙的情况下，也可将线圈水平安装。

③ 多个线圈的安装。多个线圈同时安装在一个底板上，它们的屏蔽有时是不可少的，但是有时也是多余的。多个线圈安装在一起，如果它们不同时工作或者相隔较远，或者成正交的布置（线圈的轴线相互垂直），则可考虑不加屏蔽。至于是否屏蔽和如何屏蔽，要根据实际情况具体分析并通过试验来确定。

2. 低频变压器的屏蔽

这里所讨论的低频变压器是指一切具有铁芯的低频电器，例如电源变压器、滤波扼流圈、继电器、音频变压器、电机绕组等。

（1）变压器的屏蔽结构

因为铁芯起着集中磁通的作用，所以变压器的铁芯本身就是一个磁屏蔽物。铁芯材料的磁导率越高，空气间隙越小，即铁芯的磁阻减少，通过铁芯的磁通增多，漏磁通相对减小。因此，为了增加屏蔽效果，可采用高磁导率材料做铁芯，并减小空气间隙。

另外，磁通的大小还与铁芯的形式有关。变压器常用的是 E 型和 C 型铁芯，C 型铁芯与同容量的 E 型铁芯相比，漏磁通较小。如果 C 型铁芯的绕组绕制得非常对称，C 型变压器漏磁通可以减小到 E 型变压器的 1/15。

为使变压器获得较好的屏蔽效果，常采用以下措施：

① 简易屏蔽结构。简易的屏蔽结构有两种：一是在铁芯的侧面包铁皮；二是变压器用屏蔽圈屏蔽，如图 4-5 所示。

（a）变压器侧面包铁皮屏蔽　　　（b）变压器用屏蔽圈屏蔽

图 4-5　变压器的简易屏蔽结构

② 单层屏蔽罩。在变压器外面加一个屏蔽罩可进一步提高屏蔽效果。屏蔽罩的材料应用铁磁材料，屏蔽罩和铁芯之间的距离，一般为 2 ~ 3 mm。

③ 多层屏蔽罩。如果对屏蔽的要求很高或屏蔽的频率范围很宽，则应采用多层屏蔽。当多层屏蔽物的总厚度与单层屏蔽物的总厚度相同时，多层屏蔽的效果比单层好得多。

低于 5 ~ 10 kHz 的恒磁场和低频磁场屏蔽罩，一般采用相同的材料，层与层之间可以是空气隙或是绝缘材料。

如果要屏蔽 0 ~ 100 kHz 整个低频带，则需采用不同的材料（铁磁材料和非磁性金属材料）制成无气隙的多层屏蔽物。

（2）变压器的安装

变压器的铁芯往往大而重，使电子产品整机的体积和重量增大。如果空间较大，通过正确的安装，可以使其对外界的影响降低到允许的程度，则可不需加以屏蔽。具体安装方法如下：

① 变压器远离放大器。

② 电源变压器的线圈轴线应与底阀垂直放置。

③ 在安装变压器时，不要让硅钢片紧贴底座，应该用非导磁材料将变压器铁芯与底座隔开，以减少铁芯内的磁力线伸展到底座中去与电路交连后产生交流声。

④ 多个变压器或线圈安装位置较近时，应该使它们的线圈轴线相互垂直。

⑤ 有条件时，电源部分最好单独装在一块底板上。

⑥ 电源滤波电容器的接地端与电源变压器的接地点最好用导线连在一起，以免滤波器的交流点经过底座耦合到其他电路。

3. 电路的屏蔽

为了防止外界电磁波对电子设备的电路形成干扰，以及设备内各电路之间的相互干扰，必须对电路进行屏蔽。

（1）单元电路的屏蔽

① 电子产品或系统中的具有不同频率的电路，为了防止相互之间的杂散电容耦合而造成的干扰，应分别屏蔽，如振荡器、放大器、滤波器等都应分别加以屏蔽。如果不同频率的放大器装在一起，为防止相互之间的干扰，也应分别屏蔽。

② 如果多级放大器的增益不大，则级与级之间可以不屏蔽；如果增益大输出级对输入级的反馈大，则级与级之间应加以屏蔽。

③ 如果低电平级靠近高电平级，则需要屏蔽。如果干扰电平与低电平级的输入电平可比拟，则应严格屏蔽。

高电平级与低电平级放在一起时，一般高电平级是感应源，低电平级是受感器，一般应屏蔽感应源，因为屏蔽一个感应源可以使不止一个受感器得益。但在有些情况下，如感应源是大功率级或其回路的 Q 值要求较高，这时如果屏蔽感应源，除非屏蔽物的体积较大，否则会给感应源带来较大的损耗。在这种情况下，对受感器进行屏蔽更为合适。实际上，常用双重屏蔽，即感应源和受感器二者都屏蔽，这样可获得较高的可靠性。

④ 根据电路特性决定是否屏蔽，电路是否需要屏蔽决定于电路本身的特性。

（2）屏蔽的结构形式和安装

屏蔽的结构形式与安装要根据屏蔽的具体要求而定，较为典型的屏蔽物有以下几种结构：

① 屏蔽隔板。如图 4 - 6 所示，A、B 为感应源，C、D 为受感器。这种方法比较简单，当屏蔽要求不高时比较适用。但是由于隔板的高度是有限的，干扰场会绕过隔板，形成一部分寄生耦合电容，如图 4 - 6 中 C_1、C_2、C_3、C_4。

② 共盖屏蔽结构。为了消除图 4 - 6 中 C_1、C_2、C_3、C_4 的寄生耦合，可采用公共盖板屏蔽结构，如图 4 - 7 所示。共盖板屏蔽结构的好坏与屏蔽结构和安装有关。隔板之间、隔板与屏蔽壳体之间应保证接触良好。特别是在高频、超高频时的情况下，盖板分布电感的感抗不可忽略，甚至可能比没有盖板时更坏。

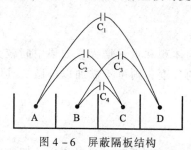

图 4 - 6　屏蔽隔板结构

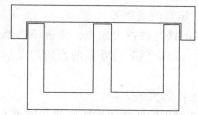

图 4 - 7　共盖屏蔽结构

为了改变盖板与屏蔽壳体以及中间隔板的接触性能，需要采取措施。常用的方法是在盖板（或隔板）上铆接或焊接弹簧夹，以及采用各种形式的接触簧片，如图 4 - 8 所示。用这种方法时，必须精确地安装隔板和弹簧夹，以免错位造成接触不良。应选择弹性和导电性好的金属材料，以确保接触良好。也可在盖板与壳体结合处垫上一层铜丝网或丝网衬垫。

③ 单独屏蔽。单独屏蔽，就是将要屏蔽的电路和元器件、部件装在独立的屏蔽盒中，使之成为一个独立部件。单独屏蔽的屏蔽盒需用导电性能好的材料（如铜或铝合金），其尺寸根据电路板和所装元器件体积决定，其厚度根据屏蔽效果计算并考虑结构强度而定。单独屏蔽效果，布置、安装较灵活，电路调整方便，因此应用较多。

④ 双层屏蔽。当干扰电场很强时，用单层屏蔽不能满足要求，而必须采用双层屏蔽，即在一个屏蔽盒外面再正确地加一个屏蔽盒。

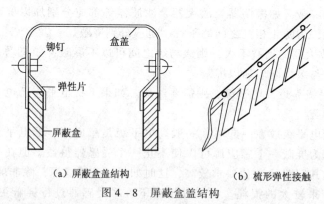

（a）屏蔽盒盖结构　　　　　　　（b）梳形弹性接触

图 4 - 8　屏蔽盒盖结构

此外，外界干扰电磁场在屏蔽盒上产生涡流，而涡流在屏蔽盒上产生的高频压降可能直接或通过其他寄生耦合对电路产生干扰。在这种情况下，就必须采用双层屏蔽。外界电磁场只在外层屏蔽盒上产生涡流而不会在内层上产生，即外层屏蔽盒保护了内层屏蔽盒免受外界电磁场的影响。

（3）电磁屏蔽导电涂料的应用

目前，工程塑料制件在电子产品中的应用日趋广泛。塑料制件重量轻、加工方便、成本低廉、造型设计灵活。但由于塑料不像金属材料那样能吸收和反射电磁波，而很容易被电磁波所穿透，对电磁波无屏蔽作用。这样，以工程塑料为壳体电子设备在使用过程中有可能作为发射源造成空间电磁波污染，或作为接收源受到外界电磁波的干扰。强大的电磁干扰必将导致大量的无屏蔽保护的电子产品出现误操作，功能串换、杂音、电波阻碍、通信干扰等情况。

为解决工程塑料抗电磁波辐射干扰和防止信号泄露，普遍采用在塑料表面电磁波屏蔽导电涂料的方法，即塑料表面金属化方法。电磁波屏蔽导电涂料作为一种液体材料可以很方便地喷涂或刷涂于各种形状的塑料制件表面，形成电磁导电层，从而达到屏蔽电磁波的目的。

目前，国内外电磁屏蔽导电涂料，一般都以具有良好导电性能的磁性金属微粒为导电磁介质（如镍），经混合研磨，然后喷涂于工程塑料表面，在一定温度下固化成膜，从而使塑料具有电磁屏蔽和导电性能。

习　题

1. 潮湿对电子产品有哪些危害？通常采取哪些措施？
2. 盐雾对电子产品有哪些危害？如何防盐雾？
3. 霉菌对电子产品有哪些危害？如何防霉菌？
4. 传热有哪些基本方式？可采取哪些措施提高各种传热方式的传热能力？
5. 在电子产品中常采取哪些散热方式？各有何特点？
6. 试说明在什么情况下才能得到良好的减振效果？
7. 对电子产品中的元器件，可采用哪些减振缓冲措施？
8. 电子产品在工作时会受到哪些电磁干扰？在结构设计时如何防止电磁干扰？
9. 磁场屏蔽时，屏蔽体应选择什么样的材料？
10. 在电磁场屏蔽时，屏蔽体在结构上应注意哪些问题？
11. 电场屏蔽时为什么将屏蔽体直接接地？

第 5 章 | 电子产品装配工艺

学习目的及要求：

(1) 了解电子产品整机装配时对结构工艺的要求、装配中的基本原则和注意事项。

(2) 熟悉电子产品组装的顺序、基本要求、装配工艺流程及装配质量检验。

(3) 学会元器件的加工与安装方法。

(4) 掌握电子产品整机装配的准备工艺技术、装配工艺技术和检验方法。

5.1 电子产品整机装配的准备工艺

电子产品整机装配的准备工作包括技术资料的准备、相关人员的技术培训、生产组织管理、准备装配工具和设备、整机装配所需的各种材料的预处理。而整机装备的准备工艺，往往是指导线、元器件、零部件预先加工处理，如导线端头加工、屏蔽线的加工、元器件的检验及成形等处理。

5.1.1 导线的加工

1. 下料

按工艺文件导线加工表中的要求，用斜口钳或下线机等工具对所需导线进行剪切。下料时应做到：长度准，切口整齐不损伤导线及绝缘皮（漆）。截剪的导线长度允许有 5% ~ 10% 的正误差，不允许有负误差。截剪导线的过程中要注意保护好绝缘层，绝缘层已损坏的不能再采用，线芯已锈蚀的也不能采用。

2. 剥头

将绝缘导线的两端用剥线钳等工具去掉一段绝缘层而露出线芯的过程称为剥头。剥头长度一般为 10 ~ 12 mm，剥头时应做到：绝缘层剥除整齐，线芯无损伤、断股等。

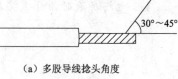

(a) 多股导线捻头角度

3. 捻头

对多股线芯，剥头后用镊子或捻头机将松散的线芯绞合整齐称为捻头。捻头时应适度松紧（其螺旋角一般在 30° ~ 45°），不卷曲，不断股。如果线芯有涂漆层，应先将涂漆层去除后再捻头，如图 5 - 1（a）所示。

4. 搪锡

为了提高导线的可焊性，防止虚焊、假焊，要对导线进行搪锡处理。搪锡即把经前三步处理的导线剥头插入锡

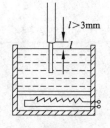

(b) 锡锅浸锡

图 5 - 1 绝缘导线端头的加工方法

锅中浸锡，若导线数量很少时可用电烙铁给导线端头上锡。

采用锡锅浸锡，将捻好的导线蘸上助焊剂，垂直插入熔化的锡锅中，并且使浸渍层与绝缘层之间留有 1～3 mm 的间隙，待浸润后取出，浸锡时间为 1～3 s 为宜，如图 5 - 1（b）所示。

用电烙铁上锡时，将捻好头的导线放在松香上，电烙铁上锡后对端头进行加热，同时慢慢转动导线，待整个端头都搪上锡即可。

搪锡注意事项：绝缘导线经过剥头、捻线后应尽快搪锡；搪锡时应把剥头先浸助焊剂，再浸焊锡；浸焊时间以 1～3 s 为宜；浸焊后应立刻放入酒精中散热，以防止绝缘层收缩或破裂；被搪锡的表面应光滑明亮，无拉尖和毛刺，焊料层薄厚均匀，无残渣和焊剂黏附。

5. 做标记

简单的电子设备由于所用导线较少，可以通过绝缘导线的颜色来区分导线。复杂的电子设备由于使用的绝缘导线有很多根，需要在导线两端做上线号、色环或采用套管打印标记等方法来区分，绝缘导线的标记方法如图 5 - 2 所示。

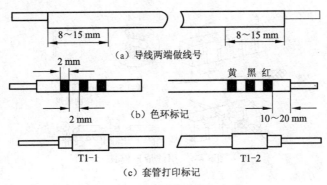

图 5 - 2　绝缘导线的标记方法

5.1.2　元器件引线加工

为了便于安装和焊接元器件，在安装前，要根据其安装位置的特点及技术要求，预先把元器件引线弯成一定的形状，并进行搪锡处理。

1. 元器件引线的成形要求

电子元器件引线的成形主要是为了满足安装尺寸与印制电路板的配合等要求。手工插装焊接的元器件引线加工形状如图 5 - 3 所示。图 5 - 3（a）所示为轴向引线元器件卧式插装方式，图中 L_a 为两焊盘间距离，l_a 为元器件体的长度，d_s 为元器件引线的直径或厚度，图 5 - 3（b）所示为竖式（立式）插装方式。

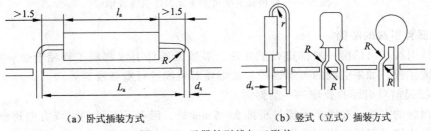

图 5 - 3　元器件引线加工形状

需要注意的事项如下：

（1）引线不应在根部弯曲，至少要离根部 1.5 mm 以上。

（2）弯曲处的圆角半径 R 要大于两倍的引线直径。

（3）弯曲后的引线要与元器件体本体垂直，且与元器件中心位于同一平面内。

（4）元器件的标志符号应方向一致，便于观察。

2. 电子元器件引线成形的方法

目前，元器件引线的成形主要有专用模具成型、专用设备成形、一般元器件的引线成型及手工用尖嘴钳进行简单加工成形等方法。其中，模具手工成形较为常用，图 5-4 所示为引线成形的模具。模具的垂直方向开有供插入元器件引线的长条形孔，孔距等于格距。将元器件的引线从上方插入条形孔后，再插入插杆，引线即成型。用这种方法加工的引线成形的一致性比较好。另外，也可用尖嘴钳加工元器件引线，集成电路的引线，使用尖嘴钳加工元器件引线时，最好把长尖嘴钳的钳口加工面圆弧形，以防在引线成形时损伤引线。当印制电路板安装孔的跨距不合适时，则元器件引线可采用如图 5-5 所示的方式成形。

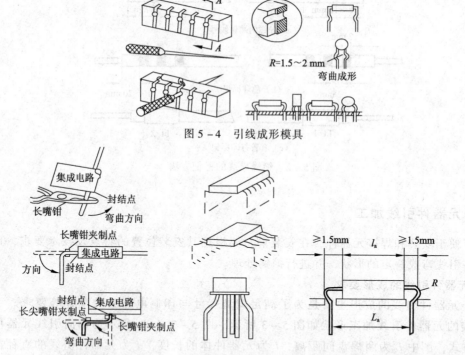

图 5-4　引线成形模具

（a）使用长尖嘴钳引线成形　　（b）集成电路的引线成形　　（c）元器件安装孔的跨距不合适时的成形

图 5-5　使用长尖嘴钳加工元器件引线成形

3. 元器件引线的浸锡

元器件引线在出厂前一般都进行了处理，多数元器件引线都浸了锡铅合金，有的镀了锡，有的镀了银。如果引线的可焊性较差就需要对引线进行重新浸锡处理。

（1）浸锡前对引线的处理——刮脚

手工刮脚的方法：在距离元器件根部 2～5 mm 处，沿着元器件的引线方向逐渐向外刮，并且要边刮边转动引线，直到将引线上的氧化物或污物刮净为止。

手工去除氧化层时应注意以下几点：

① 原有的镀层尽量保留。

② 应与引线的根部留出 2～5 mm 的距离。

③勿将元器件引线刮伤、切伤或折断，及时进行浸锡（从去除氧化层到浸锡时间一般不超过 1 h）。

（2）对引线浸锡方法

① 手工上锡：将引线蘸上焊剂，然后用带锡的电烙铁给引线上锡。

② 锡锅浸锡：将引线蘸上焊剂，然后将引线插入锡锅中浸锡。

如图 5－6 所示，从除去氧化层到进行浸锡的时间一般不要超过 1h。浸锡后立即将元器件引线浸入酒精进行散热。浸锡时间要根据引线的粗细来掌握，一般在 2～3 s 为宜。若时间太短，引线未能充分预热，易造成浸锡不良；若时间太长，大量热量传到器件内部，易造成元器件损坏。

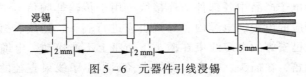

图 5－6　元器件引线浸锡

有些晶体管和集成电路或其他怕热的元器件，在浸锡时应当用易散热工具夹持其引线的上端。这样可防止大量热量传导到元器件的内部。经过浸锡的元器件引线，其浸锡层要牢固均匀、表面光滑、无毛刺、无孔状、无锡瘤等。

5.1.3　屏蔽导线及电缆线的加工

1. 屏蔽导线端头去除屏蔽层的长度

为了防止电磁干扰而采用屏蔽线。屏蔽线是在导线外再加上金属屏蔽层而构成。在对屏蔽线端头加工时应选用尺和剪刀（或斜口钳）剪下规定尺寸的屏蔽线。导线长度允许有 5%～10% 的正误差，不允许有负误差。在对屏蔽导线端头进行端头处理时应注意去除的屏蔽层不能太长，否则会影响屏蔽效果。一般去除的长度应根据屏蔽线的工作电压而定，如 600 V 以上时，可去除 20～30 mm。

2. 屏蔽导线屏蔽接地端的处理

为使屏蔽导线有更好的屏蔽效果，剥离后的屏蔽层应可靠接地。屏蔽层的接地线制作通常有以下几种方式：

（1）直接用屏蔽层制作

制作方法如图 5－7 所示，在屏蔽导线端部附近把屏蔽层编织线推成球状，在适当位置拨开一小孔，挑出绝缘线，然后把剥脱的屏蔽层整形、捻紧并浸锡。注意，浸锡时要用尖嘴钳夹住，否则会向上浸锡，形成很长的硬结。

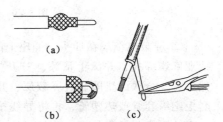

图 5－7　直接用屏蔽层制作地线

（2）屏蔽层上绕制或焊接铜导线制作地线

① 绕制铜导线制作地线。在剥离出的屏蔽层下面缠绸布 2～3 层，再用直径为 0.5～0.8 mm 的铜导线的一端密绕在屏蔽层端头，宽度为 2～6 mm。

然后，将铜导线与屏蔽层焊牢后，将铜导线空绕一圈并留出一定的长度用于接地。制作的屏蔽层如图 5 - 8（a）所示。

② 焊接绝缘导线制作地线。有时并不剥脱屏蔽层，而是在剪除一段金属屏蔽层后，选取一段适当长度的导电良好的导线焊牢在金属屏蔽层上，再用套管或热塑管套住焊接处，以保护焊点，如图 5 - 8（b）所示。

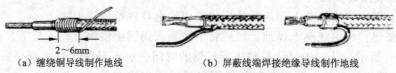

（a）缠绕铜导线制作地线　　　（b）屏蔽线端焊接绝缘导线制作地线

图 5 - 8　屏蔽层上绕制或焊接铜导线制作地线

（3）低频电缆与插头、插座的连接

低频电缆常作为电子产品中各部件的连接线，用于传输低频信号。首先根据插头、插座的引脚数目选择相应的电缆，电缆内各导线也应进行剥头、捻线、搪锡的处理，然后对应焊到引脚上。注意已安好的电缆线束在插头、插座上不能松动。电缆线束的弯曲半径不得小于线束直径的两倍，在插头、插座根部的半径不得小于线束直径的五倍，以防止电缆折损。

① 非屏蔽电缆在插头、插座的安装。将电缆外层的棉织纱套剪去适当一段，用棉线绑扎，如图 5 - 9（a）并涂上清漆，套上橡皮圈。

拧开插头上的螺钉，拆开插头座，把插头座后环套在电缆上，将电缆的每一根导线套上绝缘套管或热塑管，再将导线按顺序焊到各焊片上，然后将绝缘套管或热塑管推到焊片上。最后安装插头外壳，拧紧螺钉，旋好后环，如图 5 - 9（b）所示。

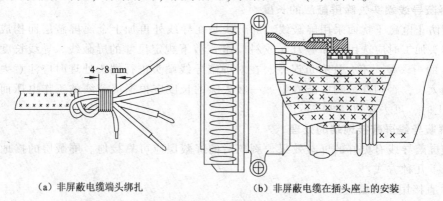

（a）非屏蔽电缆端头绑扎　　　　　（b）非屏蔽电缆在插头座上的安装

图 5 - 9　非屏蔽电缆在插头、插座的连接

② 屏蔽电缆线在插头、插座上的安装。将电缆线的屏蔽层剪去适当一段，用浸蜡棉线或亚麻线绑扎，并涂上清漆。拧开插头上螺钉，拆开插头座，把插头座后环套在电缆上，然后将一金属圆垫圈套过屏蔽层，并把屏蔽层均匀地焊到圆垫圈上。将电缆的每一根导线套上绝缘套管或热塑管，再将导线按顺序焊到各焊片上，然后将绝缘套管或热塑管推到焊片上。再安装插头外壳，拧紧螺钉，旋好后环，最后再在后环外缠绵线或亚麻线，并涂上清漆，如图 5 - 10 所示。

图 5 - 10　屏蔽电缆线在插头、插座上的安装

（4）扁电缆线的加工

扁电缆线又称带状电缆，是由许多根导线结合在一起、相互之间绝缘、整体对外绝缘线的一种扁平带状多路导线的软电缆，是使用很广的柔性连接，如图 5 - 11 所示。剥去扁电缆线的绝缘层需要专门的工具和技术，也可以用偏嘴钳剥扁电缆的绝缘层，注意不要伤线芯。扁电缆线与电路板的连接常用焊接法或用固定夹具。

图 5 - 11　扁电缆线

（5）绝缘同轴射频电缆的加工

因射频电缆中流经芯线的电流频率很高，所以加工时应特别注意线芯与金属屏蔽层的径向距离，如图 5 - 12 所示。如果线芯不在屏蔽层的中心位置，则会造成特性阻抗变化，信号传输受损。因此，在加工前及加工中，必须注意，千万不要损坏电缆的结构。焊接在射频电缆上的插头或插座要与射频电缆相匹配，如 50 Ω 的射频电缆应焊接在 50 Ω 的射频插头上，焊接处线芯应与插头同心。

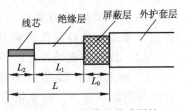

图 5 - 12　屏蔽导线或同轴
电缆加工示意图

5.1.4　线把的扎制

电子产品的电气连接主要依靠各种规格的导线来实现。较复杂的电子产品的连线较多，若把它们合理分组，扎成各种不同的线把（也称线束、线扎），不仅美观，占用空间少，还保证了电路工作的稳定性，更便于检查、测试和维修。

1. 线束的分类

根据线束的软硬程度，线束可分为软线束和硬线束两种。具体使用哪一种线束，由电子产品的结构和性能来决定。

（1）软线束

软线束一般用于产品中各功能部件之间的连接，由多股导线、屏蔽线、套管及接线连接器等组成，无须捆扎，只要按导线功能进行分组或将功能相同的线用套管套在一起，如图 5 - 13 所示。

(a) 一拖十多功能充电线　　　　(b) 软线束示意图

图 5 - 13　软线束外形图

（2）硬线束

硬线束多用于固定产品零、部件的连接。它是按产品需要将多根导线捆扎成固定形状的线束。这种线束必须有实样图。图 5 - 14 所示为某设备的硬线束外形图（也称为线把图或线扎图）。

2. 线把（线束）扎制常识

（1）线束扎制

线束扎制应严格按照工艺文件（线束图）要求进行。线束图包括线束视图和导线数据表及附加的文字处理说明等，是按线束比例绘制的。图 5 - 14 所示为某设备的线束图，实际制作时，要按图放样制作胎模具。

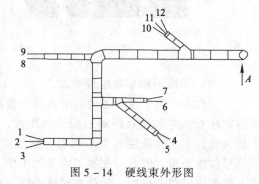

图 5 - 14　硬线束外形图

（2）线束的走线及扎制要求

① 输入/输出线尽量不要排在同一线束内，并要与电源线分开，防止信号受到干扰。若必须排在一起时，需使用屏蔽导线。

② 传输高频信号的导线不要排在线束内，以防止的干扰其他导线中的信号。

③ 接地点尽量集中在一起，以保证它们是可靠的同电位。

④ 导线束不要形成环路，以防止磁力线通过环形线，产生磁、电干扰。

⑤ 线束应远离发热体，并且不要在元器件上方走线，以免发热元器件破坏导线绝缘层及增加更换元器件的困难。

⑥ 扎制的导线长短要合适，排列要整齐。从线束分支处到焊点之间应有一定的余量，若太紧，则有振动时可能会把导线或焊盘拉断；若太松，不仅浪费，而且会造成空间零乱。

⑦ 尽量走最短距离的连线，拐弯处走直角，尽量在同一平面内走线，以便于固定线束。另外，每一线束中至少有两根备用线，备用线应选线束中长度最长、线径最粗的导线。

（3）常用的几种扎线方法

① 线绳捆扎。线绳捆扎所用的线绳有棉线、尼龙线和亚麻线等，捆扎之前可放到石蜡中浸一下，以增加导线的摩擦因数，防止松动。线束的具体工作捆扎方法如图 5 - 15 所示。

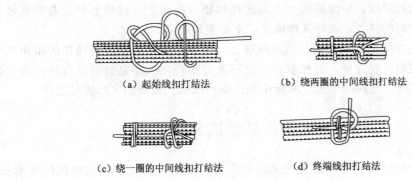

（a）起始线扣打结法　　　　　　（b）绕两圈的中间线扣打结法

（c）绕一圈的中间线扣打结法　　　（d）终端线扣打结法

图 5 - 15　线绳捆扎法线节的打扣法示意图

对于带有分支点的线束，应将线绳在分支拐弯处多绕几圈，起加固作用。具体方法如图 5 - 16 所示。

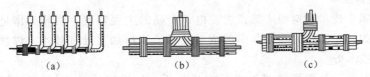

（a）　　　　　　　（b）　　　　　　　（c）

图 5 - 16　线绳捆扎分支拐弯处的打结法示意图

② 专用线扎搭扣捆扎。由于线搭扣使用非常方便，所以在现在的电子产品中常用线扎搭扣捆扎线束。用线扎搭扣时应注意，不要拉得太紧，否则会弄伤导线，且线扎搭扣拉紧后，应剪掉多余部分。线扎搭扣的种类很多，如图 5 - 17 所示。用线扎搭绑扎导线比较简单，更换导线也方便，线束也很美观，但搭扣只能使用一次。

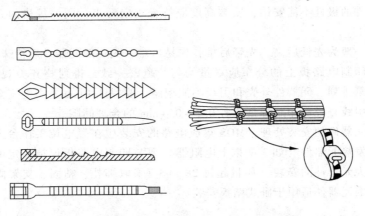

（a）线扎搭扣样式　　　　　　（b）线扎搭绑扎

图 5 - 17　用线扎搭扣捆扎示意图

③ 用黏合剂黏合。当导线的数目很少时，可用黏合剂四氢化呋喃粘合成线束，因黏合剂易发挥，所以涂抹要迅速，且黏上后不要马上移动，约经过 2 min 待黏合剂凝固后再移动。

④ 用塑料线槽排线。对于大型电子产品，为了使机柜或机箱内走线整齐，便于查找和维修，常用塑料线槽排线。将线槽按要求固定在机柜或机箱上，线槽上下左右有很多出线孔，只要将不同方向的导线依次排入槽内，盖上槽盖即可。

以上几种线束（线把）的特点：用线绳捆扎，经济，但效率低；用线扎搭扣捆扎只能一次性使用；用线槽比较方便，但比较贵，也不适宜小产品；用黏合剂黏合较经济，但不适宜导线较多的情况，且换线不便。实际中采用何种线束，应根据实际情况选择。

5.2　电子产品整机装配工艺

电子产品组装的目的，是以较合理的结构安排，最简化的工艺实现整机的技术指标，快速有效地制造出稳定可靠的产品。

5.2.1　组装的特点及技术要求

1. 组装的特点

电子产品属于技术密集型产品，组装电子产品的主要特点：组装工作是由多种基本技术构成的。例如，元器件的筛选与引线成形技术、线材加工处理技术、焊接技术、安装技术、质量检验技术等。

在很多情况下，装配操作难以进行定量分析，如焊接质量的好坏，插接、螺纹连接、粘接，印制电路板、面板以及机壳等的装配质量，常以目测判断或以手感鉴定等。因此，掌握正确的安装方法是十分必要的，切勿养成随心所欲的操作习惯。

2. 组装技术要求

元器件的标志方向应按照图样规定的要求，安装后能看清元器件上的标志。若装配图上没有指明方向，则应是标志向外易于辨认，并按照从左到右，从上到下的顺序读出。

安装元器件的极性不能安错，安装高度应符合规定要求，同一规格的元器件应尽量安装在同一高度上。

安装顺序一般为先低后高，先轻后重，先易后难，先一般元器件后特殊元器件。

元器件在印制电路板上的分布应尽量均匀，疏密一致，排列整齐美观。不允许斜排、立体交叉和重复排列。元器件外壳和引线不能相碰，要保证 1 mm 左右的安全间隙。

元器件的引线直径与印制焊盘应有 0.2~0.4 mm 的合理间隙。

一些特殊元器件的安装处理，MOS 集成电路的安装应在等电位工作台上进行，以免静电损坏器件。发热元器件（如 2 W 以上电阻器）要与印制电路板保持一定的距离，不允许贴板安装，较大元器件的安装（质量超过 28 g）应采取绑扎、粘固、支架固定等措施。对于防振要求高的元器件适用于卧式贴板安装。

5.2.2　电子产品的组装方法

电子产品的组装在生产过程中占去大量时间，目前，电子产品的组装方法，从组装原理上可分为以下 3 种。

1．功能组装法

功能组装法是将电子产品的一部分放在一个完整的结构部件内。该部件能完成变换或形成信号的局部任务（某种功能），这种方法能得到在功能上和结构上都较完整的部件，从而便于生产、检验和维护。不同的功能部件有不同的外形结构、体积、安装尺寸和连接方法，很难做出统一的规定，这种方法将降低整个产品的组装密度。此方法适用于以分立元器件为主的产品组装。

2．组件组装法

组件组装法是制造一些外形尺寸上和安装尺寸上都要统一的部件，这时部件的功能将退居次要地位。这种方法是针对统一电气安装及提高安装密度而建立起来的。根据实际需要可分为平面组件法和分层组件法。此法多用于组装以集成器件为主的产品。

3．功能组件组装法

功能组件法是兼顾功能组装法和组件法的特点，制造出既有功能完整性又有规范化的结构尺寸的组件。微型电路的发展，导致组装密度进一步增大，以及可能有更大的结构余量和功能余量。因此，对微型电路进行结构设计时，要同时遵从功能原理和组件原理。

5.2.3　电子产品组装的连接方法

电子产品电气连接主要采用印制导线连接，导线、电缆，以及其他电导体等方式进行连接。

1．印制导线连接法

印制导线连接法是元器件间通过印制电路板的焊盘把元器件焊接（固定）在印制电路板上，利用印制导线进行连接。目前，电子产品的大部分元器件都是采用这种连接方式进行连接。但对体积过大、质量过大，以及有特殊要求的元器件，则不能采用这种方式，因为印制电路支撑力有限、面积有限。为了避免受震动、冲击的影响，保证连接质量，对较大的元器件，有必要考虑固定措施。

2．导线、电缆连接法

对于印制电路板之外的元器件与元器件、元器件与印制电路板、印制电路板与印制电路板之间的电气连接基本上都采用导线与电缆连接的方式。导线、电缆的连接通常是通过焊接、压接、接插件连接等方式进行连接的。现在也有的采用软印制线导线进行连接。

3．其他连接方式

在多层印制电路板之间的连接是采用金属化孔进行连接。金属封装的大功率晶体管及其他类似器件是通过焊片用螺钉压接。大部分的地线是经过底板或机壳进行连接。

5.2.4　电子产品的布线及扎线

电子产品的装配质量在一定程度上是由布线和扎线的工艺决定的。各种元器件安装完毕后，要用导线在它们之间按设计要求连接起来。这些连接导线（包括印制导线）是用来传输信号和电能的。因此，除了正确选用合适的导线之外，还应考虑合理的布局。布局又称走线，它是指整机内电路之间、元器件之间的布线。布线的好坏必然对整机性能和可靠性产生一定的影响。目前，由于集成电路的大量应用，以及印制电路工艺技术的发展，不仅相互连接的导线减少，而且传统的手工布线和接线工艺也大为改进。现在大部分电子产品都采用印制电路技术和导线锡焊连接相结合的布线方法。合理的布线、整齐的装配和可靠的焊接是保证整机质量和可靠性的主要内容。

1. 配线

（1）导线的性能

电子产品常用的电线和电缆有裸线、电磁线、电缆和通信电缆4种。裸线是指没有绝缘层的单股或多股铜线、镀锡铜线等；电磁线是指有绝缘层的圆形或扁形铜线，一般由线芯、绝缘层和保护层构成，在结构上有硬型、软型、特软型之分，线芯有单股、二芯、三芯及多芯等，并有各种不同的线径；通信电缆包括电信系统中各种通信电缆、射频电缆、电话线和广播线等。电线电缆的性能有电气性能、力学性能、加工性能、安全性能、经济性。选用时首先要考虑电线电缆的电气性能，如工作电压、绝缘电阻、每平方毫米允许通过的电流等。从电线电缆使用的状态上要考虑电线电缆的力学性能，如抗拉强度、耐磨性、柔软性等。从端头的加工上要考虑电线电缆的加工性能，如端头的可焊性、包扎性等。从电路安全上要考虑电线电缆的安全性能，如耐燃性、阻燃性，还要考虑电线电缆经济性。

（2）导线的选用

① 导线选用时应考虑很多因素，且各种因素之间存在一定的影响。根据环境条件、装连工艺性选择导线的线芯结构；根据环境条件、装连工艺性、工作频率、工作电压选择导线的绝缘材料；根据工作电流选择导线的截面。

② 导线截面的选择。选用导线，首先要考虑流过导线的电流，这个电流的大小决定了导线的线芯截面积的大小。但绝缘导线多用在有绝缘和耐热要求的场合，导线中允许的电流值将随环境温度及导线绝缘耐热程度的不同而异，因此，要考虑导线的安全载流量。表5-1中列出的是铜芯导线在环境温度为25℃时的安全载流量。当导线在机壳内、套管内等散热条件不良的情况下时，载流量应该打折扣，取表中数据的1/2左右。一般情况下，载流量可按5 A/mm^{2}估算，这在各种条件下都是安全的。

表5-1　铜芯导线的安全载流量（25℃）

截面积/mm^2	0.2	0.3	0.4	0.5	0.6	0.8	1.0	1.5	4.0	6.0	8.0	10.0	…
载流量/(A/mm^2)	4	6	8	10	12	14	17	20	25	45	56	70	85	…

单股导线一般用直径表示，多股导线常用截面积表示。

③ 最高耐压和绝缘性能。随着所加电压的升高，导线绝缘层的绝缘电阻将会下降；如果电压过高，就会导致放电击穿。导线标志的试验电压，是表示导线加电1 min不发生放电现象的耐压特性。实际使用中，工作电压大约为试验电压的1/3～1/5。

④ 导线颜色的选用。使用不同颜色的导线便于区分电路的性能和功能，以及减少接线的错误，如红色表示正电压，黑色表示地线、零电位（对机壳）等。随着电子产品的日趋复杂化、多功能化，有限的几种颜色不可能满足复杂电路布线的要求，因此布线色别的功能含义逐渐淡薄了。现在布线色别的主要目的是减少接线的错误，便于正确连接，检查和维修。表5-2所示为导线和绝缘套管颜色选用规定。

表 5 – 2　导线和绝缘套管颜色选用规定

电路种类		导线颜色
一般交流电路		① 白；② 灰
三相交流电路	A 相	黄
	B 相	绿
	C 相	红
	工作零线（中性线）	淡蓝
	保护零线（安全地线）	黄和绿双色线（绿底黄纹）
直流电路	+	① 红；② 棕
	（GND）	① 红；② 紫
	–	① 青；② 白底青纹
晶体管	E（发射极）	① 红；② 棕
	B（基极）	① 黄；② 橙
	C（集电极）	① 青；② 绿
立体声电路	R（右声道）	① 红；② 橙；③ 无花纹
	L（左声道）	① 白；② 灰；③ 有花纹
指示灯		青

当导线或绝缘套管的颜色种类不能满足要求时，可用光谱相近的颜色代用，如常用的红、蓝、白、黄、绿色的代用色依次为粉红、天蓝、灰、橙、紫色。

2. 布线原则

（1）减少电路分布参数

电路分布参数是影响整机性能的主要因素之一。在布线时必须设法减少电路的分布参数，如连接线尽量短，尤其是高频电路的连接线更要短而直，使分布电容与分布电感减至最小；工作于高速数字电路的导线不能太长，否则会使脉冲信号前后沿变差。对于计算机电路则会影响运算速度。

（2）避免相互干扰和寄生耦合

对于不同用途的导线，布设时不应紧贴或合扎在一起。例如，输入信号和输出信号以及电源线；低电平信号与高电平信号线；交流电源线与滤波后的直流馈线；不同回路引出的高频线，继电器电路内小信号系统的结点连接线与线包接线或功率系统接点接线；电视中行脉冲输出线与中频通道放大器的信号连接线等，这些线最好的处理办法是相互垂直走线，也可以将它们分开一定的距离或在它们之间设置地线作简单的隔离。

从公共电源引出的各级电源线应分开并应有各自的去耦电路。有时为了减少相互耦合和外界干扰的影响，常采用绞合线的走线方法，可有近似于同轴电缆的功能。

（3）尽量消除地线的影响

在电子电路中，为了直流供电的测量及人身安全，常将直流电源的负极作为电压的参考点，即零电位，也就是电路中的"地"点。连接这些"地"的导线称为地线。一般电子产品的外壳、机架、底板等都与地相连。实际上地线本身也有电阻，电路工作时，各种频率的电流都可能流经地线的某些段而产生压降，这些压降叠加在电源上，馈入各个电路，造成其他阻抗耦合而产生干扰。

在布线时，一般对地线作如下处理：

采用短而粗的接地线，增大地线接地截面积，以减小地阻抗。在高频时，由于集肤效应，地线中的高频电流是沿地线的表面流过的，因此，不但要求地线的截面积大，而且要求截面周界长，所以地线一般不用圆形截面，而是用矩形截面。

当电路工作在低频时，可采用"一点接地"的方法，每个电路单元都有自己的单独地线，因此不会干扰其他电路单元。当电路工作在高频时（工作频率 10 MHz 以上）就不能使用一点接地的方法。因为地线具有电感，一点接地的方法会使地线增长，阻抗加大，还会构成各接地线之间的相互耦合而产生干扰，因此，高频电路为减小地线阻抗，往往采用多点接地，以使电路单元的电流经地线回到电源的途径有许多条，借以减小地线阻抗及高频电流流经地线产生的辐射干扰。

对于不同性质电路的电源接地线，应分别连接至公用电源地端，不让任何一个电路的电源地线经过别的电路的地线，如图 5-18 所示。

对多级放大电路不论其工作频率相近或相差较大，一般允许电源地线相互连接后引出一根公共地线接到电源的地端，但不允许后级电路的大电流通过前级的地线流向电源的负极，如图 5-19 所示。

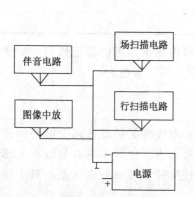

图 5-18　不同性质电路的电源地线布设

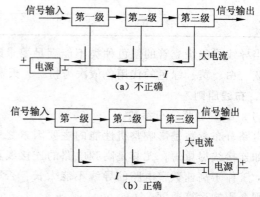

图 5-19　多级放大电路接地线的连接顺序

（4）满足装配工艺的要求

在电性能允许的前提下，应使相互平行靠近的导线形成线束，以压缩导线布设面积，做到走线有条不紊，外观上整齐美观，并与元器件布局相互协调。

布线时应将导线放置在安全和可靠的地方，一般的处理方法是将其固定于机座上，保证线路结构牢固稳定，耐振动和冲击。

走线时应避开金属锐边、棱角和不加保护地穿过金属孔，以防止导线绝缘层破坏，造成短路故障。走线时还应远离发热元器件，一般在 10 mm 以上，以防止导线受热变形或性能变差。

导线布设应有利元器件或装配件的查看、调整和更换的方便。对于可调元器件，导线长度应适当留有余量，对于活动部位的线束，要具有相适应的柔软性和活动范围。

以上布设原则，对印制电路的布设同样适用，但印制电路板有其特殊性，具体要求在印制电路板的设计中介绍。

3. 布线方法

（1）布线要点

线束应尽可能贴紧底板固定、竖直方向的线束应紧沿框架或面板走，使其在结构上有依附性，也便于固定，对于必须架空通过的线束，要采用支撑固定，不能让线束在空中晃动。

线束通过金属孔时，应在板孔内嵌装橡皮衬套或专用塑料嵌条。对屏蔽层外露的屏蔽导线在穿过元器件引线或跨接印制电路板等情况时，应在屏蔽导线的局部或全部加套绝缘管，以防止短路发生。

处理地线时，为了方便和改善电路的接地，一般考虑用公共地线，常用较粗的单芯镀锡的铜裸线作地母线，用适当的接地焊片与地座接通，也起到固定其位置的作用。地母线的形状决定于电路和接点的实际需要，应使接地点最短、最方便。但一般的母线均不构成封闭的回路。

线束内的导线应留 1～2 次重焊备用长度（约 20 mm），连接到活动部位的导线长度要有一定的活动余量，以便能适应修理，活动和拆卸的需要。

为提高抗外磁场干扰能力以及减少线回路对外界的干扰，常采用交叉扭绞布线。单个回路的布线在中间交叉，且回路两半的面积相等。在均匀磁场中，左右两网孔所感应的电动势相等，方向相反。所以，整个回路的感应电动势必为零。在非均匀电磁场中，对于一个较长回路的两条线，应给予多次交叉（通称麻花线，见图 5 - 20），则磁场在长线回路中的感应电动势亦为零。

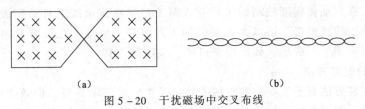

（a）　　　　　　　　　　　　（b）

图 5 - 20　干扰磁场中交叉布线

（2）布线顺序

在线路结构较为复杂的情况下，导线的连接必须以电烙铁不触及元器件和导线为原则，为此，布线操作按从左到右、从上到下、从纵深到外围的顺序进行。

4. 扎线

电子产品的电气连接主要是依靠各种规格的导线来实现的，但机内导线分布纵横交错长短不一，若不进行整理，不仅影响美观和多占空间，而且还影响电子产品的检查、测试和维修。因此，在整机组装过程中，根据产品的结构和安全技术要求，用各种方法，预先将相同走向的导线绑成一定形状的导线束（又称线扎）固定在机内，这样可以使布线整洁、产品一致性好，可大大提高产品的商品价值。扎线应在整机装配的准备工艺中完成。

5.3　印制电路板的组装

印制电路板的组装是根据设计文件和工艺规程的要求，将电子元器件按一定的规律，顺序装到印制基板上，通过焊接把元器件固定起来的过程。

5.3.1　印制电路板组装的基本要求

电子元器件种类繁多，外形不同，引线也多种多样，所以印制电路板组装方法也就有差异。组装时，必须根据产品结构的特点、装配密度以及产品的使用方法，要求来决定组装方法。元器件装配到印制电路板之前，一般都要进行加工处理，即对元器件进行引线成形，然后进行插装。良好的成形及插装工艺，不但能使产品的性能稳定、防振、减少损坏，而且还能得到机内整齐美观的效果。

1. 元器件引线的成形

（1）预加工处理

元器件引线在成形前必须进行预加工处理。这是由于元器件引线的可焊性虽然在制造时就有这方面的技术要求，但因生产工艺的限制，加上包装、储存和运输等中间环节时间较长，在引线表面产生氧化膜，使引线的可焊性严重下降。引线的再处理主要包括引线的校直、表面清洁及上锡 3 个步骤。要求引线处理后，不允许有伤痕，镀锡层均匀，表面光滑，无毛刺和焊剂残留物。

（2）引线成形的基本要求和成形方法

引线成形工艺是根据焊点之间的距离，做成需要的形状，目的是使它能迅速而准确地插入孔中，基本要求如下：元器件引线开始拐弯处，离元器件端面最小距离应不小于 2 mm；弯曲半径不应小于引线直径的 2 倍；怕热元器件要求引线增长，形成时应绕环；元器件标称值应处于在便于查看的位置；成形后不允许有机械损伤。

为了保证引线成形的质量和一致性，应使用专用工具和成形模具。成形工序因生产方式不同而不同。在自动化程度较高的工厂，成形工序是在流水线上自动完成的，如采用电动、气动等专用引线成形机，可以大大提高加工效率和一致性。在没有专用工具或加工少量元器件时，可采用手工成形，如使用平口钳、尖嘴等工具。

2. 元器件的安装方法

元器件的安装方法有手工安装和机械安装，手工安装简单易行，但效率低、误装率高。机械安装效率高，但设备成本较高，对引线成形要求严格。元器件的安装形式有以下几种：

（1）贴板安装

贴板安装形式如图 5-21 所示；它适用于防振要求高的产品。元器件紧贴印制电路板面，安装间隙小于 1 mm。当元器件为金属外壳时，安装面又有印制导线时应加绝缘衬垫或绝缘套管。

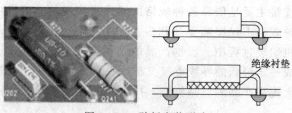

图 5-21　贴板安装形式

（2）悬空安装

悬空安装如图 5-22 所示，它只适用于发热元器件的安装。元器件距印制基板面有一定的高度，安装距离一般在 3～8 mm 范围内，以利于对流散热。

（3）垂直安装

垂直安装适用元器件密度较高的场合。元器件垂直于印制电路板面，应保留适当长度的引线。引线保留太长会降低元器件的稳定性或者引起短路，太短会造成元器件焊接时因过热而损坏。一般要求距离电路板面 3～8 mm，组装中应注意元器件的电极极性，有时还需要在不同电极上套绝缘套管，以增加电气绝缘性能和元器件的机械强度等，但对质量较大、引线较细的元器件不宜采用这种形式。元器件引线加绝缘套管的方法如图 5-23 所示。

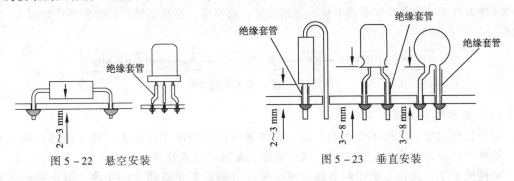

图 5-22　悬空安装　　　　　　图 5-23　垂直安装

（4）埋头安装

埋头安装（又称嵌入式安装）如图 5-24 所示，这种安装方式可以提高元器件防振能力，降低安装高度。

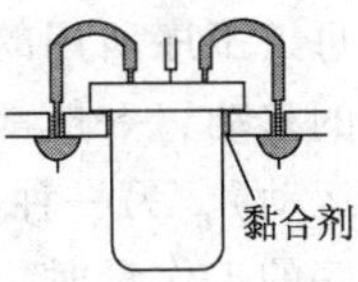

（5）有高度限制的安装

如图 5-25 所示，元器件安装高度有限制时，一般在图样上是标明的，通常处理的方法是垂直插入后，再朝水平方向弯曲。对于大型元器件要特殊处理，以保证有足够的机械强度，经得起振动和冲击。

图 5-24　埋头安装

（6）支架固定安装

如图 5-26 所示，这种方法适用于质量较大的元器件，如小型变压器、继电器、扼流圈等，一般用金属支架在印制基板上将元器件固定。

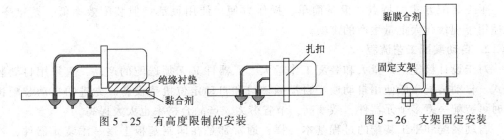

图 5-25　有高度限制的安装　　　　　图 5-26　支架固定安装

3. 元器件安装注意事项

安装二极管时，除注意极性外，还要注意外壳封装，特别是玻璃外壳体易碎，安装时可将引线先绕 1～2 圈再装。对于大电流二极管，一般采用悬空安装，以利于散热，也不宜在引线上套绝缘套管。大功率晶体管一般不宜装在印制电路板上，因为它发热量大，易使印制电路板受热变形，应将其装在金属机壳上或装在专用的散热片上。

5.3.2　印制电路板组装的工艺流程

印制电路板组装工艺分为手工装配工艺和自动装配工艺两大类，实际操作时，可根据电子产品制作的性质、生产批量、设备条件等不同情况，选择不同的印制电路板组装工艺。

1. 手工装配工艺流程

手工装配工艺流程分为手工独立插装和流水线手工插装两种形式。

（1）手工独立插装

在产品的样机试制或小批量生产时，常采用手工独立插装来完成印制电路装配过程。这种操作方式中，每个操作者都要从头装到结束，效率低，容易出错，其操作顺序如图 5 - 27 所示。

待装元件 → 引线整形 → 插件 → 调整、固定位置 → 焊接 → 剪切引线 → 检验

图 5 - 27　手工装配工艺流程

（2）流水线手工插装

对于设计稳定、大批量生产的产品，其印制电路板装配工作量大，宜采用插件流水装配，这种方式可大大提高生产效率，减小差错，提高产品合格率。

插件流水手工操作是把印制电路板整体装配分解成若干道简单的工序，每个操作者在规定的时间内，完成指定的工作量（一般限定每人约 6 个元器件的工作量）。在划分时要注意每道工序所用的时间要相等，这个时间称为流水线的节拍。装配的印制电路板在流水线上的移动，一般都用传送带的运动方式进行。运动方式通常有两种：一种是间歇运动（定时运动），另一种是持续匀速运动，每个操作者必须严格按照规定的节拍进行。在分配每道工序的工作量时，要根据电子产品的复杂程度、日产量或班产量、操作者人数及操作者的技能水平等因素确定；确保流水线均匀地流动，充分发挥流水线的插件效率。一般流水线装配的工艺流程如下：

全部元器件插入→一次性焊接→一次性剪切引线→检查

其中，焊锡一般用波峰焊机完成，剪切引线一般用专用设备——剪腿机（切脚机）一次切割完成。

手工装配方式的特点：设备简单、操作方便、使用灵活；但装配效率低、差错率高，不适用于现代化大批量生产的需要。

2. 自动装配工艺流程

对于设计稳定、产量大和装配工作量大、元器件又无须选配的产品，宜采用自动装配方式。自动装配一般使用自动或半自动插件机和自动定位机等设备。先进的自动装配机每小时可装配一万多个元器件，效率高，节省劳力，产品合格率也大大提高。

自动装配和手工装配的过程基本一样，通常都是在印制基板上逐一添装元器件，构成一个完整的印制电路板。所不同的是，自动装配要限定元器件的供料形式，整个插（贴）装过程由自动装配机完成。

自动插装配工艺过程如图 5 - 28 所示。经过检测的元器件装在专用的传送带上，间断地向前移动，保证每一次有一个元器件进到自动装配机的装插头的夹具里，插装机自动完成切断引线、引线成形、移到基板、插入、弯角等动作，并发出插装完了的信号，使所有装配回到原来位置，准备装配第二个元器件。印制电路板靠传送带自动送到另一个装配工位，装配其他元器件，当元器件全部插装完毕，自动进入波峰焊接的传送带。

印制电路板的自动传送、插装、焊接、检测等工序，都是用计算机进行程序控制的。

它首先根据印制电路板的大小、孔距、元器件尺寸和它在板上的相对位置等，确定可插装元器件和选定装配的最好途径，编写程序，然后再把这些程序送入编程机的存储器中，由计算机控制上述工艺流程。

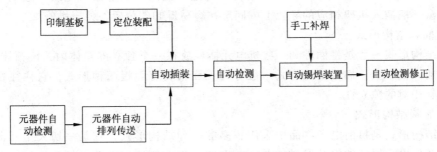

图 5 - 28　自动装配工艺流程

自动插装是在自动装配机上完成的，对元器件装配的一系列工艺措施都必须适合于自动装配的一些特殊要求，并不是所有的元器件都可以进行自动装配，在这里最重要的是采用标准元器件和尺寸。

对于被装配的元器件，要求它们的形状和尺寸尽量简单、一致，方向便于识别，有互换性等，元器件在印制电路板中的取向，对于手工装配没有什么限制，也没有什么根本差别。但自动装配中，则要求沿着 X 轴和 Y 轴取向，最佳设计要指定所有元器件只在一个轴上取向（至多排列在两个方向上）。如果希望机器达到最大的有效插装速度，就要有一个最好的元器件排列。元器件的引线孔距和相邻元器件引线孔之间的距离，也都应标准化，并尽量相同。

对于非标准化的元器件或不适合于自动装配的元器件，仍需手工进行插装。

5.4　电子产品的整机装配

电子产品的整机装配是按照设计要求，将各种元器件、零部件、整件装接到规定的位置，组成具有一定功能的电子产品的过程。电子产品整机装配包括机械装配和电气装配两大部分，它是电子产品生产过程非常重要的环节。

5.4.1　电子产品整机结构形式及工艺要求

1. 整机装配的结构形式

电子产品的整机在结构上通常由组装好的印制电路板、接插件、底板和机箱外壳等几部分构成。组成整机的所有结构件，都必须用机械的方法固定起来，以满足整机在机械、电气和其他方面的性能指标要求。合理的结构和装配的牢固性，是电气性、可靠性的基本保证。不同的电子产品其装配结构形式也不一样。

（1）插件结构形式

插件结构形式是应用最广泛的一种结构形式，主要是由印制电路板组成。在印制电路板的一端备有插头，构成插件，通过插座与布线相连，有的直接引出线与布线连接，有的则根据装配结构的需要，将元器件直接装在固定组件支架（板）上，便于元器件的组合，以及与其他部分配合连接。

（2）单元盒结构形式

这种形式适应产品内部需要屏蔽或隔离而采用的结构形式。通常将这一部分元器件装在一块印制电路板上或支架上，放在一个封闭的金属盒内，通过插头座或屏蔽线与外部接通。单元盒一般插入机架相应的导轨上或固定在容易拆卸的位置，便于维修。

（3）插箱结构形式

插箱结构形式一般是将插件和一些机电元器件放在一个独立的箱体内，该箱体有插头，通过导轨插入机架上。插箱结构形式一般分为无面板和有面板两种形式，它往往在电路和结构上都有相对的独立性。

（4）底板结构形式

底板结构形式是目前电子产品中采用较多的一种结构形式，它是一切大型元器件、印制电路板及机电元器件的安装基础。与面板配合，很方便地把电路与控制、指示、调谐等部分连接，一般结构简单的机器采用一块底板，有些设备为了便于组装，常采用多块小面积底板分别与支架连接，这对削弱地电流窜扰有利，在整机装配时也很方便。

（5）机体结构形式

机体结构决定产品外形。一般机体结构可分为柜式、箱式、台式和盒式 4 类，都能给内部安装件提供组装在一起并得到保护的基本条件，还给产品装配、使用和维修带来方便。无论哪种结构均服从于外形并顾及装配和加工工艺，力求简单。

2. 整机结构的装配工艺要求

电子产品的装配工艺在产品设计制造的整个过程中具有重要的意义，它将直接影响到各项技术指标能否实现或能否用最合理、最经济的方法实现。如果在结构设计中对工艺性考虑不周到，不仅会给生产造成困难，还将直接影响到生产率的提高。因此，在产品制造的过程中，要特别重视结构的装配工艺性。

（1）结构装配工艺应具有相对的独立性

整机结构安装通常是指用紧固件和胶黏剂将产品的零部件、整件按设计要求装在规定的位置上，由于产品组装采用分级组装，整机中各分机、整件和部件的划分，不仅在电器上具有独立性，而且在组装工艺上也要具有相对的独立性，这样不仅便于组织生产，也便于整机的调整和检验。

（2）整机机械结构装配工艺要求

在整机机械结构装配中所采用的连接结构，应保证方便和连接可靠，并能尽可能采用有效的新型连接结构形式，如压接、胶合、快速拆卸连接。为保证电子产品在外界机械力作用下仍能可靠的工作，除了正确地在产品和支撑物之间安装减振器进行隔离外，还应考虑对电子产品中的各元器件和机械结构采用耐振措施。

机械结构装配应有可调节结构，以保证安装精度。合理使用紧固件，可提高产品的可靠性和工艺性。例如，调节部件或整件安装位置，常采用长圆孔螺钉连接或调整垫片等结构。

机械结构装配应方便产品的调整、观察和维修。保证操作调谐机构能准确、灵活和匀滑地工作，保证装拆及更换的方便，并且在更换及调整时不应影响其他元器件或部件。此外，还应考虑整机维修时容易打开和便于观察修理等。

（3）整机装配对线束及连接工艺要求

线束的固定和安装要有利于组织生产和整机装配整齐美观，线束固定要牢固可靠，线束的走向和布置一般要放在底座下面或机架的边沿等看不见的地方，保证线路连接的可靠性。

5.4.2　常用零部件装配工艺

从装配工艺程序看，零部件装配内容主要包括安装和紧固两部分。

安装是指将配件放置在规定部位的过程。配件的结构组成一般有电子元器件、辅助构件和紧固零件等，安装的内容是指对配件的安放，应满足其位置、方向和次序的要求，直到紧固零件全部套上入扣为止，才算安装过程结束。

紧固是指在安装之后用工具紧固零件的工艺过程。通过紧固使配件在机械上得到固定。在紧固的过程中，有时还要对装配件位置、方向进行调整，使之对称、整齐，完全符合技术规程的要求。

在实际操作中安装与紧固是紧密相连的，有时难以截然分开。当主要元器件放上后，再将辅助构件和紧固件边套装边紧固，但是一般都不拧得很紧，待元器件位置初步到位得到固定后，稍加调整再作最后的固定。

下面介绍几种常见零部件的装配：

1. 陶瓷零件、胶木零件和塑料零件的安装

这类零件的特点是强度低，在安装时容易损坏。因此，要选择合适材料作为衬垫，在安装时要特别注意紧固力的大小。瓷件和胶木件在安装时要加软垫，如橡胶垫、纸垫等，不能使用弹簧垫圈。塑料件在安装时容易变形，应在螺钉上加大垫圈。使用自攻螺钉紧固，螺钉旋入深度不小于直径的 2 倍。

2. 仪器面板零件的安装

在仪器面板上安装电位器、波段开关和接插件等，通常都要采用螺纹安装。在安装时要选用合适的防松垫圈，特别要注意保护面板，防止在紧固螺母时划伤面板。

3. 电位器的安装

（1）当电位器是用螺母安装于面板时，锁紧螺母应非常小心，锁紧力矩不宜过大，以避免破坏螺牙。当需用螺钉安装铁壳型直滑电位器时，避免使用过长螺钉，否则有可能妨碍滑柄的运动，甚至直接损坏电位器本身。

（2）在对电位器焊接或安装过程中，不要对接线端子施加过大的力，否则可能引起接触不良或机械损伤。尽量避免来回弯折接线端子，以免接线端子因来回弯折而折断。对有定位要求的电位器安装时，应注意检查定位柱上是否正确装入安装位置的定位孔，注意不能使电位壳体变形。

（3）在给电位器套上旋钮时，不要对转轴施加过大的轴向推/拉力，避免破坏电位内部结构。

4. 散热器的安装

（1）大功率半导体器件一般都要安装在散热器上，如图 5-29 所示。在安装时，器件与散热器之间的接触面要平整、清洁，装配要准确，防止装紧后安装件变形导致实际面积减少界面热阻增加。散热器上的紧固件要拧紧，保证良好的接触，以有利于散热。为使接触面密合，往往在安装接触面上涂些硅脂，以提高散热效率，但硅脂的数量和范围要适当，否则将失去实际效果。

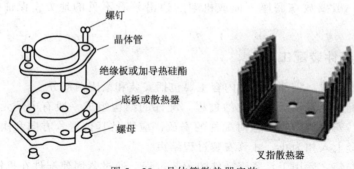

图 5 - 29　晶体管散热器安装

（2）散热器的安装部位应在机箱的边沿或风道等容易散热的地方，以有利于提高散热效果，叉指型散热器放置方向会影响散热效果，在相同功耗条件下因放置方向不同而温升不同，如散热器平放（叉指向上）比侧放（叉指水平方向）的温升稍低，散热要好。在没有其他条件限制时，应尽量注意这个环节。

5.4.3　电子产品整机总装

电子产品的总装包括机械和电气两大部分工作。具体地说，电子产品的总装就是将构成整机的各零部件、插装件以及单元功能整件（如各机电元器件、印制电路板、底座、面板等），按照设计要求，进行装配、连接，组成一个具有一定功能的、完整的电子整机产品的过程。以便进行整机调整和测试。总装的连接方式可归纳为两类：一类是可拆卸的连接，即拆散时不会操作任何零部件，它包括螺钉连接、柱销连接、夹紧连接等。另一类是不可拆连接，即拆散时会损坏零部件或材料，它包括锡焊连接、胶粘、铆钉连接等。

电子产品的总装是指将组成整机的产品零件、部件，经单元调试检验合格后，按照设计要求进行装配与连接，再经整机调试、检验，形成一个合格的，功能完整的电子产品整机的过程。

（1）总装的顺序

电子产品的总装有多道工序，这些工序的完成顺序是否合理，直接影响到产品的装配质量、生产效率和操作者的劳动强度。

电子产品总装的顺序：先轻后重、先小后大、先铆后装、先装后焊、先里后外、先平后高，上道工序不得影响下道工序。

（2）总装的基本要求

电子产品的总装是电子产品制作过程中的一个重要的工艺过程环节，是把半成品装配成合格产品的过程。对总装的基本要求如下：

① 总装前组成整机的有关零部件或组件必须经过调试、检验，不合格的零、部件或组件不允许投入总装线，检验合格的装配件必须保持清洁。

② 总装过程要根据整机的结构情况，应用合理的安装工艺，用经济、高效、先进的装配技术，使产品达到预期的效果，满足产品在功能、技术指标和经济指标等方面的要求。

③ 严格遵守总装的顺序要求，注意前后工序的衔接。

④ 总装过程中，不损伤元器件和零、部件，避免碰伤机壳、元器件和零部件的表面涂

覆层，不破坏整机的绝缘性；保证安装的方向、位置、极性的正确，保证产品的电性能稳定，并有足够的机械强度的稳定度。

⑤ 小型及大批量生产的产品，其总装在流水线上安排的工位进行。每个工位除按工艺要求操作外，要求工位的操作人员熟悉安装要求和熟练掌握安装技术，保证产品的安装质量。总装中每一个阶段的工作完成后应进行检验，分段把好质量关，从而提高产品的一次直通率。

5.4.4　电子产品装配的分级

电子产品装配是生产过程中一个极其重要的环节，装配过程中，通常会根据所需装配产品的特点、复杂程度的不同将电子产品的装配分为不同的组装级别。

（1）元器件级组装（第一级组装）：指电路元器件、集成电路的组装、是组装中的最低级别。其特点是结构不可分割。

（2）插件级组装（第二级组装）：指组装和互连装有元器件的印制电路中插件板等。

（3）系统级组装（第三级组装）：将插件级组装件，通过连接器、电线电缆等组装成具有一定功能的完整的电子产品设备。

在电子产品装配过程中，先进行元器件级组装，再进行插件级组装，最后是系统级组装。在简单的电子产品装配中，可以把第二级和第三级合并完成。

5.4.5　整机总装工艺流程

电子产品的整机总装是在装配车间完成的。总装主要包括电气装配和结构安装两大部分，电子产品是以电气装配为主导、以印制电路板组件为中心进行焊接和装配的。总装的形式可根据产品的用途和总装数量决定。其装配工艺流程因设备种类、规模的不同，其组成部分也有所不同，但基本工序并没有什么变化，其过程大致可分为装配准备、装联、调试、检验、包装、入库或出厂等几个阶段。

1. 零件、部件的配套准备

电子产品在总装之前应对装配过程中所需的各种装配件（如具有一定的印制电路板）和紧固件等从数量的配套和质量的合格两方面进行检查和准备，并准备好整机装配与调试中的各种工艺、技术文件，以及装配所需的仪器设备。

2. 零件、部件的装联

装联是将质量合格的各种零部件，通过螺纹连接、粘接、锡焊连接、插接等手段，安装在规定的位置上。

3. 整机调试

整机调试包括调试和测试两部分工作，即对整机内可调部分（可调元器件及机械传动部分）进行调整，并对整机的电性能进行测试。各类电子整机在装配完成后，进行电路性能指标的初步调试，调试合格后再把面板、机壳等部件进行合拢总装。

4. 总装检验

电子产品的总装检验是根据电子产品的设计技术要求和工艺要求，进行必要的检验，然后才能出厂投入使用。整机检验包括的内容：检验整机的各种电气性能、力学性能和外观等。通常按以下几个步骤进行：

（1）对总装的各种零部件的检验

检验应按规定的有关标准进行，剔除废次品，做到不合格的材料和零件、部件不投入使用。这部分的检验是由专职检验人员完成的。

（2）工序间的检验

即后一道工序的工人检验前一道工序工人加工的产品质量，不合格的产品不流入下一道工序。工序间的检验点通常设置在生产过程中的一些关键工位或易波动的工位。在整机装配生产中，每一个工位或几个工位后都要设置检验点，以保证各个工序生产出来的产品均为合格的产品。工序间的检验一般由生产车间的工人进行互检完成。

（3）电子产品的综合检验

电子整机产品全部装配完之后，进行全面的检验。一般是先由车间检验员对产品进行电气、机械方面全面综合的检验，认为合格的产品，再由专职检验员按比例进行抽样检验，全部检验合格后，电子整机产品才能进行包装、入库。

5. 包装

经过前叙几个过程后，达到产品技术指标要求的电子整机产品就可以包装了。包装是电子整机产品总装过程中，起保护产品、美化产品及促进销售的重要环节。电子总装产品的包装通常着重于方便运输和储存两方面。

6. 入库或出厂

合格的电子整机产品经过包装，就可以入库储存或直接出厂，从而完成整个总装过程。

总装工艺流程的先后顺序有时可以作适当变动，但必须符合以下两条：

（1）使上、下道工序装配顺序合理且加工方便。

（2）使总装过程中的元器件损耗最小。

由于电子产品的复杂程度、设备场地条件、生产数量、技术力量及操作工人技术水平等情况的不同，因此生产的组织形式和工序也要根据实际情况有所变化。样机生产可按工艺流程主要工序进行；若大批量生产，则其装配工艺流程中的印制电路板装配、机座装配及线束加工等几个工序可并列进行。在实际操作中，要根据生产人数、装配人员的技术水平来编制最有利于现场指导的工序。

5.4.6　电子产品生产流水线

1. 生产流水线与流水节拍

电子产品生产流水节拍是把一部整机的装联、调试工作划分成若干简单操作，每一个装配工人完成指定操作。在流水操作的工序划分时，每位操作者完成指定操作的时间应相等，这个时间称为流水的节拍。

流水操作具有一定的强制性，但由于每一位操作人员的工作内容固定、简单、便于记忆，可减少差错，提高工效，保证产品质量，因而在电子产品生产线上，基本都要采用了流水线的生产方式。

装配的电子产品在流水线上移动的方式有好多种。有的是把装配产品的底座放在小车上，由装配工人沿轨道推进，这种方式的时间限制不很严格。有的是利用传送带来运送电子产品，装配工人把产品从传送带上取下，按规定完成后再放到传送带上，进行下一个操作；由于传送带是连续运转的，所以这种方式的时间限制很严格。

传送带的运动有两种方式：一种是间歇运动（定时运动）；另一种是连续匀速运动。每个装配工人的操作必须严格按照所规定的时间节拍进行。而完成一部整机所需的操作和工位（工序）的划分，要根据所生产的电子产品的复杂程度、日产量或班产量来确定。

2. 流水线的工作方式

目前，电子产品生产流水线有自由节拍和强制节拍两种。

（1）自由节拍形式

自由节拍形式是由操作者控制流水线的节拍来完成操作工艺的。这种方式的时间安排比较灵活，但生产效率低。它分手工操作和半自动化操作两种类型。手工操作时，装配工按规定插件，进行手工焊接，剪掉多余的引线，然后在流水线上传递。半自动化操作时，生产线上配备有波峰焊机。整块电路板上组件的插装工作完成后，由宽度可调、长短可随意增减的传送带送到波峰焊接机上焊接，再由传送带送到剪腿机，剪掉多余的引线。

（2）强制节拍形式

强制节拍形式是指插件板在流水线上连续运行，每个操作工人必须在规定的时间内把所要求插装的元器件、零件准确无误地插到电路板上。这种方式带有一定的强制性，在选择分配每个工位的工作量时应留有适当的余地，以便既保证一定的劳动生产率，又保证产品质量。这种流水线方式，工作内容简单，动作单纯，记忆方便，可减少差错，提高工效。

目前，还有一种回转式环形强制节拍插件焊接线，它是将印制电路板放在环形连续运转的传送线上，由变速器控制链条拖动，工装板与操作工人呈 15°～27°的角度，其角度可调，工位间距也可按需要自由调节。生产时，操作工人环坐在流水线周围进行操作，每个人装插组件的数量可调整，一般取 4～6 只左右，而后再进行焊接。

5.4.7　电子产品整机质量检查

产品的质量检查，是保证产品质量的重要手段。电子产品整机总装完成后，应按配套的工艺和技术文件的要求进行质量检查。检查工作应始终坚持自检、互检、专职检验的"三检"原则，其程序是：先自检，再互检，最后由专职检验人员检验。通常，整机质量的检查有以下几方面。

1. 外观检查

装配好的整机，应该有可靠的总体结构和牢固的机箱外壳；整机表面无损伤，涂层无划痕、脱落，金属结构无开裂、脱焊现象，导线无损伤、元器件安装牢固且符合产品设计文件的规定，整机的活动部分活动自如，机内无多余物（如焊料渣、零件、金属屑等）。

2. 装联的正确性检查

装联的正确性检查主要是指对整机电气性能方面的检查。检查的内容是：各装配件（印制电路板、电气连接）是否安装正确，是否符合理论图和接线图的要求，导电性能是否良好。批量生产时，可根据有关技术文件提供的技术指标，预先编制好电路检查程序表，对照电路图一步一步地检查。

3. 安全性检查

电子产品是给用户使用的，因而除对电子产品要求性能良好、使用方便、造型美观、结构轻巧、便于维修外，安全可靠是最重要的。一般来说，对电子产品的安全性检查有两个主要方面，即绝缘电阻和绝缘强度。

（1）绝缘电阻的检查

整机的绝缘电阻是指电路的导电部分与整机外壳之间的电阻值。电阻的大小与外界条件有关；在相对湿度为 25%±5%、温度为 25 ℃±5%的条件下，绝缘电阻应不小于 2 MΩ。

一般使用兆欧表测量整机的绝缘电阻。整机的工作电压大于 100 V 时，选用 500 V 的兆欧表；整机的额定工作电压小于 100 V 时，选用 100 V 兆欧表。

（2）绝缘强度的检查

电子产品整机的绝缘强度是指电路的导电部分与外壳之间所能承受的外加电压大小。其检查方法是在电子设备上外加试验电压，观察电子设备能承受多大的耐压。一般要求电子设备的耐压应大于电子设备最高工作电压的两倍以上。

注意：绝缘强度的检查点和外加试验电压的具体数值由电子产品的技术文件提供，应严格按照要求进行检查，避免损坏电子产品或出现人身事故。

习　题

1. 试说明电子产品组装的特点及基本方法。
2. 简述电子产品的布线原则及布线时的操作顺序。
3. 为什么要对元器件引线进行成型加工？引线成形工艺的基本要求是什么？
4. 试叙述印制电路板元器件的安装方法及安装技术要求。
5. 电子产品在装配时应考虑哪些因素？
6. 请说明流水线装配工艺的形式和特点。
7. 整机总装的基本原则是什么？在总装中要注意什么问题？
8. 简述电子产品总装的顺序。
9. 生产流水线有什么特征？什么是流水节拍？设置流水节拍有何意义？
10. 总装的质量检查应坚持哪"三检"原则？
11. 应从哪几方面检查总装的质量？

第6章 │ 表面组装工艺技术

学习目的及要求：

（1）了解表面贴片技术（SMT）的特点、发展、组成等内容。

（2）熟悉 SMT 的贴片设备与焊接设备的基本功能特点和 SMT 组装工艺流程。

（3）掌握 SMC/SMD 的焊接工艺及焊接质量分析方法。

电子设备的微型化和集成化是当代电子技术革命的重要标志，也是未来发展的重要方向。

表面安装技术，也称 SMT 技术，是伴随着无引脚器件或引脚极短的片状元器件的出现而发展起来的，目前已经得到了广泛应用的安装焊接技术。它打破了在印制电路板上要先进行钻孔再安装元器件，在焊接完成后还要将多余的引线剪掉的传统工艺，直接将 SMD 元器件平卧在印制电路板的铜箔表面进行安装和焊接。现代电子技术大量采用表面安装技术，实现了电子设备的微型化，提高了生产效率，降低了生产成本。

6.1 表面组装技术概述

表面组装技术是将电子元器件直接安装在印制电路板或基板导电表面的安装技术。电子元器件在印制电路板上的表面安装如图 6 - 1 所示。

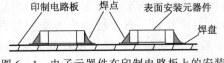

图 6 - 1 电子元器件在印制电路板上的安装

在电子产品生产制造中，SMT 技术是一门包括元器件、材料、设备、工艺以及表面组装电路基板设计与制造的系统性综合技术，是突破了传统的印制电路板通孔基板插装元件方式而发展起来的第四代组装方法，是现在最热门的电子产品组装换代新观念，也是电子产品能有效地实现"轻、薄、短、小"，多功能、高可靠、优质量、低成本的主要手段之一。

6.1.1 表面组装技术的发展

表面组装技术是由组件电路的制造技术发展起来的。从 1957 年到现在，SMT 的发展历经了 3 个阶段：

第一阶段（1970—1975 年）：主要技术目标是把小型化的片状元器件应用在混合电路

（我国称为厚膜电路）的生产制造之中。从这个角度来说，SMT 对集成电路的制造工艺和技术发展做出了重大的贡献。

第二阶段（1976—1985 年）：促使了电子产品迅速小型化、多功能化，同时，用于表面组装的自动化设备大量研制开发出来，片状元器件的安装工艺和支撑材料也已经成熟，为 SMT 的大发展打下了基础。

第三阶段（1986—现在）主要目标是降低成本，进一步改善电子产品的性能价格比。随着 SMT 技术的成熟，工艺可靠性提高，使片状元器件在 PCB 上的使用量高速增长，高性能、高可靠、集成化、微型化的电子产品层出不穷，加速了电子产品总成本的下降。电子产品组装技术发展进程如表 6 - 1 所示。

表 6 - 1　电子产品组装技术发展进程

发展阶段	组装技术	代表元器件	安装基板	安装方法	焊接技术
20 世纪 50 ~ 60 年代		电子管 大型元器件	接线板	手工安装	手工焊
20 世纪 60 ~ 70 年代	THT	晶体管，小型、大型元器件	单、双面 PCB	手工/半自动插装	手工焊 浸焊
20 世纪 70 ~ 80 年代	THT	中小规模 IC 轴向引线元器件	单面及多层 PCB	自动插装	手工焊、浸焊、波峰焊
20 世纪 80 ~ 90 年代	SMT	SMC、SMD 片式封装	高质量 SMB	自动贴片	波峰焊 再流焊
20 世纪 90 年代以来	MPT	超大规模集成电路、复合贴装	陶瓷硅片	自动安装	再流焊 特种焊

从表中可以看出组装技术的发展有如下几个特点：

1. 与元器件的发展密切相关

晶体管及集成电路的出现是组装工艺技术第一次大的飞跃，典型技术为通孔安装技术（THT），使电子产品体积缩小，性能提高。表面安装元器件的出现使组装工艺发生了根本性的变革，使安装方式、连接方法都达到了新的水平。电子产品体积进一步缩小，功能进一步提高，推动了信息产业的高速发展，典型技术为表面安装技术（SMT）。到了 20 世纪 90 年代后期，在 SMT 进一步发展的基础上，进入了新的发展阶段，即微组装技术（MPT）阶段，可以说它完全摆脱了传统的安装模式，把这项技术推向了一个新的境地，目前正处于发展阶段的初期，但前景可观，它代表了电子产业安装技术发展的方向。

2. 新工艺、新技术的应用提高了产品质量

在组装过程中，新工艺、新技术、新材料不断被采用，例如焊接新材料的应用，表面防护处理采用的新工艺，新型连接导线的应用等，对提高连接可靠性，减轻重量和缩小体积都起到积极作用。

3. 工装设备的改进

电子产品的小型化、高可靠性，大大促进了工装设备的不断改进。采用小巧、精密和专用的工具、设备，如高精度的丝印设备，高精度细间隙安装机和更严格的焊接工艺设备，使组装质量有了可靠的保证。

6.1.2 SMT 工艺技术的特点

SMT 是当前迅速发展，广泛应用的一种装联技术，又称表面贴装技术。它采用专门技术直接将元器件安装在印制电路板上，完全不同于传统的"通孔"安装技术，是一套完整的组装工艺技术。主要包括表面安装元器件（SMC）、表面安装器件（SMD）、表面安装印制电路板（SMB）、普通混装印制电路板（PCB）、点胶黏剂、涂焊料膏、元器件安装设备、焊接技术、检验技术等。SMT 涉及电子、机械、材料、化工等多学科、多领域，是一项综合性的高新技术，其主要特点如下：

1. 组装密度高，实现了产品的微型化

采用表面安装元器件，体积小、重量轻，可有效利用印制电路板的空间，大大提高了印制电路板的安装密度。与通孔安装技术相比，可节约印制电路板空间60% ~70%，减轻重量 70% ~90%。

2. 简化了生产工序，提高了生产效率降，降低了生产成本

由于片状元器件外形尺寸标准化、系列化及焊接的一致性，减少传统安装工艺中的工序，更加适合自动化大规模生产。采用计算机集成制造系统（CIMS）可使整个生产过程高度自动化，将生产效率提高到新的水平。

由于表面安装元器件的小型化，印制基板面积的缩小，安装程序的减少，生产设备效率的提高以及封装材料的消耗减少。大大降低了生产成本，由于产品性能的提高，又可减少产品调试和维修成本。一般情况下，同样功能电路的加工成本低于通孔插装方式30% ~50%。

3. 提高了产品的可靠性和高频特性

表面安装元器件无引线或引线极短，加之重量轻，使装配结构抗振动、冲击能力强。由于采用焊接新工艺，使焊点失效率与通孔技术相比降低了一个数量级，大大提高了产品的可靠性。

由于元器件的密集安装使电路信号传输路径短，各种电磁干扰减少，尤其在高频电路中减少分布参数的影响，降低了射频干扰，提高了信号传输速度，电路高频性能可明显改善，使产品整体性能大大提高。

目前，SMT 已成为安装技术的主流，但在某些环节还存在不足。例如，表面安装元器件标准不够统一、品种也不齐全、价格与传统元器件相比偏高、组装工艺也有待改善（如高密度带来的散热问题复杂）、焊接工艺（如焊接方式多样化）有待于进一步改善。

6.1.3 SMT 工艺技术发展趋势

SMT 组装技术总的发展趋势：元器件越来越小，安装密度越来越高，安装难度也越来越大。为适应电子产品向短、小、轻薄方向发展，出现了多种新型的 SMT 元器件，并引发了生产设备、焊接材料、贴装和焊接工艺的变化，推动电子产品制造技术走向更新的阶段。

当前，SMT 正在以下几方面取得新的技术进展：

1. 元器件体积进一步小型化

在大批量生产微型电子产品中，2021 系列元器件、窄引脚间距达到 0.3 mm 的 QFP 或 BGA、CSP9（芯片尺寸封装）和 FC（倒装芯片）等新型封装的大规模集成电路已经大量采用。由于元器件体积的进一步小型化，对 SMT 表面组装工艺水平、SMT 设备的定位系统等提出了更高的精度与稳定性要求。

2. 进一步提高 SMT 产品的可靠性

面对微小型 SMT 元器件的大量采用和无铅焊接技术的应用，在极限工作温度和恶劣环境条件下，消除因线膨胀系数不匹配而产生的应力，避免这种应力导致电路板开裂或内部断线、元器件焊接被破坏已成为不得不考虑的问题。

3. 新型号生产设备的研制

在 SMT 电子产品的大批量生产过程中，印制机、贴片机和再流焊设备是不可缺少的。近年来，各种生产设备正朝着高密度、高速度、高精度和多功能方向发展，高分辨率的激光定位。光学视觉识别系统、智能化质量控制等先进技术得到推广应用。

4. 柔性 PCB 的表面组装技术

随着电子产品组装中柔性 PCB 的广泛应用，在柔性 PCB 上安装 SMC 元器件已被业界攻克，其难点在于柔性 PCB 如何实现刚性固定的准确定位要求。

6.2　SMT 组装工艺方案

6.2.1　SMT 组装工艺

SMT 的组装方式主要取决于表面组装件（SMA）的类型、使用的元器件种类和组装设备条件，大体上可分为 3 种类型共 6 种方式，如表 6-2 所示。

表 6-2　表面组装方式

序　号	组装方式		组装结构	电路基板	元器件	特　征
1	单面组装	先贴法	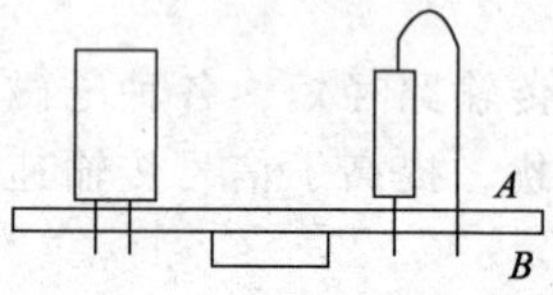	单面 PCB		先贴后插、工艺简单，组装密度低
2		后贴法		单面 PCB		先插后贴，工艺复杂，组装密度高
3	双面组装	SMD 和 THC 都要在 A 面	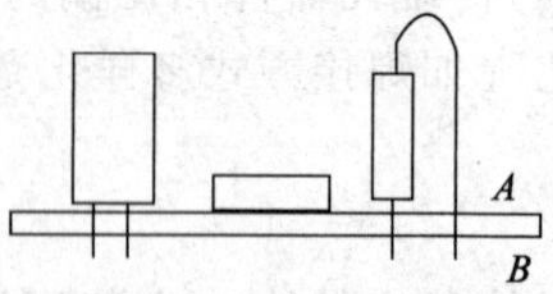	双面 PCB	表面组装及通孔插装元器件	表面组装及通孔插装元器件组装在 PCB 同一侧
4		THC 在 A 面，A、B 两面都有 SMD	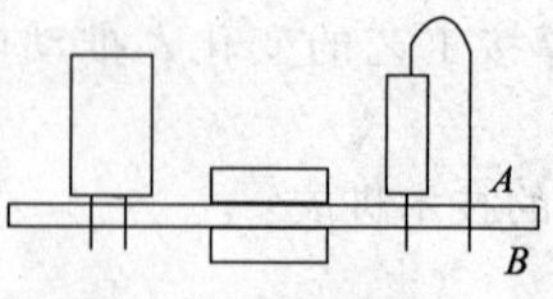	双面 PCB		SMC/SMD 双面贴装，工艺复杂，组装密度高

续表

序号	组装方式		组装结构	电路基板	元器件	特征
5	表面组装	单面表面组装	A B	单面 PCB 陶瓷基板	表面组装元器件	工艺简单，适用于小型、薄型化的电路组装
6		双面表面组装	A B	双面 PCB 陶瓷基板		高密度组装，薄型化

6.2.2　组装工艺流程

合理的工艺流程是组装质量和效率的保障，当组装方式确定后，就可以根据需要和具体设备条件确定工艺流程。不同的组装方式有不同的工艺流程，同一组装方式也可以有不同的工艺流程，这主要取决于所用元器件的类型、SMA 的组装质量要求、组装设备和组装生产线的条件，以及组装生产的实际条件等。

1. 单面混合组装工艺流程

（1）先贴法

先贴法是指在插装 THC 前先贴装 SMC/SMD，利用黏接剂将 SMC/SMD 暂时固定在 PCB 的贴装面上，待插装 THC 后，采用波峰焊进行焊接，其工艺流程框图如图 6－2 所示。先贴法的特点是黏接剂涂敷容易，操作简单，但需要留下插装 THC 时弯曲引线的操作空间，因而组装密度较低。而且，插装 THC 时容易碰到已贴装好的 SMC/SMD，引起损坏和脱落。

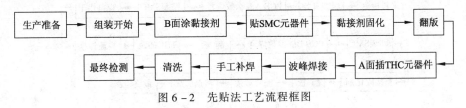

图 6－2　先贴法工艺流程框图

（2）后贴法

后贴法指先插装 THC，再贴装 SMC/SMD。后贴避免了先贴缺点，提高了组装密度，但涂敷黏接剂较困难，其工艺流程框图如图 6－3 所示。

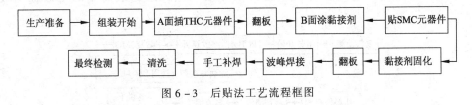

图 6－3　后贴法工艺流程框图

2. 双面混合组装工艺流程

双面混合组装有两种组装方式：一种是 SMC/SMD 和 THC 只在 A 面，另一种是 PCB 的 A、B 面都有 SMC/SMD，而 THC 只在 A 面。第一种组装方式有两种工艺流程，其一如图 6－4 所示。这种工艺流程在再流焊接 SMC/SMD 之后，在插装 THC 之前又可分为两种流程。当再流焊接之后需要较长的时间放置或完成插装 THC 的时间较长时采用流程 A。因为再流焊接的焊剂残留物如果停留时间较长，在清洗时很难有效地清除。为此，流程 A 比流程 B 增加了一项溶剂清洗工序。但流程 B 线路短、费用少，广泛用于高度自动化的表面组装工艺中。另一种工艺流程如图 6 - 5 所示。这种组装工艺流程用来把翼形引线的 SMC/SMD 和 THC 混合组装在同一块电路板上。它可以不采用焊膏，而是在电路板上电镀焊料，用热棒或激光再流焊工艺焊接 SMC/SMD。

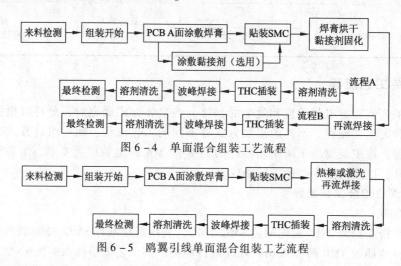

图 6 - 4　单面混合组装工艺流程

图 6 - 5　鸥翼引线单面混合组装工艺流程

双面板组装工艺流程如图 6 - 6 所示。

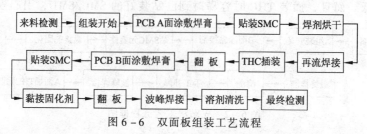

图 6 - 6　双面板组装工艺流程

3. 全表面组装工艺流程

（1）单表面组装的工艺流程如图 6 - 7 所示。这种组装方式是在单面 PCB 上只组装片状元器件，无通孔插装元器件，采用再流焊接工艺，这是最简单的全表面组装工艺流程。

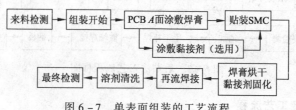

图 6 - 7　单表面组装的工艺流程

（2）双表面组装的工艺流程如图 6 - 8 所示。

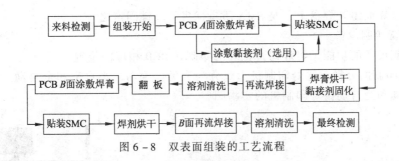

图 6-8 双表面组装的工艺流程

6.2.3 SMT 生产线简介

SMT 生产线主要由焊膏印制机、贴片机、再流焊接设备、检测设备等组成。图 6-9 所示为单表面组装的 SMT 生产线组成框图。

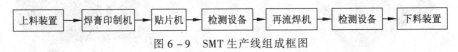

图 6-9 SMT 生产线组成框图

（1）上料装置：其作用是通过编带或传送带，将元器件或 PCB 送到生产线上。

（2）焊膏印制机（锡膏印制机）：因 SMC/SMD 元器件的引脚很短或无引脚，只能通过黏接剂或利用焊锡膏本身的黏性将 SMC/SMD 暂时固定在电路板上，等待焊接。焊膏印制机主要是通过印制的方法（丝网印制法或模板漏印法）将焊锡膏涂敷在电路板的焊盘上。

（3）贴片机：贴片机是用来将 SMC/SMD 贴装到电路板上的设备。它是由计算机控制，集光、电、气及机械为一体的高精度自动化设备。其组成部分主要有机体、元器件供料器、PCB 承载机构、贴装头、器件对中检测装置、驱动系统、计算控制系统等。

（4）再流焊机（回流焊机）：它主要应用于各类表面安装元器件的焊接。即预先在电路板的焊盘上涂敷适量和适当形式的焊锡膏，再把 SMC/SMD 元器件贴放到相应的位置；焊锡膏具有一定黏性，使元器件固定；然后，让贴装好元器件的电路板进入再流焊设备。传送系统带动电路板通过各个设定的温度区域，焊锡膏经过干燥、预热、熔化、润湿、冷却、将元器件焊接到印制电路板上。

（5）检测设备：随着 SMT 小型化的发展和 SMA 组装高密度化，使检验的工作量越来越大，依靠人工目视检测的难度越来越高，判断也不能完全一样。目前，生产厂家在大批量生产过程中检测 SMT 电路板的焊接质量，广泛使用自动光学检测（AOI）或自动控制 X 射线检测（ACI）技术及设备。其检测内容主要有工艺质量检测、性能测试、功能测试等。

（6）下料装置：其作用是通过传送带，将合格的 SMT 传送到下工序。

6.3 SMT 电路板贴装工艺及设备

SMT 电路板组装的典型设备有锡膏印制机、贴装（片）机和再流焊机。

6.3.1 锡膏涂敷工艺和锡膏印制机

1. 锡膏印制技术

焊锡膏的印制是 SMT 再流焊工艺流程中的第一道工序，焊锡膏可以通过丝网、模板涂敷的方法涂于表面组装焊盘上，是 SMA 质量优劣的关键因素之一。

（1）锡膏印制设备

锡膏印制设备的功能是将焊锡膏正确地印制在 PCB 相应的位置。

① 锡膏印制的分类。锡膏印制机大致分为三类：手动、半自动和全自动。图 6 - 10 为手动、半自动和全自动锡膏印制机的实物图。

（a）手动锡膏印制机　　　（b）半自动锡膏印制机　　　（c）全自动锡膏印制机

图 6 - 10　焊锡膏印制机

手动锡膏印制机的各种参数与动作均需人工调节与控制，通常在小批量生产或难度不高的场合使用。

半自动锡膏印制机通过人工对第一块板与模板的窗口位置对中，从第二块 PCB 开始工人只需放置 PCB，其余动作由机器自动连续完成。PCB 定位对中通常通过锡膏印制机台面上的定位销来实现，因此 PCB 上应设有高精度的工艺孔，以供装夹用。

全自动锡膏印制机可以实现 PCB 自动装载，配备有光学对中系统，通过光学对中系统可以对 PCB 和模板上的对中标志进行识别，自动实现 PCB 焊盘与模板窗口的自动对中，锡膏印制机的重复精度达 ±0.01 mm。工人可以对刮刀速度、刮刀压力、丝网或模板与 PCB 之间的间隙等参数进行设定。

② 锡膏印制机的结构。无论是哪一种锡膏印制机，都由以下几部分组成：

- 夹持 PCB 基板的工作台，主要包括工作台面、真空夹持或板边夹持机构、工作台传输控制机构。
- 印制头系统，主要包括刮刀、刮刀固定机构、印制头的传输控制系统等。
- 丝网或模板及其固定机构。

其他选配件，主要包括视觉对中系统，干、湿和真空吸擦板系统以及二维、三维测量系统等。

（2）焊锡膏印制方法

① 丝网印制涂敷法。将乳剂涂敷到丝网上，只留出印制图形的开口网目，就制成了丝网印制涂敷法所用的丝网。丝网印制法是传统的方法，制作丝网的费用低廉，但印制焊锡膏的图形精度不高，适用于一般 SMT 电路大批量生产。丝网印制涂敷法的基本原理如图 6 - 11 所示。

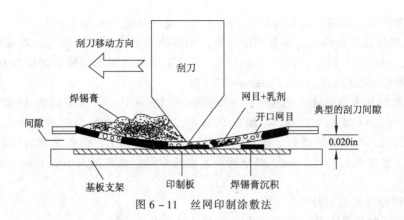

图 6 – 11　丝网印制涂敷法

操作时，在工作支架上固定 PCB，将印制图形的漏印丝网绷紧在框架上并与 PCB 对准，将焊锡膏放在漏印丝网上，刮刀从丝网上刮过去，刮压焊锡膏，同时压迫丝网与 PCB 表面接触，焊锡膏通过丝网上的图形印制到 PCB 的焊盘上。

② 模板漏印法。使用模板漏印法的印制机精度高，一般模板是用薄不锈钢或铜板制成，因此模板加工制作费用比制作丝网高。用不锈钢薄板制作成的漏印模板，适合于大批量生产高精度 SMT 电子产品；用薄铜板制作成的漏印模板，费用低廉，适合于小批量生产电子产品，但模板长期使用容易变形，影响印制精度。漏印模板的基本结构如图 6 – 12 所示。

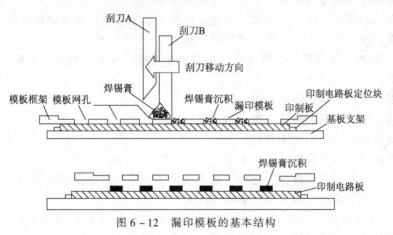

图 6 – 12　漏印模板的基本结构

操作时，将 PCB 放在基板支架上，真空泵或机械方式固定 PCB，将已加工有印制图形的漏印模板平整固定在模板框架上，镂空图形网孔与 PCB 上的焊盘对准，把焊锡膏放在漏印模板上，用刮刀从模板的一端刮向另一端，焊锡膏就通过模板上的镂空图形网孔印制到 PCB 的焊盘上。一般刮刀单向刮一次，沉积在焊盘上的焊锡膏可能会不饱满，需要刮两次。

（3）印制焊锡膏的注意事项

① 焊锡膏被印到 PCB 上后，放置于室温下时间过久会由于溶剂挥发、吸收水分等原因造成性能劣化，因此要缩短进入再流焊的等待时间，一般应在 4 h 内完成焊接。

② 如果印制间隔时间超过 1 h，应将焊锡膏从模板上拭去，将焊锡膏另收到当天使用的容器中，以防止焊锡膏中的易挥发焊剂成分逐渐减少，使黏度增大，相关性能改变。免清

洗焊锡膏不能回收，焊锡膏印制最好在 23±3℃、相对湿度 70% 以下进行。

③ 涂敷焊膏应适量均匀，焊膏图形清晰，相邻的图形之间不能粘连，焊膏图形与焊盘图形要一致，尽量不要错位。在一般情况下，焊盘上单位面积的焊锡膏量应为 $0.8\ mg/mm^2$ 左右，对窄间距元器件，应为 $0.5\ mg/mm^2$ 左右。

④ 焊锡膏的初次使用量不宜过多，一般按 PCB 尺寸来估计，参考量为 A5 幅面约 200 g；B5 幅面约 300 g；A4 幅面约 350 g。涂敷在 PCB 焊盘上的焊锡膏量与期望值相比，可以允许存在一定的偏差，但焊膏覆盖每个焊盘的面积，应在 75% 以上。焊膏涂敷后要求边缘整齐、无严重塌陷，错位不大于 0.2 mm，对窄间距元器件焊盘，错位不大于 0.1 mm，PCB 不允许被焊膏污染。

（4）焊锡膏印制质量分析

由焊锡膏印制质量不良导致的品质问题常见的有以下几种：

① 焊锡膏不足。焊锡膏不足将导致焊接后元器件焊点处焊锡量不足、元器件开路、元器件偏位、元器件竖立。导致焊锡膏不足的主要原因如下：

- 印制机工作时，没有及时补充添加焊锡膏。
- 焊锡膏品质有问题，可能混有硬块等杂物、焊锡膏已经过期或未用完的焊锡膏被二次使用。
- 电路板质量有问题，焊盘上或电路板上有污染物。
- 电路板在印制机内的固定夹具松动。
- 焊锡膏漏印模板厚薄不均匀、有污染物或模板已损坏。
- 焊锡膏刮刀损坏、压力、角度、速度，以及脱模速度等设备参数设置不合适。
- 焊锡膏印制完成后，因人为因素不慎被碰掉。

② 焊锡膏粘连。焊锡膏粘连将导致焊接后电路短接、元器件偏位。导致焊锡膏粘连的主要因素如下：

- 电路设计缺陷，焊盘间距过小。
- 网板镂孔位置不正、网板未擦拭洁净。
- 焊锡膏脱模不良、黏度不合格。
- 印制机内的固定夹具松动。
- 焊锡膏刮刀的压力、角度、速度，以及脱模速度等参数设置不合适。
- 焊锡膏印制完成后，因人为因素被挤压粘连。

③ 焊锡膏整体偏位。焊锡膏印制整体偏位将导致整板元器件焊接不良，如少锡、开路、偏位、竖件等。导致焊锡膏印制整体偏位的主要因素如下：

- 电路板上的定位基准点不清晰，电路板上的定位基准点与网板的基准点没有对正。
- 印制机固定夹具松动，定位顶针不到位。
- 焊锡膏漏印模板开孔与电路板的设计文件不符合。

④ 焊锡膏拉尖。焊锡膏拉尖易引起焊接后短路，导致印制焊锡膏拉尖的主要因素如下：

- 焊锡膏黏度等性能参数有问题。
- 脱模参数设定有问题。
- 漏印网板镂孔的壁有毛刺。

2. 点胶技术

点胶技术也称涂敷贴片胶技术，目的是将贴片胶涂敷在印制电路板上，用来固定元器件，保证元器件在焊接时不会脱落。采用波峰焊和双面再流焊工艺时，需要用贴片胶固定片状元器件，防止元器件掉落。大的异型元器件也需要贴片胶固定。

（1）涂敷贴片胶的方法

把贴片胶涂敷到电路板上常用的方法有点滴法、注射法和印制法。

① 点滴法。点滴法是用针头从容器里蘸取一滴贴片胶，把它点涂到电路基板的焊盘或元器件的焊端上。点滴法只能手工操作，效率很低，要求操作者非常细心，因为贴片胶的量不容易掌握，还要特别注意避免涂到元器件的焊盘上导致焊接不良。

② 注射法。注射法既可以手工操作，又能够使用设备自动完成。手工注射贴片胶，是把胶装入注射器，靠手的推力把一定量的贴片胶从针管中挤出来。注射法的优点是适应性强，易于控制，可方便地改变贴片胶量以适应大小不同元器件的要求，贴片胶处于密封状态，性能和涂敷工艺比较稳定。

大批量生产中使用的由计算机控制的点胶机如图 6 – 13 所示。图 6 – 13（a）是根据元器件在电路板上的位置，通过针管组成的注射器阵列，靠压缩空气把贴片胶从容器中挤出来，胶量由针管的大小、加压的时间和压力决定。图 6 – 13（b）是把贴片胶直接涂到被贴装头吸住的元器件下面，再把元器件贴装到电路板指定的位置。图 6 – 13（c）是手工注射贴片胶，是把胶装入注射器，靠手的推力把一定量的贴片胶从针管中挤出来。

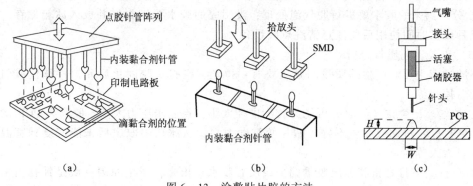

图 6 – 13　涂敷贴片胶的方法

③ 印制法。把贴片胶印制到电路基板上，这种方法成本低、效率高，适用于元器件密度不太高、生产批量比较大的场合，其方法和印制焊锡膏相同，有模板漏印和丝网印制两种。印制质量上要求必须准确定位，要避免胶水污染焊接面，影响焊接效果。

（2）胶水的固化

在涂敷贴片胶的位置贴装元器件以后，需要固化贴片胶，把元器件固定在电路板上。固化贴片胶的方法很多，常用电热烘箱加热固化、红外线辐射固化、紫外线辐射固化，也可以在胶水中添加一种硬化剂，在室温中固化或加温固化。

（3）胶水的涂敷工艺要求

① 根据固化方法不同，确定胶水的涂敷位置，若采用光（红外线或紫外线）辐射固化，贴片胶至少应该从元器件的下面露出一半，以便被照射而实现固化，若采用加热固化，贴片胶可以完全被元器件覆盖，如图 6 – 14 所示。

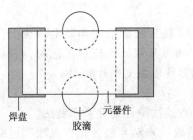
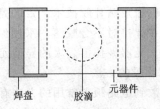

（a）光固型贴片胶　　　　　　　　　（b）热固型贴片胶

图 6-14　贴片胶的点涂位置

② 贴片胶的大小和胶量，要根据元器件的尺寸和重量来确定，以保证足够的黏结强度为准。小型元器件下面一般只点涂一滴贴片胶，体积大的元器件下面可以点涂多个胶滴或一个比较大的胶滴。

③ 胶滴的高度应该保证贴装元器件以后能接触到元器件的底部，但也不能太高，防止贴装元器件后把胶挤压到元器件的焊端和印制电路板的焊盘上造成污染。

（4）贴片胶水的使用注意事项

① 贴片胶水应放于冰箱低温环境中储存，并做好登记工作，注意生产日期、使用寿命和胶水的型号及黏度，不同厂家和不同型号的贴片胶水不能混用。从冰箱中取出的贴片胶水需恢复到室温后才能使用，一般在室温下恢复 2~3 h（大包装应有 4 h 左右）。

② 分装出来的胶水要进行脱气泡处理；没用完的胶水要密封好并放入冰箱储存。更换胶水品种或长时间使用后要注意清洗点胶设备。

（5）点胶工艺质量分析

点胶过程中可能产生的质量问题主要有：拉丝、空打、胶固化后元器件移位或引脚上浮、焊后掉片等。

① 拉丝。产生拉丝的原因可能为胶嘴内径太小，点胶水压力太高、胶嘴离 PCB 的间距太大、贴片胶水过期或品质不好、贴片胶黏度太高、从冰箱中取出后未能恢复到室温造成胶含水量太大等。

② 空打。空打是指胶嘴出胶量偏少或没有胶水点出来，产生原因一般是针孔内未完全清洗干净；贴片胶中混乱入杂质，有堵孔现象；贴片胶内混入气泡；不相溶的胶水相混合等。

③ 元器件移位或元器件引脚上浮。产生固化后元器件移位或元器件引脚浮起来的原因是贴片胶水不均匀、贴片胶水量过多或贴片时元器件偏移。

④ 掉片。固化后元器件黏结强度不够，用手触摸会出现掉片。产生原因是固化工艺参数不到位，温度不够，或是由于元器件尺寸过大，吸热量太大，还有可能是由于光固化灯老化、胶水量不够、元器件/PCB 有污染等。

6.3.2　SMT 贴装技术及贴装设备

SMC/SMD 贴装一般采用贴装机（贴片机）自动进行，也可采用手工借助辅助工具进行。

1. SMT 贴片技术

贴片是贴装过程中的关键环节，在 PCB 上印好焊锡膏或胶水以后，用贴装（片）机或手工的方式，将表面贴装元器件准确地贴放到 PCB 表面相应位置上的过程，称为贴装（也称为贴片）。目前在维修或研发试制中，采用手工方式贴片，大规模批量生产，主要采用自动贴装机进行贴片。

（1）手工贴装（片）技术

手工贴片是指手工贴装 SNT 元器件。在具备自动生产设备的企业里，一般采用贴装机（贴片机）自动进行，手工贴装只是作为机器贴装的补充手段，除了维修、试制或因为条件限制需要手工贴装以外一般不采用手工贴装。手工贴装一般也只能适用于元器件引脚类型简单、组装密度不高、同一 PCB 上 SMC/SMD 数量较少等有限场合。

手工贴装一般在防静电工作台上进行，工人需戴防静电腕带，需配备不锈钢镊子、吸笔、3～5 倍放大台灯（或台式放大镜）或 5～20 倍立体显微镜等工具设备。

手工贴片之前必须先清洁焊盘，在电路板焊接部位涂抹助焊剂和焊锡膏。涂抹助焊剂一般用刷子，直接把助焊剂涂到焊盘上，涂敷焊锡膏可采用点滴涂敷法或手工简易印制的方法。操作时应针对不同的元器件采用不同的贴装方法。

① SMC/SMD 元器件的贴装。SMC/SMD 元器件贴装时，用镊子夹持元器件，元器件焊端对齐两端焊盘，居中贴放在焊锡膏上，用镊子轻轻按压，使焊端浸入焊锡膏中。

② SOT 封装元器件的贴装。SOT 封装元器件的贴装方法是用镊子夹持 SOT 元器件体，对准方向，对齐焊盘，居中贴放在焊盘上，检查确认无误后用镊子轻轻按压元器件体，使浸入焊锡膏中的引脚不小于引脚厚度的 1/2。

③ SOP、QFP 封装元器件的贴装。SOP、QFP 封装元器件贴装时，应把元器件 1 脚或元器件前端标志对准印制电路板上的定位标志，检查确认元器件其他引脚与各对应焊盘对齐后用镊子轻轻按压器件体，使浸入焊锡膏中的引脚不小于引脚厚度的 1/2。

④ SOJ、PLCC 封装器件的贴装。SOJ、PLCC 封装器件的贴装方法与 SOP、QFP 相同，只是由于 SOJ、PLCC 的引脚下在器件四周的底部，需要把印制电路板倾斜 45°角来检查芯片是否对中、引脚下是否与焊盘对齐，贴装引脚间距在 0.65 mm 以下的窄间距元器件时，可在 5～20 倍的放大镜或显微镜下操作。

（2）SMT 元器件贴装偏差范围

① SMT 自动贴片对贴装元器件的焊端或引脚要求。元器件的类型、型号、标称值和极性等特征标记，都应该符合产品装配图和明细表的要求。贴装元器件的焊端或引脚不小于 1/2 的厚度要浸入焊膏中，一般元器件贴片时，焊膏挤出量应小于 0.2 mm；窄间距元器件的焊膏挤出量应小于 0.1 mm。元器件的焊端或引脚均应该尽量和焊盘图形对齐、居中。因为再流焊时的自定位效应，元器件的贴装位置允许一定的偏差。

② SMT 元器件贴装允许偏差范围。SMT 矩形元器件允许的贴装偏差范围，如图 6-15 所示。图 6-15（a）表示元器件贴装优良，元器件的焊端居中位于焊盘上。图 6-15（b）表示元器件在贴装时发生横向移位（规定元器件的长度方向为"纵向"），合格的标准是：焊端宽度的 3/4 以上在焊盘上，即 $D_1 \geqslant$ 焊端宽度的 75%；否则为不合格。图 6-15（c）表示元器件在贴装时发生纵向移位，合格的标准是：焊端与焊盘必须交叠；如果 $D_2 \geqslant 0$，则为不合格。图 6-15（d）表示元器件在贴装时发生旋转偏移，合格的标准是：$D_3 \geqslant$ 焊端宽度的 75%；否则为不合格。图 6-15（e）表示元器件在贴装时与焊锡膏图形的关系，合格的标准是：元器件焊端必须接触焊锡膏图形；否则为不合格。

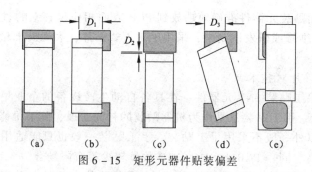

图 6 – 15　矩形元器件贴装偏差

小封装晶体管（SOT）允许有旋转偏差，但引脚必须全部在焊盘上；小封装集成电路（SO-IC）允许有平移或旋转偏差，但必须保证引脚宽度的 3/4 在焊盘上，如图 6 – 16（a）所示；四边扁平封装器件和超小型器件（QFP，包括 PLCC 器件）允许有旋转偏差，但必须保证引脚长度的

 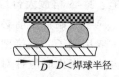

（a）集成电路贴装偏差　　　（b）BGA集成电路贴装偏差

图 6 – 16　集成电路贴装偏差

3/4 在焊盘上；BGA 焊球中心与焊盘中心的最大偏移量小于焊球半径，如图 6 – 16（b）所示。

（3）SMT 元器件贴装压力（贴片高度）

SMT 元器件贴装压力要合适，如果压力过小，元器件焊端或引脚就会浮放在焊锡膏表面，使焊锡膏不能粘住元器件，在传送和再流焊过程中可能会产生位置移动。

如果元器件贴装压力过大，焊膏挤出量过大，则容易造成焊锡膏外溢粘连，使再流焊时产生桥接，同时也会造成器件的滑动偏移，严重时会损坏器件。

2. SMT 元器件贴装设备

SMT 贴装机（又称贴片机）是 SMT 产品组装生产中的关键工序。自动贴装是 SMC/SMD 贴装的主要手段，贴装机是 SMT 产品组装生产线中的核心设备，也是 SMT 的关键设备，是决定 SMT 产品组装的自动化程度、组装精度和生产效率的决定因素。贴片机是用来实现高速、高精度地贴放元器件的设备，是整个 SMT 生产中最关键、最复杂的设备。现在，贴片机已从早期的低速机械对中贴片机发展为高速光学对中贴片机，并向多功能、柔性连接模块化发展。图 6 – 17 所示为自动高速贴片机。

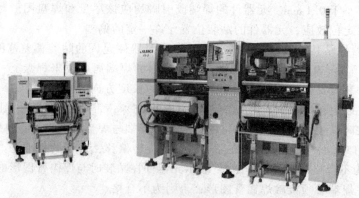

图 6 – 17　高速多功能贴片机外形图

　　SMC/SMD 贴装一般采用贴装机（贴片机）自动进行，也可采用手工借助辅助工具进行。随着 SMC/SMD 的不断微型化和引脚窄间距化，以及栅格阵列芯片、倒装芯片等芯片的发展，不借助专用设备的 SMC/SMD 贴装已很困难。实际上，目前的 SMT 手工贴装也演化为借助返修装置等专用设备和工具的半自动化贴装。图 6 - 18 所示为手动贴片机外形图。

手动贴片机　　　　　　　　手动视觉高精度贴片机

图 6 - 18　手动贴片机外形图

　　（1）SMT 贴装机（贴片机）

　　SMT 贴装机是由计算机控制，集光、电、气及机械为一体的高精度自动化设备。自动贴片机相当于机器人的机械手，能按照事先编制好的程序把元器件从包装中取出来，并贴放到印制电路板相应的位置，各种型号和规格的贴片机的工作原理都基本相同。目前市场上使用的贴片机大多是日本和欧美的品牌。常见的贴片机类型有：

　　① 高速贴片机。高速贴切片机也称 CP 机，用于贴装小型 SMC/SMD 元器件，如电阻器、电容器、二极管、晶体管等。

　　② 中速贴片机。中速贴片机也称 IP 机，主要用于贴装芯片。

　　③ 多功能贴装机。多功能贴装机，即能贴装大尺寸（最大 60 mm × 60 mm）的 SMD 器件、又能贴装一些异型器件 SMD，但速度不高。

　　贴片机性能指标包括贴片可靠性、贴片精度、贴装速度、服务界面、柔性及模块化。贴片机工作过程包括 4 个环节：元器件拾取、元器件检查、元器件传送、元器件放置。

　　（2）SMT 贴装机的基本结构

　　贴装机的基本结构包括设备本体、SMC/SMD 元器件供给系统、印制电路板传送与定位装置、贴装头及其驱动定位装置、贴装工具（吸嘴）、计算机控制系统等。为适应高密度超大规模集成电路的贴装，比较先进的贴装机还具有光学检测与视觉对中系统，保证芯片能够高精度地准确定位。图 6 - 19 所示为贴片机的工作流程图，图 6 - 20 所示为贴片机的基本结构示意图。

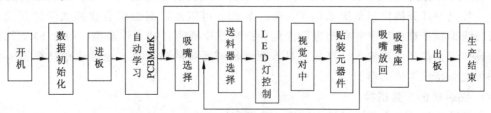

图 6 - 19　贴片机的工作流程图

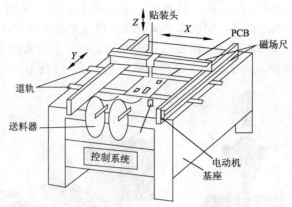

图 6 – 20　贴片机的基本结构示意图

① 设备本体。贴片机的设备本体是用来安装和支撑贴片机的底座，一般采用质量大、振动小、有利于保证设备精度的铸铁件制造。

② 贴装头。贴装头也叫吸-放头，是贴装机上最复杂、最关键的部分，它相当于机械手，它的动作由拾取-贴放和移动-定位两种模式组成。第一，贴装头通过程序控制，完成三维的往复运动，实现从供料系统取料后移动到电路基板的指定位置上。第二，贴装头的端部有一个用真空泵控制的贴装工具（吸嘴）。不同形状、不同大小的元器件要采用不同的吸嘴拾放：一般元器件采用真空吸嘴，异形元器件（例如没有吸取平面的连接器等）用机械爪结构拾放。当换向阀门打开时，吸嘴的负压把 SMT 元器件从供料系统（散装料仓、管装料斗、盘状纸带或托盘包装）中吸上来；当换向阀门关闭时，吸盘把元器件释放到电路基板上。贴装头通过上述两种模式的组合，完成拾取-放置元器件的动作。贴装头还可以用来在电路板指定的位置上点胶，涂敷固定元器件的黏接剂。

③ 供料系统。适合于表面组装元器件的供料装置有编带、管状、托盘和散装等几种形式。供料系统的工作状态，根据元器件的包装形式和贴片机的类型而确定。贴装前，将各种类型的供料装置分别安装到相应的供料器支架上。随着贴装进程，装载着多种不同元器件的散装料仓水平旋转，把即将贴装的那种元器件转到料仓门的下方，便于贴装头拾取；纸带包装元器件的盘装编带随编带架垂直旋转，管状和定位料斗在水平面上做二维移动，为贴装头提供新的待取元器件。

④ 电路板定位系统。电路板定位系统可以简化为一个固定了电路板的 $X – Y$ 二维平面移动的工作台。在计算机控制系统的操纵下，电路板随工作台沿传送轨道移动到工作区域内，并被精确定位，使贴装头能把元器件准确地释放到规定的位置上。精确定位的核心是"对中"，有机械对中、激光对中、激光加视觉混合对中，以及全视觉对中等方式。

⑤ 计算机控制系统。计算机控制系统是指挥贴装机进行准确有序操作的核心，目前大多数贴装机的计算机控制系统采用 Windows 界面。可以通过高级语言软件或硬件开关，在线或离线编制计算机程序并自动进行优化，控制贴片机的自动工作步骤。每个 SMT 元器件的精确位置，都要编程输入计算机。具有视觉检测系统的贴装机，也是通过计算机实现对电路板上贴装位置的图形识别。

3. 贴装机的主要指标

衡量贴装机的 3 个重要指标是精度、速度和适应性。

（1）精度

精度是贴装机技术规格中的主要指标之一，不同的贴装机制造厂家，使用的精度体系有不同的定义。精度与贴装机的对中方式有关，其中以全视觉对中的精度最高。一般来说，贴装的精度体系应该包含 3 个项目：贴装精度、分辨率、重复精度，三者之间有一定的相关关系。

① 贴装精度。贴装精度是指元器件贴装后相对于 PCB 上标准贴装位置的偏移量大小，被定义为贴装元器件焊端偏离指定位置误差的最大值。贴装精度由两种误差组成，即平移误差和旋转误差，如图 6-21 所示。平移误差主要因为 $X-Y$ 定位系统不够精确，旋转误差主要因为元器件对中机构不够精确和贴装工具存在旋转误差。定量地说，贴装 SMC 要求精度达到 ±0.01 mm，贴装高密度、窄间距的 SMD 至少要求精度达到 ±0.06 mm。

② 分辨率。分辨率是描述贴装机分辨空间连续点的能力。贴装机的分辨率由定位驱动电动机和传动轴驱动机构上的旋转位置或线性位置检测装置的分辨率来决定，是衡量机器本身精度的重要指标，例如丝杠的每个步进为 0.01 mm，那么该贴装机的分辨率为 0.01 mm。但是，实际贴装精度是包括所有误差的总和，因此，描述贴装机性能时很少使用分辨率，一般在比较不同贴装机的性能时才使用它。

③ 重复精度。重复精度是描述贴片头重复返回标定点的能力。通常采用双向重复精度的概念，它定义为"在一系列试验中，从两个方向接近任一给定点时，离开平均值的偏差"，如图 6-22 所示。

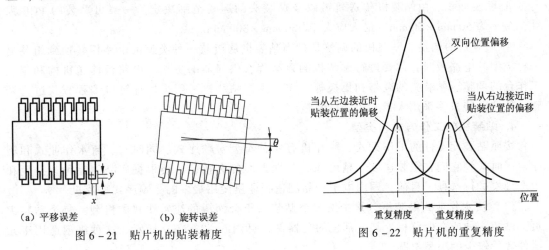

图 6-21　贴片机的贴装精度　　　　　　图 6-22　贴片机的重复精度

（2）速度

影响贴装机贴装速度的因素有许多，例如 PCB 的设计质量、元器件供料器的数量和位置等。一般高速机贴装速度高于 18 000 片/h 元器件，目前最高贴装速度为 6 000 片/h 元器件以上；高精度、多功能机一般都是中速机，贴装速度为 12 000~60 000 片/h 元器件左右。贴装机速度主要用以下几个指标来衡量。

① 贴装周期。贴装周期指完成一个贴装过程所用的时间，它包括从拾取元器件、元器件定位、检测、贴放和返回到拾取元器件的位置这一过程所用的时间。

② 贴装率。贴装率指在 1h 内完成的贴装周期数。测算时，先测出贴装机在 50 mm × 250 mm 的 PCB 上贴装均匀分布的 150 只片式元器件的时间，然后计算出贴装一只元器件的

平均时间，最后计算出 1h 贴装的元器件数量，即贴装率。目前，高速贴片机的贴装率可达每小时数万片。

③ 生产量。生产量在理论上是指每班的生产量可以根据贴装率来计算，但由于实际的生产量会受到许多因素的影响，与理论值有较大的差距，影响生产量的因素有生产时停机、更换供料器或重新调整 PCB 位置的时间等因素。

（3）适应性

适应性是贴装机适应不同贴装要求的能力，包括以下内容：

① 能贴装的元器件的种类。贴装元器件种类广泛的贴装机，比仅能贴装 SMC 或少量 SMD 类型的贴装机的适应性好。影响贴装元器件类型的主要因素是贴装精度、贴装工具、定位机构与元器件的相容性，以及贴装机能够容纳供料器的数目和种类。一般高速贴片机主要可以贴装各种 SMC 元器件和较小的 SMD 器件（最大为 25 mm × 30 mm）；多功能机可以贴装 1.0 mm × 0.5 mm ～ 54 mm × 54 mm 的 SMD 器件（目前可贴装的元器件尺寸已经达到最小 0.6 mm × 0.3mm，最大 60 mm × 60 mm），还可以贴装连接器等异形元器件，连接器的最大长度可达 150mm 以上。

② 贴装机能够容纳供料器的数目和种类。贴装机上供料器的容纳量通常用能装到贴装机上的 8 mm 编带供料器的最多数目来衡量。一般高速贴片机的供料器位置大于 120 个，多功能贴片机的供料器位置在 60 ～ 120 个之间。由于并不是所有元器件都能包装在 8 mm 编带中，所以贴装机的实际容量将随着元器件的类型而变化。

③ 贴装面积。由贴装机传送轨道以及贴装头的运动范围决定。一般可贴装的 PCB 尺寸，最小为 50 mm × 50 mm，最大应大于 250 mm × 300 mm。

④ 贴装机的调整。贴装机的调整是指当贴装机从组装一种类型的电路板转换到组装另一种类型的电路板时，需要进行贴装机的再编程、供料器的更换、电路板传送机构和定位工作台的调整、贴装头的调整和更换等工作。高档贴装机一般采用计算机编程方式进行调整，低档贴装机多采用人工方式进行调整。

4. 贴装机的工作方式和类型

按照贴装元器件的工作方式，贴片机有 4 种类型：顺序式、同时式、流水作业式和顺序 – 同时式。它们在组装速度、精度和灵活性方面各有特色，要根据产品的品种、批量和生产规模进行选择。目前，国内电子产品制造企业里使用最多的是顺序式贴片机。

（1）流水作业式贴装机，是指由多个贴装头组合而成的流水线式的机型，每个贴装头负责贴装一种或在电路板上某一部位的元器件，见图 6 - 23（a）所示。这种机型适用于元器件数量较少的小型电路。

（2）顺序式贴装机如图 6 - 23（b）所示，是由单个贴装头顺序地拾取各种片状元器件，固定在工作台上的电路板，由计算机进行控制作 X - Y 方向上的移动，使电路板上贴装元器件的位置恰位于贴装头的下面。

（3）同时式贴装机，也叫多贴装头贴片机，是指它有多个贴装头，分别从供料系统中拾取不同的元器件，同时把它们贴放到电路基板的不同位置，如图 6 - 23（c）所示。

（4）顺序-同时式贴装机，则是顺序式和同时式两种机型功能的组合。片状元器件的放置位置，可以通过电路板作 X - Y 方向上的移动或贴装头作 X - Y 方向上的移动来实现，也可以通过两者同时移动实施控制，如图 6 - 23（d）所示。

在选购贴片机时，必须考虑其贴装速度、贴装精度、重复精度、送料方式和送料容量等指标，使它既符合当前产品的要求，又能适应近期发展的需要。如果对贴片机性能有比较深入的了解，就能够在购买设备时获得更高的性能-价格比。例如，要求贴装一般的片状阻容元器件和小型平面集成电路，则可以选购一台多贴装头的贴片机；如果还要贴装引脚密度更高的 PLCC/QFP 器件，就应该选购一台具有视觉识别系统的贴片机和一台用来贴装片状阻容元器件的普通贴片机，配合起来使用。供料系统可以根据使用的片状元器件的种类来选定，尽量采用盘状纸带式包装，以便提高贴片机的工作效率。

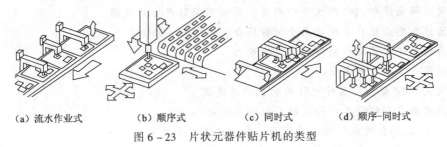

| （a）流水作业式 | （b）顺序式 | （c）同时式 | （d）顺序-同时式 |

图 6 - 23　片状元器件贴片机的类型

6.3.3　SMT 贴装质量分析

SMT 贴片常见的品质问题有漏件、侧件、翻件、偏位、损件等。

（1）导致贴片漏件的主要因素

① 元器件供料架送料不到位。

② 元器件吸嘴的气路堵塞、吸嘴损坏、吸嘴高度不正确。

③ 设备的真空气路故障，发生堵塞。

④ 电路板质量不合格，产生变形。

⑤ 电路板的焊盘上没有焊锡膏或焊锡膏过少。

⑥ 元器件质量问题，同一品种的厚度不一致。

⑦ 贴片机调用程序有错漏，或者编程时对元器件厚度参数的选择有误。

⑧ 人为因素不慎碰掉元器件。

（2）导致 SMC 元器件贴片时翻件、侧件的主要因素

① 元器件供料架送料异常。

② 贴装头的吸嘴高度不对。

③ 贴装头抓头的高度不对。

④元器件编带的装料尺寸过大，元器件因振动翻转。

⑤ 散料放入编带时的方向错误。

（3）导致元器件贴片偏位的主要因素

① 贴片机编程时，元器件的 $X - Y$ 轴坐标不正确。

② 贴片吸嘴原因，使吸料不稳。

（4）导致元器件贴片时损坏的主要因素

① 定位顶针过高，使电路板的位置过高，元器件在贴装时被挤压。

② 贴片机编程时，元器件的 Z 轴坐标不正确。

③ 贴装头的吸嘴弹簧被卡死。

习　题

1. SMT 元器件组装分为几类型？有何特点？简述各工艺流程。
2. SMT 锡膏印制有哪些方法？
3. 锡膏印制机由哪几部分组成？简述主要部分的功能。
4. 简述焊锡膏印制会产生哪些问题，并说明问题产生的原因。
5. 为什么要点胶？点胶应用于何种场合？有哪些方法？
6. 简述点胶常见品质问题和产生的原因。
7. 简述手工贴片的方法。
8. 简述 SMT 矩形元器件允许的贴装偏差范围。
9. 贴片机有哪些种类？简述贴片机的主要结构。
10. 简述贴片会造成哪些品质问题，它们是怎样产生的。

第7章 | 电子产品的调试和检验

学习目的及要求：

（1）了解电子产品调试、检验的作用、内容与要求。

（2）熟悉电子产品调试检验设备的选择与应用及产品故障查找、排除的方法。

（3）掌握电子产品整机老化试验、环境试验、可靠性试验的方法。

由于每个元器件的特性参数都存在着微小的差异，电子产品装配焊接是按照设计图纸要求把成千上万个元器件连接起来，这些元器件的微小差异综合起来反映到一个单元或整机上，就会使电路的性能出现较大的偏差，加之在装配过程中可能会有各种分布参数的不同，将导致刚装配焊接好的电路和整机不能正常工作，技术指标达不到设计要求。解决这些问题的唯一途径是通过调试消除偏差。

调试包括调整和测试。调整是指对电路参数的调整，即对整机内可调元器件及电气指标有关的调谐系统、机械传动部分进行调整，使之达到预定的性能要求。测试是在调整的基础上，对整机的各项技术指标进行系统的测试，检验电子产品各项技术指标符合规定的要求。

7.1 电子产品的调试和检验概述

7.1.1 电子产品调试工作的作用和内容

调试的目的是使产品达到技术文件所规定的功能和技术指标。在产品试制阶段，调试可为产品定型提供技术保障，调试数据即为产品的性能参数；在小批量生产阶段，通过调试可以发现电子产品设计、工艺的缺陷和不足；大规模生产时，调试是保证并实现电子产品功能和质量的重要环节。

调试一般在装配车间进行，对于简单的电路和小型电子产品，调试工作简便，一般在装配完成之后可直接进行整机调试。对于复杂的电子产品，通常先要对单元电路板或分板进行调试，达到各自要求后，再进行总装，然后进行整机总调（统调）。调试工作的内容有以下几点：

（1）明确电子设备调试的要求。

（2）正确合理地选择和使用测试仪器和仪表。

（3）按照调试工艺对电子设备进行调整和测试。调试完毕，用封蜡、点胶的方法固定元器件的调整部位。

（4）分析和排除调试中出现的故障，对调试数据进行分析、处理。

7.1.2　电子产品调试对操作人员的要求

在相同的设计水平与装配工艺的前提下，调试质量取决于调试工艺是否制定得正确和操作人员对调试工艺的掌握程度。为使生产过程形成的电子产品的各项性能参数满足要求，并具有良好的可靠性，要求技术人员加强对调试人员的培训。

对于调试人员而言，只有通过不断学习，掌握与调试产品相关的知识，才能提高调试水平。对调试人员的具体要求如下：

（1）需要懂得被调试产品的各个部件和整机的电路工作原理，了解它的性能指标要求和使用条件。

（2）能正确、合理地选择测试仪器，熟练掌握这些仪表的性能指标和使用环境要求，深入了解有关仪器的工作特性、使用条件、选择原则、误差的概念和测量范围、灵敏度、量程、阻抗匹配、频率响应等知识。

（3）学会调试方法和数据处理方法，包括编制测试软件对数字电路产品进行智能化测试、采用图形或波形显示仪器对模拟电路产品进行直观化测试。

（4）熟悉在调试过程中对故障的查找和消除方法。

（5）严格遵守操作和安全规程。

7.1.3　正确选择和使用仪器

调试工作离不开仪器，测试仪器的正确选择与使用，直接影响调试质量的好坏。因此，需要正确选择和合理配置各种测试仪器。

一般通用电子测量仪器都只具有一种或几种功能，要完成某一产品的测试工作，往往需要多台测试仪器及辅助设备、附件等组成一个测试系统。测试究竟要由哪些型号的仪器及设备组成，这要由测试方案来确定。在选择和使用仪器时需要注意以下几方面的问题：

（1）测试仪器需有测量被测信号类型的能力，仪器的量程要满足被测电量的数值和精度范围。比如，测量高频信号要选用频率覆盖足够的仪器，又如，指针式仪表选择量程时，应使被测量值指在满刻度值的 2/3 以上的位置，数字式仪表测量量程的选择，应使其测量值的有效数字位数尽量等于所指示的数字数位。

（2）测量仪器的工作误差应远小于被调试参数所要求的误差。在调试工作中，通常要求调试中产生的误差对于被测参数的误差来说可以忽略不计，对于测试仪器的工作误差，一般要求小于被测误差的 1/10。

（3）测试仪器输入阻抗的选择要求在接入被测电路后，不改变被测电路工作状态或接入电路后所产生的测量误差在允许范围之内。

（4）各种仪器的布置应便于观测和操作。观察波形或读取测试结果（数据），视差要小。不易疲劳（如指针式仪表不宜放得太高或太偏），应根据仪器面板上可调旋钮的位置布置，使调节方便舒适。

（5）仪器叠放时，应注意安全稳定，把体积小、重量轻的放在上面。对于功率大、发热量多的仪器，要注意仪器的散热和对周围仪器的影响。

（6）仪器的布置要力求接线最短。对于高增益，弱信号或高频信号的测量，应特别注意不要将被测件的输入与输出接线靠近或交叉，以免引起信号的串扰及寄生振荡。

7.1.4 电子产品测试过程中的安全防护

在调试电路时，由于可能接触到危险的高电压，特别是近年来，电子产品一般都要采用高压开关电源，且没有电源变压器的隔离，220 V 交流电的火线可能直接与整机底板相通，如果带电调试电路，很可能造成触电事故。因此，在调试过程中，为保护调试人员的人身安全，避免测试仪器和元器件的损坏，必须严格遵守安全操作规程，并注意采用以下各项安全措施。

1. 加强测试现场安全防护

（1）测试现场内所有的电源开关、熔丝、插头、插座和电源线等不许有带电导体裸露部分，所用的电器材料的工作电压和工作电流不能超过额定值。

（2）测试现场除注意整洁外，要保持适当的温湿度，场地内外不应有激烈的振动和很强的电磁干扰，测试台及部分工作场地必须铺设绝缘胶垫并将场地围好，必要时可加警告标示牌。

（3）工作场地必须备有消防设备，灭火器应适于扑灭电气起火且不会腐蚀仪器设备。

（4）操作台和设备必须接地，台面使用防静电垫板，操作人员必须采用防静电措施，需带防静电接地手环（防静电腕带）。

（5）仪器及附件的金属外壳都应良好接地，仪器电源线必须采用三芯的，地线必须与机壳相连。

（6）测试仪器设备的外壳及操作人员易接触的部分不应带电。非带电不可时，应以绝缘覆盖层防护。仪器外部超过安全低电压的接线柱及其他端口不应裸露，以防止使用者触摸到。

2. 严格按安全操作规程操作

（1）在接通电源前，应检查电路及连线有无短路等情况。接通后，若发现冒烟、打火、异常发热等现象，应立即关掉电源，由维修人员来检查并排除故障。

（2）调试时，操作人员不允许带电操作，若必须和带电部分接触，应使用带有绝缘保护的工具操作，应尽量学会单手操作，避免双手同时触及裸露导体触电。

（3）在更换元器件或改变接线之前，应关掉电源，待滤波电容放电完毕后再进行相应的操作。

（4）调试工作结束或离开工作场所前应将所有仪器设备电源关掉并拉下电源总闸。

7.2 电子产品的调试

7.2.1 调试方案的制定

调试方案是指一套适合某一电子产品调试的内容及做法。一套完整的调试方案要求调试内容具体、切实、可行，测试条件详细、清晰，测试仪器和工装选择合理，测试数据尽量表格化。调试方案的制定对于电子设备调试工作的顺利进展关系很大。它不仅影响调试质量的好坏，而且还影响调试工作效率的提高。因此，事先制定一套完整、合理的调试方案是非常必要的。

1. 制订调试方案的基本原则

不同的电子产品调试方案是不同的，但是制定调试方案的原则具有如下共性：

（1）深刻理解产品的工作原理及影响产品性能的关键元器件及部件的作用，根据产品的性能指标要求，确定调试的项目及内容。

（2）根据电路中关键元器件及部件的参数允许变动的范围，确定实施主要性能指标的方法和步骤，要注意各个部件的调整对其他部件的影响，要使调试方法、步骤合理可行，使操作者安全方便。

（3）制订调试方案时要考虑到现有的设备及条件，尽量采用先进的工艺技术，以提高生产效率及产品质量。

（4）调试内容越具体越好；测试条件要写得仔细清楚；调试步骤应有条理性；测试数据尽量表格化，便于观察了解及综合分析；安全操作的内容要具体、明确。

2. 调试方案的基本内容

调试内容应根据国家或行业颁布的标准及待测产品的等级规格具体拟定。

（1）测试设备（包括各种测量仪器、工具、专用测试设备等）的选用。

（2）调试方法及具体步骤。

（3）测试条件与有关注意事项。

（4）调试安全操作操作规程。

（5）调试所需要的数据资料及记录表格。

（6）调试所需要的工时定额。

（7）测试责任者的签署及交接手续。

以上所有内容都应在有关的工艺文件及表格中反映出来。

7.2.2　调试的工装夹具

在大批量生产电子产品时，不可能将每块电路板都安装到整机上进行调试。实际生产中一般会设计制造一种调试工装夹具（也叫测试架）来模拟整机。

最常见的调试工装夹具是测试针床。图 7-1 所示为是一个电路测试针床示意图，其中图 7-1（a）~图 7-1（c）是顶针形式，图 7-1（d）是顶针的内部结构。当把产品电路板装卡在一个支架上时，弹性顶针把电源、地线、输入/输出信号从板下接通到电路板上，电路板就可以正常工作了，调试人员可根据输出的信号进行调试。

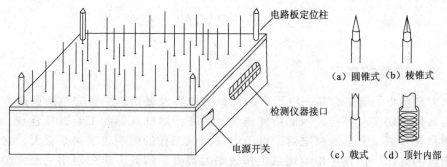

电路板定位柱

检测仪器接口

电源开关

（a）圆锥式　（b）棱锥式

（c）载式　（d）顶针内部

图 7-1　电路测试针床示意图

如果检测仪器接口接到计算机上，便构成了在线测试仪（ICT）。它是一种自动控制测试设备，目前在一些大型电子产品制造企业已得到广泛应用。ICT 由计算机、测试电路、测试压板及针床和显示、机械传动等部分组成。软件部分由操作系统和 ICT 测试软件组成。利用计算机的操作系统与测试软件可以完成测试数据的显示、打印、统计等功能。

7.2.3　调试步骤

1. 调试前的准备工作

（1）熟悉调试的相关文件，特别是调试工艺文件

调试人员首先应仔细阅读调试说明及调试工艺文件，熟悉整机工作原理、技术条件及有关指标，了解各参数的调试方法和步骤。

（2）清理场地，准备调试工具

调试人员应按安全操作规程做好调试场地布置，铺设合乎规定的绝缘胶垫，放置各类标牌以示警示和区别，把调试用的图纸、文件、工具、备件等放在适当的位置。

（3）打开测试仪器仪表电源开关

按照技术条件的规定，准备好测试所需要的各类仪器仪表，打开调试用仪器仪表的电源开关，检查是否有异常，若有，应及时通知维修人员或更换。

（4）准备被测试产品

调试人员在工作前应检查被调试产品的工序卡。查看是否到调试工序，是否有工序遗漏或签署不完整、无检查合格章等现象。

2. 调试步骤

由于电子产品的单元电路种类繁多，组成方式和数量也不同，所以调试步骤也不相同。但对一般电子产品来说，调试工作的一般步骤是电路分块隔离，先直流后交流。所谓"电路分块隔离"，是在调试电路的时候，对各个功能电路模块分别加电，逐块调试。这样做，可以避免模块之间电信号的相互干扰；当电路工作不正常时，大大缩小了查找原因的范围。"先直流后交流"也称为"先静态后动态"，当直流工作状态调试完成之后，再进行交流通路的调试。因为直流工作状态是一切电路的工作基础，直流工作点不正常，电路就无法实现其特定的电气功能。具体说来调试程序大致如下：

（1）通电检查

插上电源前，先置电源开关于"关"的位置，检查电源开关变换是否正常，熔丝是否装入，若均正确无误，再插上电源插头，打开电源开关通电。接通电源后，检查输入电压是否正确，电源指示灯是否亮，此时应注意是否有放电、打火、冒烟等现象、有无异常气味，电源变压器是否迅速升温，若有这些现象，应立即停电检查。

（2）电源调试

电源部分是供电部分，首先要进行电源部分的调试，才能顺利进行其他项目的调试。电源电路的调试通常先在空载状态下进行，目的是避免因电源电路未经调试而加载，引起部分电子元器件的损坏。调试时，接通印制电路板的电源部分，测量有无稳定的直流电输出，其值是否符合设计要求，若没有，调节取样电位器使之达到预定的设计值。测量电源各级的直流工作点和电压波形，检查工作状态是否正常，有无自激振荡等。正常以后，再加等效负载进行电源细调，再测量各项性能指标，观察是否符合设计要求。调

试完毕后，用胶固定相关调整元器件。

（3）按照电路的功能模块，分级分板调试

电源电路调好后，根据调试工艺需要，从前往后或从后向前依次把各功能模块接通电源，测量和调整它们的工作状态，直到各部分电路均符合技术文件规定的各项技术指标为止。注意，调试完成一部分以后，再接通下一部分进行调试，不要一开始就把全部电路加到电源上。同样，参数调整确定以后，可调元器件必须用胶或黏漆固定住。

（4）整机调整和测试

各功能模块电路调整好之后，把它们连接起来，测试相互之间的影响，排除影响性能的不利因素，并对整机的性能指标进行测试，包括总的消耗电流和功率、图形、图像、声音的效果等。

（5）对产品进行老化和环境试验

大多数电子产品在测试完成之后，应按规定进行整机通电老化，目的是提高电子产品工作的可靠性。有些电子产品在调试完成之后，还需进行环境试验，以考验在相应环境下正常工作的能力。环境试验内容和要求应严格按技术文件规定执行。

（6）参数复查和复调

经整机通电老化试验后，整机各项技术性能指标会有一定程度的变化，通常要进行参数复核复调，如达到规定要求，整批产品就可以包装入库。

7.2.4　电子产品调试中故障查找和排除

1. 查找与排除故障的一般步骤

在调试过程中，往往会遇到某些调试元器件不能达到规定值，或调整这些元器件时根本不起作用的现象，这时可按以下步骤进行故障查找与排除。

（1）仔细地摸清故障现象，了解故障现象及发生的经过，掌握第一手资料。

（2）根据产品的工作原理、整机结构以及维修经验正确分析故障，根据记录进行分析和判断，确定故障的部位和原因。

（3）查出原因后，修复损坏的元器件和电路。对于需要拆卸修复的故障，必须做好处理前的准备工作。修复后，再对电路进行一次全面的调整和测定，并做好必要的标记或记录。

2. 引起故障的原因

总体说来，电子产品的故障不外是由于元器件、连接电路和装配工艺三方面的因素引起的。常见的故障大致有以下几种：

（1）焊接工艺不善，虚焊造成焊点接触不良。

（2）由于空气潮湿，导致元器件受潮、发霉，或绝缘降低甚至损坏。

（3）元器件筛选检查不严格可由于使用不当、超负荷而失效。

（4）开关或插接件接触不良。

（5）可调元器件的调整端接触不良，造成开路或噪声增加。

（6）连接导线接错、漏焊或由于机械损伤、化学腐蚀而断路。

（7）由于电路板排布不当，元器件相碰而短路；焊接连接导线时剥皮过多或绝缘层因受热后缩，与其他元器件或机壳相碰引起短路。

（8）因为某些原因造成产品原先调谐好的电路严重失谐。

（9）电路设计不当，允许元器件参数的变动范围过窄，以至元器件的参数稍有变化，电路就不能正常工作。

（10）橡胶或塑料材料制造的结构件老化变形引起元器件损坏。

以上列举的都是电子产品的一些常见故障，也是电子产品的薄弱环节，是查找故障时的重点怀疑对象。但是，电子产品的任何部分发生故障都会导致它不能正常工作。应按照一定的程序，采用逐步缩小范围的方法，根据电路原理进行分段检测，使故障局限在某一部分（部件→单元→具体电路）之中，再进行详细的查测，最后加以排除。

3. 查找与排除故障的方法和技巧

（1）观察法

在不通电的情况下，打开产品外壳观察整机电路、单元电路中元器件有无异常。检查内容包括：熔断器、熔断电阻器是否烧断；电阻器是否有烧坏变色现象、电解电容器是否有漏液和爆裂、晶体管是否有焦裂现象；焊点是否有短路、虚焊和假焊现象；连接线是否有无断线、脱焊、短路、接触不良现象；插头与插座接触是否良好等。

当采用上述方法不能发现问题时，接通电源进行观察，观察是否冒烟、烧断、烧焦、跳火、发热的现象。机内的传动机构是否运行良好，如果遇到这些情况，必须立即切断电源分析原因，再确定检修部位。如果一时观察不清，可重复开机几次；但每次时间不要长，以免扩大故障。必要时，断开可疑的部位再进行试验，看故障是否消除。

还可以用手触摸电子元器件看是否有发烫、松动等现象；可以用耳朵去听电子产品的箱体内是否有异常的声音出现；也可以用鼻子去闻电子产品在通电工作时，是否有不正常的气味散发出来，以此来判断故障部位和性质。

（2）测量法

测量电阻、电压或电流是利用万用表去测量所怀疑的电阻值、电压或电流，将测出的值与正常值进行比较，从中发现故障所在的检测方法。

① 电阻测量法。电阻测量法对开路与短路性质的故障判断有很好的效果与准确性，在检测电阻时，被测电路必须在断电的情况下进行，否则会造成测量不准、元器件的损坏，甚至可引起短路，出现打火现象和损坏万用表。

测量电阻值，有"在线"和"离线"两种基本方法。

- "在线"测量，需要考虑被测元器件受其他并联支路的影响，测量结果应对照原理图分析判断。但"在线"测量，操作方便快捷，不需拆焊电路板，对电路损伤小。
- "离线"测量需要将被测元器件或电路从整个电路或印制电路板上脱焊下来，操作较麻烦，但结果准确可靠。

电阻测量法对确定开关、接插件、导线、印制电路板导电图形的通断及电阻的变质，电容短路，电感线圈断路等故障非常有效而且快捷，但对晶体管、集成电路以及电路单元来说，一般不能直接判定故障，需要对比分析或兼用其他方法。但由于电阻测量法不用给电路通电，可将检测风险降到最小，所以一般检测首先采用电阻测量法。

② 电压测量法。测量电压是指用万用表的电压挡测量电路电压、元器件的工作电压并与正常值进行比较，是判断故障所在的检测方法，这种方法是维修中使用最多的一种方法。根据被测电压的性质可分为交流和直流两种电压测量。

　　直流电压测量。通过对电源输出直流电压的测量，可以确定整机工作电压是否正常；对集成电路各引脚直流电压的测量，可以判断集成电路本身及其外围电路是否工作正常；通过测量晶体管各级直流电压，可判断电路所提供的偏置电压是否正常，晶体管本身是否工作正常；通过测量电路关键点的直流电压，可以大致判断故障所在的范围。

　　交流电压测量。一般电子线路中交流回路较为简单，对于 50 Hz 市电升压或降压后的电压使用普通万用表选择合适 AC 量程即可，测量高压时要注意安全，养成单手操作的习惯。对非 50 Hz 的电源，例如变频器输出电压的测量就要考虑所用电压表的频率特性，一般指针式万用表为 45～2 000 Hz，数字式万用表为 45～500 Hz，超过范围测量结果都不正确。万用表和一般的交流电压表都是按正弦波信号设计的，其值为有效值。故被测信号为非正弦时，测量结果可能不正确。对频率较高的信号或非正弦波交流信号，可使用示波器检测电压。

　　③ 电流测量法。测量直流电流是指用万用表的电流挡去检测某一单元电路的电流或某一回路的电流以及集成电路的工作电流，并与其正常值进行比较，是从中发现故障所在的检测方法。电流检测法适用于由电流过大而出现烧坏熔断器、烧坏晶体管、使晶体管发热、电阻器发热以及变压器过热等故障。检测电流时需要将万用表串联到电路中，故给检测带来一定的不便。

　　（3）波形观察法

　　用示波器检查电路中关键点波形的形状、幅度及相位是否正常，从中发现故障所在。波形观察法是检修波形变换电路、振荡器、脉冲电路的常用方法。若同时再与信号源配合使用，就可以进行跟踪测量，即按照信号的流程逐级跟踪测量信号。这种方法对于发现寄生振荡、寄生调制或外界干扰及噪声等引起的故障，具有独到之处。

　　（4）信号注入法

　　信号注入法是将一定频率和幅度的信号逐级输入到被检测电路的输入端，替代整机工作时该级的正常输入信号，以判断各级电路的工作情况是否正常，从而可以迅速确定产生故障的原因和所在单元。检测的次序：从产品的输出端单元电路开始，逐步向最前面的单元。这种方法适用于各单元电路是开环连接的情况，缺点是需要各种信号源，还必须考虑各级电路之间的阻抗匹配问题。

　　（5）比较法

　　用正常的同样整机，与待修的产品进行比较，还可以把待修产品中可疑部件插到正常的产品中进行比较。这种方法缺点是需要同样的整机。

　　（6）分割测试法

　　分割测试法是将电路中被怀疑的元器件和部件开路处理，让其与整机电路脱离，然后观察故障是否还存在，一般需要逐级断开各级电路的隔离元器件或逐块拔掉各模块，使整机分割成多个相对独立的单元电路，测试其对故障现象的影响，是确定故障部位所在的检查方法。

　　（7）替代法

　　替代法是利用性能良好的元器件或部件来替代整机可能产生故障的部分，如果替代后整机工作正常，说明故障就出在被替代的部分。这种方法检查简便，不需要特殊的测试仪器，但用来替代的部件应该尽量是不需要焊接的可插接件。

7.3　电子产品的整机老化和环境试验

7.3.1　电子产品的整机老化

1. 老化的目的

为保证电子整机产品的生产质量，通常在装配、调试、检验完成之后，还要进行整机的通电老化。整机产品在生产过程中进行老化的原理与电子元器件的老化筛选相同，就是要通过老化发现产品在制造过程中存在的潜在缺陷，把故障（早期失效）消灭在出厂之前，提高电子设备工作可靠性及使用寿命，同时稳定整机参数，保证调试质量。

老化通常是在一般使用条件（如室温）下进行，所以老化属于非破坏性试验，通常每一件产品在出厂前都要先经过老化，老化是企业的常规工序。

2. 老化的分类

老化分为：静态老化和动态老化。

在老化电子整机产品的时候，如果只接通电源、没有给产品注入信号，这种状态叫作静态老化；如果同时还向产品输入工作信号，则叫作动态老化。例如，计算机在静态老化时只接通电源不运行程序；而动态老化时要持续运行测试程序。显然，动态老化比静态老化是更为有效的老化方法。

3. 通电老化的技术要求

整机通电老化的技术要求有：温度、循环周期、累积时间、测试次数和测试间隔时间几方面。

（1）温度

整机通电老化通常在常温下进行。有时需对整机中的单板、组合件进行部分的高温通电老化试验，一般分为三级：$(40 \pm 2)℃$、$(55 \pm 2)℃$ 和 $(70 \pm 2)℃$。

（2）循环周期

每个循环连续加电时间一般为 4 h，断电时间为 0.5 h。

（3）积累时间

积累时间，是指通电老化时间累计计算，积累时间通常为 200 h，也可根据电子整机设备的特殊需要适当缩短或加长。

（4）测试次数

通电老化期间，要进行全参数或部分参数的测试，老化期间的测试次数应根据产品技术设计要求来确定。

（5）测试间隔时间

测试间隔时间通常为 8 h、12 h、24 h 几种，也可根据需要另定。

在老化时，应该密切注意产品的工作状态，如果发现产品出现异常情况，要立即使其退出通电老化。

7.3.2　电子产品整机的环境试验

电子产品的环境适应性是研究产品可靠性的主要方法之一。环境试验需要根据模拟产品在环境极限条件下的运行情况，环境试验只对少量产品进行试验，在新产品通过设计鉴定或生产鉴定时要对样机进行环境试验。当生产过程（工艺、设备、材料、条件）发生较大改变、需要对生产技术和管理制度进行检查评判、产品进行质量评比时，都应该对随机抽样的产品进行环境试验。环境试验一般要委托具有权威性的质量认证部门、使用专门的设备才能进行，并由权威部门对试验结果出具证明文件。环境试验往往会使受试产品受到损伤。

根据国家颁布的相关标准，对电子测量仪器的环境试验方法做出相应的规定，其主要内容如下：

1. 绝缘电阻和耐压的测试

绝缘电阻和耐压的测试，是根据产品的技术条件，一般在仪器有绝缘要求的外部端口（电源插头或接线柱）和机壳之间、与机壳绝缘的内部电路和机壳之间、内部相互绝缘的电路之间，进行绝缘电阻和耐压测试。

测试绝缘电阻时，同时对被测部位施加一定的测试电压（选择 500 V、1 000 V、或 2 500 V）达 1 min 以上。

进行耐压试验时，试验电压要在 5~10 s 内逐渐增加到规定值（选择 1 kV、3 kV 或 10 kV），保持 1 min，不出现表面飞弧、扫掠放电、电晕和击穿现象。

2. 对供电电源适应能力的试验

对供电电源适应能力的试验时，一般要求输入交流电压在（220±22）V 和频率在（50±4）Hz 之内，仪器仍能正常工作。

3. 温度试验

把仪器放入温度试验箱，进行额定使用范围上限温度试验、额定使用范围下限温度试验、储存运输条件上限温度和储存运输条件下限温度试验。对于一般仪器，这些试验条件分别是 +40℃、-10℃、+55℃、-40℃，各 4 h。

4. 湿度试验

把仪器放入湿度试验箱，在规定的温度下通入水气，进行额定使用范围和储存运输条件下的潮湿试验。对于一般仪器，这些试验的条件分别是湿度 80% 和 90%，均在 +40℃下进行 48h。

5. 振动和冲击试验

把仪器紧固在专门的振动台和冲击台上进行单一频率振动试验、可变频振动试验和冲击试验。试验有 3 个参数：振幅、频率和时间。对于 II 类仪器，只做单一频率振动试验和冲击试验，试验条件是频率 30 Hz、振幅 0.3 mm、加速度 1.28 g；可变频率振动的试验条件是 10~50 次/min、5 g、共 1 000 次。

6. 运输试验

把仪器捆绑在载重汽车的拖车上行车 20 km 进行试验，也可以在频率 4 Hz、加速度 3 g 的振动台上进行 2 h 的模拟试验。

7.4　电子产品的寿命试验

7.4.1　电子产品的寿命

电子产品的寿命，是指它能够完成某一特定功能的时间，是有一定规律的。在日常生活中电子产品的寿命可以从 3 个角度来认识。

1. 产品的期望寿命

产品的期望寿命与产品的设计和生产过程有关，原理方案的选择、材料的应用、加工的工艺水平，决定了产品在出厂时可能达到的期望寿命。例如，电路保护系统的设计、品质优良的电子元器件、严谨的生产加工和缜密的工艺管理，都会使产品的期望寿命加长；反之，会缩短它的期望寿命。

2. 产品的使用寿命

产品的使用寿命与产品的使用条件、用户的使用习惯和是否规范操作有关。使用寿命的长短，往往与某些意外情况是否发生有关。例如，产品在使用时，供电系统出现意外情况，产品受到不能承受的振动和冲击，用户的错误操作，都可能损坏产品，使其寿命结束。这些意外的发生是不可预知的，也是产品在设计阶段不予考虑的因素。

3. 产品的技术寿命

IT 行业是技术更新换代最快的行业。新技术的出现使老产品被淘汰，即使老产品在物理上没有损坏、电气性能上没有任何毛病，也失去了存在的意义和使用的价值。例如，十几年前生产的计算机，也许没有损坏，但其系统结构和配置已经不能运行今天的软件。IT行业公认的摩尔定律是成立的，它决定了产品的技术寿命。

7.4.2　寿命试验的特征与方法

产品的寿命试验是可靠性试验的重要内容，是评价分析产品特征的试验。通过统计产品在试验过程中的失效率及平均寿命等指标来表示。寿命试验分为全寿命、有效寿命和平均寿命试验。全寿命试验是指产品一直用到不能使用的全部时间；有效寿命试验是指产品并没有损坏，只是性能指标下降到了一定程度（如额定值的 70%），比如，某些元器件性能参数误差增大等；平均寿命试验主要是针对整机产品的平均无故障工作时间（MIBT），是对试验的各个样品相邻之间工作时间的平均值，简单理解就是产品寿命的平均值，MIBT是描述产品寿命最常用的指标。

寿命试验是在实验室中模拟实际工作状态或储存状态，投入一定量的样品进行试验，记录样品数量、试验条件、失效个数、失效时间等，进行统计分析，从而评估产品的可靠性的特征值。

以试验项目来划分，寿命试验可分为长期寿命试验和加速试验，长期寿命试验时，将产品在一定条件下储存，定期测试其参数并定期进行例行试验，根据参数的变化确定产品的储存寿命。加速寿命试验时将产品分成组，每组采用不同的应力，这种应力是由专门的设备来提供的。直到试验达到规定时间或每组的试验样品有一定数量失效为止，以此来统计产品的工作寿命时间。

7.5　电子产品可靠性试验的其他方法

7.5.1　特殊试验

特殊试验是使用特殊的仪器对产品进行试验和检查，主要有以下几种：

（1）红外线检查：用红外线探头对产品局部的过热点进行检测，发现产品的缺陷。

（2）X 射线检查：使用 X 射线照射方法检查被测对象，如检查线缆内部的缺陷，发现元器件或整机内部有无异物等。

（3）放射性泄漏检查：使用辐射探测器检查元器件的漏气率。

7.5.2　现场使用试验

现场使用是最符合实际情况的试验，有些电子设备，不经过现场的使用就不允许大批量地投入生产。所以，通过产品的使用履历记载，就可以统计产品的使用和维修情况，提供最可靠的产品的实际无故障工作时间。

习　　题

1. 调试工作包括哪些内容？
2. 调试人员应如何遵循调试原则？
3. 如何正确选择和使用调试仪器？
4. 调试过程中应如何做好安全防护工作？
5. 调试方案如何制定，包括哪些内容？
6. 调试人员调试前应做哪些准备工作？
7. 简述调试工作的步骤。
8. 简述查找和排除故障的方法和技巧。
9. 简述整机老化的目的和要求。
10. 什么是静态老化？什么是动态老化？哪一种更加有效？
11. 电子产品环境实验包含哪些内容？

第8章 | 电子产品生产管理

学习目的及要求：

（1）了解电子产品生产制造的组织形式、基本要求和工艺管理。

（2）熟悉电子产品生产制造中各类文件的概念、分类、作用及管理。

（3）掌握工艺文件的基本编制方法。

在经济全球化的今天，我国已成为全球最重要的电子产品生产基地，要使我国的电子工业产品走向世界，不仅要求有雄厚的技术力量和技术能力，而且还要有一套与国际接轨的先进管理体系。

8.1 电子产品生产制造的组织形式

8.1.1 电子产品的特点

随着电子产品日新月异的快速发展，电子产品已运用于国民经济的各个领域，越来越多地影响着人们的生活。电子产品种类繁多，且又各具特点，就整体而言，比较突出的有以下几点：

（1）电子产品具有体积小、重量轻、集成度高的特点。这使它在知识、技术、信息的密集程度上高于其他产品。因此，电子产品的应用大大提高了生产效率和工作效率，降低能源消耗，获得较大的经济效益。

（2）电子产品的使用已广泛深入人们的工作、生活及各个领域，这要求电子产品可以在各种场合工作，也可在恶劣的气候和环境下工作。

（3）电子产品的高可靠性，要求产品的故障率低，工作稳定性高。

（4）使用寿命长，目前大部分电子产品正常使用寿命都要在几千小时以上。

（5）电子产品精度高，控制系统复杂。为当代科学技术的进步和人类征服自然的辉煌成绩，往往都是电子设备的高精度和高度自动化带来的成果。

（6）电子产品的技术综合性强。它不仅涉及电气、电子技术，还涉及精密机械、化学、光学、声学和生物学等众多学科知识。

（7）产品更新快。随着电子技术、电子元器件的发展，根据人们需求的不同，电子产品的种类在不断地增加，性能在不断地完善。

8.1.2 电子产品生产制造的基本要求

电子产品生产是指产品从研制、开发到推出的全过程。该过程包括设计、试制和批量生产等 3 个主要阶段。任何电子产品在它的研制阶段之后，都要投入生产。而电子产品生产制造的基本要求包括：生产企业的设备情况、技术和工艺水平、生产能力和生产周期，以及生产管理水平等方面。产品如要顺利地投产，必须满足生产条件对它的要求，否则，就不可能生产出优质的产品，甚至根本无法投产。

1. 企业生产设备情况

电子产品生产企业应该具备与所生产的产品相配套的、完善的仪器设备，以便于产品的研制开发和批量生产。

2. 技术和工艺水平

电子产品生产企业需配备相关的技术研究人员，根据产品的不同特点、用户的不同要求，研制、开发产品，完善产品的性能；还应具有相当的工艺水平，能够根据设计要求，生产出合格的产品。

3. 生产能力和生产周期

产品定型后，要进入批量生产阶段。生产企业应具有配套的仪器设备、加工材料、熟练的技术工人和完备的生产程序，生产出符合设计要求的合格产品；同时合理安排各工序，以缩短生产周期，提高生产效率，降低生产成本。

4. 生产管理水平

在电子产品的制造过程中，科学的管理已成为第一要素。管理工作不善将出现生产混乱、浪费严重、工序时间拉长，导致生产效率降低，生产成本上升；管理落后，使产品质量下降，劣质产品充斥市场，破坏企业形象，最终导致企业破产。

8.1.3　电子产品生产的组织形式

电子产品的生产过程，无论是社会的、部门的还是企业的，都是一个复杂的、具有内部和外部联系的系统。其各组成部分之间，在数量上存在比例配套关系，在时间上存在着衔接配合关系。因此，只有组成严密的形式、进行科学的组织才能达到相互的协调统一，实现预期的目的，并带来良好的经济效果。

根据电子产品的特点和产品生产的基本要求，产品应按以下组织形式生产：

（1）配备完整的技术条件、各种定额资料和工艺装备，为正确生产提供依据和保证。

（2）制定指生产的工艺方案，包括：

① 对生产性试制阶段的工艺、工艺装备验证情况进行小结。

② 工序控制点的设置点意见。

③ 工艺文件和工艺装备的进一步完善意见。

④ 专用生产线的设计制造意见。

⑤ 有关新材料、新工艺和新技术的采用意见。

⑥ 对生产节拍的安排和投产方式的建议。

⑦ 装配、调试方案和车间平面布置的调整意见。

⑧ 提出对特殊生产线及工作环境的改造与调整意见。

（3）进行工艺质量评审。评审的具体内容如下：

① 根据产品的批量，进行工序工程能力的分析评审。

② 对影响设计要求和产品质量稳定性的工序人员、设备、材料、方法和环境等 5 个因素进行评审。

③ 对工序控制点保证精度及质量稳定性要求的能力评审。

④ 对关键工序及薄弱环节工序的能力的测算及验证。

⑤ 对工序统计和质量控制方法的有效性和可行性进行评审。

（4）按照生产现场工艺管理的要求，积极采用现代化的、科学的管理方法，组织并指导产品的生产。

（5）生产总结。以便于对产品质量的改进和产品缺陷的弥补。

8.1.4　电子产品生产制造的标准化

1. 标准与标准化

标准是人们从事标准化活动的理论总结，是对标准化本质的概括。我国国家标准《GB/T 20000.1—2014 标准化工作指南　第 1 部分：标准化和相关活动的通用术语》对标准和标准化做了如下的规定：

（1）标准是衡量事物的准则，是"对重复性事物和概念所做的统一规定。它以科学、技术和实践经验的综合成果为基础，经有关方面协商一致，由主管部门批准，以特定形式发布，作为共同遵守的准则和依据"。

（2）为适应科学发展和合理组织生产的需要，在产品质量、品种规格、零部件通用等方面规定的统一技术标准，叫作标准化。

（3）标准和标准化二者是密切联系的。进行标准化工作首先必须制定、发布和实施标准，标准是标准化活动的结果，也是进行标准化工作的依据，是标准化工作的具体内容。标准化的效果如何，也只有在标准被贯彻实施之后，才能表现出来，它取决于标准本身的质量和被贯彻的情况。所以，标准是标准化活动的核心，而标准化活动则是孕育标准的摇篮。

2. 电子产品生产制造中的标准化

标准化是组织现代化生产的重要手段，是科学管理的主要组成部分。为达到标准的目的，电子产品生产制造中必须使用统一标准的零部件，采用与国际接轨的质量标准，标准化的具体做法归纳起来有以下 5 种：

（1）简化的方法

简化，是指通过简化品种、规格，包括型号、参数、安装和连接尺寸，易损零部件及试验方法和检测方法等，达到简化设计、简化生产、简化管理，方便使用，提高产品质量、降低成本，实现专业化、自动化生产的目的。

简化是标准化最基本的方法。通过简化，可以提高电子产品、零部件以及元器件等的互换性、通用性，促进它们的组合化与优化的实现。

（2）互换的方法

互换性是指产品，包括零件、部件、构件之间在尺寸、功能上彼此互相替换的性能，产品具有互换性是实现标准化的基础。因此，互换性技术已广泛应用于现代工业生产的各个领域，制定互换性标准已成为标准化工作的一个重要方面。

（3）通用化的方法

通用化是指在互换性的基础上，最大限度地扩大同一产品（零件、部件、构件）使用范围的一种标准形式。在已有产品的零件、部件、构件在尺寸和性能互换的基础上，用到同系列产品中，就可扩大它们的使用范围，使之具有重复使用的特性。

（4）组合方法

组合是指用组件组成一个产品，而组合化是指对许多产品用组件组合成产品的方法。

它是组合已有产品，创造新产品的过程，可以先设计制造各种组件然后将组件组装成产品。组合是标准化的具体应用；只有标准化的产品，才能进行组合。

（5）优选的方法

产品的优选，是指经过对现有同类产品的分析、比较，从多种可行性方案中选取最佳功能产品的过程，也叫优化过程。在标准化的活动中，自始至终都贯穿着优化的思想。

目前，随着科学技术的进步和生产的不断发展，标准化的作用被越来越多的人所认识。其应用领域也越来越广，标准已发展为各类繁多的复杂体系。根据标准的适用方法，在国际上有国际性标准和区域性标准之分。在我国按照标准发生作用的范围或标准的审批权限，标准分为：国家标准、专业标准（部标准）、地方标准和企业标准。此外，还可按标准的约束性分为强制性标准与推荐性标准。

3. 管理标准

管理标准是运用标准的方法，对企业中具有科学依据而经实践证明行之有效的各种管理内容、管理流程、管理责权、管理办法和管理凭证等所制定的标准。包括：

（1）经营管理标准

经营管理标准主要是指对企业经营方针、经营决策以及各项经营制度等高层决策管理所制定的标准。

（2）技术管理标准

技术管理标准是指对企业的全部技术活动所制定的各项管理标准的总称，包括产品开发与管理制度、产品设计管理、产品质量控制管理等。

（3）生产管理标准

生产管理标准主要是对生产过程、生产能力及整个生产中，各种物资的消耗等制定的管理标准。包括生产过程管理标准、生产能力管理标准、物量标准和物资消耗标准。

（4）质量管理标准

质量管理标准是对控制产品质量的各种技术等所制定的标准，是企业标准化管理的重要组成部分，是产品预期性能的保证。

（5）设备管理标准

设备管理标准是指为保证设备正常生产能力和精度所制定的标准。

另外，管理标准还包括劳动管理标准、物资管理标准、销售管理标准等。

4. 生产组织标准

生产组织标准是进行生产组织形式的科学手段。它可以分为以下几类：生产的"期量"标准、生产能力标准、资源消耗标准、组织方法标准。

（1）生产"期量"标准

①"量"的标准：指为了保证生产过程的比例性、连续性和经济性而为各种生产环节规定的生产批量和储备量标准。包括产品批量、各生产阶段零部件的批量、各类零件生产的批量以及各类零件在各个不同生产阶段的周转储备量和保险储备量。

②"期"的标准：指为了保证生产过程的连续性、轮番性和经济性，而对各类零件在生产时间上合理安排的规定。包括各类零件的生产周期、各生产阶段零部件的生产周期、各生产阶段零部件投入和出产提前期、各类零件投入和出产间隔期及生产节奏、产品生产周期与试制周期等。

各种"期"的标准对于保证生产过程的统一协调，缩短生产周期和试制周期，加速资金周转，提高生产的经济效果，具有十分重要的作用。

（2）组织方法标准

组织方法标准是指对生产过程进行计划、组织、控制的通用方法、程序和规程。例如，零件分类标准有：标准件、通用件、一般件、关键件等。任务分工标准分为：生产准备、计划、调试、统计的工作程序、规则；生产过程中，信息传递、反馈以及控制、调节的程序和规程。

这类标准是推广先进方法，提高生产组织的科学水平和经济效果，保证组织工作的统一协调的重要手段。

（3）生产能力标准

生产能力标准一般有设计能力、查定能力、计划能力三种。

① 设计能力标准：指工业企业设计任务书与技术设计文件中所规定的生产能力。它是按照设计中规定的产品方案和各种设计数据来确定的，在企业建成投产后，由于各种条件限制，一般均需经过一定时间后才能达到。

② 查定能力：指企业生产了一段时间以后，重新调查核定的生产能力，当原设计能力水平已经明显落后，或企业的生产技术条件发生了重大变化后，企业需要重新查定生产能力。查定能力是根据查定年度内可能实现的先进的组织技术措施来计算确定的。

③ 计划能力标准：指工业企业在计划年度内依据现有的生产技术条件，实际能达到的生产能力。

（4）资源消耗标准

对在产品生产过程中，各种物资消耗及工时，资金（产）定额所制定的标准，称为资源消耗标准。资源消耗标准一般包括：各工作、种类工时消耗标准；产品及零部件工时定额标准；产品及零部件设备工时定额标准；各类物资消耗定额标准；各种能源消耗定额标准。

8.2　电子产品生产工艺及其管理

对现代工业产品来说，工艺不再仅仅是针对原材料的加工或生产的操作，应该涉及从产品的设计、制造、调试到销售、管理的各个环节。所以，电子产品的质量不仅与器件材料、仪器设备有关，而且与工艺手段、科学的经营管理有关。

8.2.1　生产工艺的制定

1. 工艺过程的含义

工艺过程是生产者利用生产设备和生产工具，对各种原材料、半成品进行加工或处理，使之成为符合技术要求的产品的技术过程，是贯穿于产品设计、制造的全过程。通常，元器件加工工艺过程和装配工艺过程是电子产品制造企业的主要工艺过程。

2. 工艺过程的基本构成

工艺过程主要由工序、安装、工位、工步、进度五部分构成。

（1）工序

工序是组成工艺过程的基本单元，又是生产计划和成本核算的基本单元，是指产品在整个生产过程中的加工次序。可以是一个工人（或几个工人）在一个工作地点对一个工件（或同时对几个工件）连续完成的那部分工作。在电子工艺过程中，一般以工序作为单位，进行工时定额估算和生产成本核算等。

（2）安装

安装是指为完成一道或多道加工工序，在加工之前对工件（或各种零部件）进行的定位、固定和调整的作业，使产品在加工之前，在工位中占据并保持一个正确的位置。在一个工序中产品可只安装一次，也可以安装几次。在同一工序中，安装次数应尽量少，既可以提高生产效率，又可以减少由于多次安装带来的加工误差。

（3）工位

为减少工序中的装配次数，常采用旋转工作台或生产流水线，使产品在安装过程中，可先后在不同的设备或不同的位置进行连续加工，每一个位置所完成的那部分工序，称一个工位。在电子产品生产过程中常采用多工位加工，可以提高生产率和保证产品装配精度。

（4）工步

工步是工序的组成单位。在电子产品制造中插件安装、焊接装配、零部件组装和进给量（安装速度）都不变的情况下，所完成的工位内容称为工步。划分工步的目的，是便于分析和描述比较复杂的工序，更好地组织生产和计算工时。

（5）进度

整个产品加工过程中，完成每一工序工作内容进行的速度，称为进度。

工艺过程的各个组成单元之间存在复杂的联系和约束，在实际操作中，应根据各产品的特点反复调整，使它们构成最佳组合，以利于产品制造过程的合理安排。

3. 生产工艺的制定

产品的生产工艺是以工艺文件的形式反映出来的。生产工艺的实质是：从材料、零配件到合格产品的过程。因而生产工艺的制定应遵循以下原则：

（1）根据产品的批量、复杂程度制定生产工艺。

（2）根据企业在产品加工、装配、检验等方面的技术力量情况进行生产工艺的制定。

（3）根据企业的技术装备制定生产工艺。

（4）根据原材料的供应、生产路线、生产过程、生产周期、生产调试等情况进行制定。

（5）根据零部件、产品的特殊性来制定生产工艺。

（6）根据企业的管理办法（包括劳动力的组织管理、原材料的管理、技术设备的管理、质量监督管理等方面）来制定生产工艺。

只有制定合理的生产工艺，企业才能实现优质、高效、低消耗及安全的生产，才能获得最佳的经济效益。

8.2.2　工艺管理工作

1. 工艺管理的概念

企业的工艺管理是指在一定的生产方式和条件下，按一定的原则、程序和方法，科学地计划、组织、协调和控制各项工艺工作的全过程，是保证整个生产过程严格按工艺文件进行活动的管理科学。工艺管理涉及产品的开发、产品的试制、生产管理、技术发行与推广、安全管理以及全面质量管理等多方面。

2. 工艺管理的内容

（1）编制工艺发展计划

一个企业工艺水平的高低反映该企业生产水平的高低，工艺发展计划在一定程度上是企业提高自身生产水平的计划。工艺发展计划应适应产品发展需要，遵循先进性与适用性相结合、技术性与经济性相结合的方针，在企业总工程师的主持下，以工艺部门为主组织实施。编制内容包括工艺技术措施规划（新工艺、新材料、新装备和新技术攻关规划等）、工艺组织措施规划（工艺路线调整、工艺技术改造规划等）。

（2）产品生产方案准备

企业设计的新产品在进行批量生产前，首先要准备产品生产方案，其主要内容有：

① 新产品开发和老产品改进的工艺调研和考察，产品生产工艺方案设计。

② 产品设计的工艺性审查。

③ 根据产品设计文件要求，设计、编制和审查工艺文件的标准化。

④ 工艺方案的设计，编制生产工艺流程、工时定额和工位作业指导书。

⑤ 工艺装备的设计与管理，编制生产过程中的测试设备的运行程序、生产设备的操作规程、设计制作加工或检验工装。

⑥ 进行工艺质量评审、工艺验收、工艺总结和工艺整顿。

（3）实施生产现场的工艺管理

产品批量生产时，在生产现场，为了提高产品质量，需要加强现场生产控制，主要工作包括：

① 现场人员、设备、物料等按要求定位；生产工具和设备摆放有序，流水线体及工作场所清洁整齐等，确保安全文明生产。

② 制定工序质量控制措施，进行质量管理；按工艺要求合理安排工序，加强生产准备和调试工作，为实现均衡生产提供物质保证。

③ 制定各种工艺管理制度并组织实施；严格工艺纪律是建立企业正常工作秩序的保证。

④ 进行工艺质量评审、工艺验收、总结和工艺整顿，做好各项质量检查资料的收集、改进和质量监督工作。控制和改进生产过程的工作质量，协同研发、检验、采购等相关部门进行生产过程质量分析和改进。不断提高企业的工艺技术水平、生产效率和产品质量。

（4）开展工艺标准化工作

为了使产品符合国际标准，增强产品的竞争力，必须开展工艺标准化工作。工艺标准化工作的主要内容有：

① 制定推广工艺基础标准（术语、符号、代号、分类、编码及工艺文件的标准）。

② 制定推广工艺技术标准（材料、技术要素、参数、方法、质量的控制与检验和工艺装备的技术标准）。

③ 制定推广工艺管理标准（生产准备、生产现场、生产安全、工艺文件、工艺装备和工艺定额）。

（5）开展工艺情报的收集、研发工作

企业为了了解国内外同类企业的生产技术和工艺水平，必须开展工艺技术的情报工作，找出差距，提高自身生产水平，同时还必须开展工艺技术的研发，使企业立于不败之地。主要内容包括：

① 掌握国内外新技术、新工艺、新材料、新装备的研究与使用情况，借鉴国内外的先进科学技术，采取和推广已有的成熟的研究成果。

② 进行工艺技术的研究和开发工作，从各种渠道搜集有关的新工艺标准、图纸手册及先进的工艺规程、报告、成果论文和资料信息，并进行加工、管理。

③ 有计划地对工艺人员、技术工人进行培训和教育，为它们更新知识、提高技术水平和技能水平。

④ 开展群众性的合理化建议与技术改进活动，进行新工艺和新技术的推广工作，对在实际工作中做出创造性贡献的人员进行奖励。

3. 工艺管理的意义

产品质量差、市场竞争力不强，一直是困扰我国经济发展的一个严重问题。事实上，造成这种现象并非我国的产品设计水平有限，而是由于生产手段及生产过程存在问题，具体表现在工艺技术和管理水平上存在的不足。

为转变这种情况，必须全面加速采用国际标准，ISO 9000 质量管理和质量保证体系标准系列，开展电子产品制造工艺的深入研究，加强工艺管理的学习探讨，引入有利于我国企业发展管理机制，增加产品的竞争能力，使我国的产品质量达到国际先进水平。

8.3 电子产品技术文件

8.3.1 电子产品技术文件的特点

电子产品技术文件是产品生产、试验、使用和维修的基本依据，是企业组织生产和实施管理的法规，因而对它有严格的要求。

1. 标准严格

技术文件必须全面、严格地符合国家有关标准，不能有丝毫的"灵活性"，不允许生产者有个人的随意性。所有企业标准，只能是国家标准的补充或延伸，而不能与国标相左。

2. 格式严谨

按照国家标准，技术文件的工程技术图样必须满足格式要求。包括图样编号、图幅、图栏、图幅分区等，其中图幅、图栏等采用与机械图兼容的格式，便于技术文件存档和成册。

3. 管理规范

电子产品技术文件具有生产法规的效力，并由技术管理部门进行管理，企业从规章制度方面约束和规范技术文件的审核、签署、更改、保密等工作，在从事电子产品规模生产的企业，一张图卡一旦审核签署，便不能随意更改，如果需要更改，必须经过严格的手续。

8.3.2 电子产品技术文件的分类

在电子产品开发、设计、制造的过程中，形成的反映产品功能、性能、构造特点及测试试验要求的图样和说明文件，统称为电子产品的技术文件，由于该技术文件主要由各种形式的电路图构成，所以技术文件又称电子工程图。技术文件作为产品生产过程中的基本依据，分为设计文件和工艺文件两大类。

1. 设计文件

设计文件是产品在研发、设计、试制和生产过程中积累形成的图样及技术资料，它规定了产品的组成形式、结构尺寸、原理，以及在制造、验收、使用、维护和修理时必须有的技术数据和说明，是组织生产的基本依据。

设计文件由设计部门编制。在编制时，其内容和组成应根据产品的复杂程度、继承性、生产批量及生产的组织方式等特点区别对待，在满足组织生产和使用的前提下，编制所需的设计文件。

2. 工艺文件

工艺文件是根据设计文件、图样及生产定型样机，结合工厂实际，如工艺流程、工艺装备、工人技术水平和产品的复杂程度而制定出来的文件，是指导工人操作和生产产品、工艺管理的各种文件的总称。它规定了实现设计要求的具体加工方法，是企业组织生产、产品经济核算、质量控制和工人加工产品的技术依据。

工艺文件与设计文件同是指导生产的文件，两者是从不同的角度提出要求的。设计文件是原始文件，是生产的依据，而工艺文件是根据设计文件提出的加工方法，为实现设计要求，以工艺规程和整机工艺文件形式指导生产，以保证生产任务的顺利完成。

8.3.3　技术文件的管理

技术文件的管理是一个企业管理的重要组成部分，作为技术文件管理部门和相关人员，管理过程中需注意以下几点：

（1）经生产定型或大批量生产的产品技术文件底图必须归档。

（2）对归档文件的更改应填写更改通知单，执行更改审核、会签和批准手续后交技术档案部门，由专人负责更改。技术档案部门应将更改通知单和已更改的文件蓝图及时通知有关部门，并更换下发的蓝图。更改通知单应包括涉及更改的内容。临时性的更改也应办理临时更改通知单，并注明更改所适用的批次或期限。

（3）发现图样和工艺文件中存在问题时，要及时反映，不要自作主张随意改动，更不能在图样上乱写乱画。

（4）必须遵守各项规章制度，确保文件的正确实施。

8.3.4　技术文件的计算机管理

技术文件的计算机管理是指：利用先进的计算机技术和强大丰富的计算机应用软件，来实现电子产品技术文件的编制和管理，该过程也称为技术文件的电子编制和管理。

1. 计算编制技术文件的常用软件

目前，编制技术文件的常用计算机软件有：AutoCAD、Protel、Multisim 及 Microsoft Office 等，这些软件可用于设计绘制电路框图、电路原理图、PCB 图、接线图、零件图、装配图等，并且可以进行仿真实验，调整设计过程和设计结果，编写各种企业管理和产品管理文件，制作各种计划类和财务表格等。

2. 计算机技术编制和管理技术文件的特点

利用计算机技术可以方便快捷地编制技术文件，简单方便地修改、变更、查询技术文件，大大缩短了编制文件的时间，规范了文件的编制，提高了文件的管理水平和效率。但计算机病毒的侵入会破坏电子文档的技术文件，带来严重的不良后果，因而在实行计算机编制文件和管理文件的过程中，应注意做好备份。

8.4　电子产品设计文件

8.4.1　设计文件的分类

设计文件一般包括各种图样（电路原理图、装配图、接线图等）、功能说明书、元器件清单等。设计文件的分类方法大致有以下 3 种：

1. 按表达内容分类

（1）图样：指用于说明产品加工和装配要求的设计文件，如装配图、外形图、零件图等。

（2）简图：指用于说明产品的装配连接、有关原理和其他示意性内容的设计文件，如电路原理图、接线图等。

（3）文字与表格：指以文字和表格的方式，说明产品的组成和技术要求的设计文件，如说明书、技术条件、明细表、汇总表等。

2. 按形成的过程分类

（1）试制文件：指定型过程中所编制的各种设计文件。

（2）生产文件：指在设计定型完成后，经整理修改，作为组织、指导正式生产用的设计文件。

3. 按绘制过程和使用特点分类

（1）草图：设计产品时一种临时性的图样，大多用徒手方式绘制。

（2）原图：供绘制底图用的设计图样。

（3）底图：作为确定产品的基本凭证图样，是用来复制复印图的设计文件。底图可分为基本底图和副底图。

（4）复印图：用底图晒制、照相等方式复制，供生产时使用的图纸，可分为晒制复印图（蓝图）、照相复印图等。

（5）载有程序的媒体是指载有完整独立的功能程序的媒体，如载有设计程序的计算机磁盘、光盘。

8.4.2　设计文件的编号（图号）

为了便于设计文件的整理，每个设计文件都要有编号（图号）。设计文件常用十进制分类编号方法，这种编号由 4 部分组成，如图 8-1 所示。

第一部分是企业代号，用大写汉语拼音字母区分企业代号，企业代号由企业上级机关决定，根据这个代号可知产品的生产厂家。本企业标准产品的文件，在企业代号前要加"Q/"。

第二部分是产品的特征标记，可根据设计文件按规定的技术特征分为 10 级，每级分为 10 类，每类分为 10 型，每型分为 10 种（代码均为 0~9）。在"级"的数字后有小数点，不同级、类、型、种的代码组合代表不同产品的十进制分类编号特征标记，各位数字的意义可查阅有关标准。

第三部分是登记序号，是由本企业标准化部门统一编排决定的，前面有小数点与特征标记分开。

第四部分是文件简号，是对设计文件中各种组成文件的简单规定。

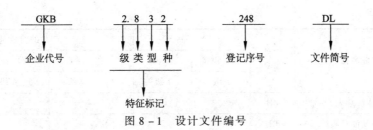

图 8-1 设计文件编号

8.4.3 设计文件的成套性

每个电子产品都有成套的设计文件，一套设计文件的组成部分随产品的复杂程度、生产特点不同而不同。根据国家规定，产品及其组成部分按结构特征及用途可分成 8 个等级。7 和 8 级代表零件级；5 和 6 级代表部件级；2、3 和 4 级代表整件级；1 级代表成套设备。表 8-1 列出了各级产品及组成部分的成套设计文件组成。

表 8-1 成套设备及整机设计文件的组成

序号	文件名称	文件简号	产品		产品的组成部分		
			成套设备	整机	整件	部件	零件
			1 级	1 级	2、3、4 级	5、6 级	7、8 级
1	产品标准	—	●	●	–	–	–
2	零件图	—	–	–	–	–	●
3	装配图	—	–	●	●	●	–
4	外形图	WX	–	○	○	○	○
5	安装图	AZ	○	○	–	–	–
6	总布线图	BL	○	○	–	–	–
7	频率搬移图	PL	○	○	○	–	–
8	框图	FL	○	○	○	–	–
9	信息处理流程图	XL	○	○	○	–	–
10	逻辑图	LJL	–	○	○	○	–
11	电路原理图	DL	○	○	○	○	–
12	接线图	JL	–	○	○	○	–
13	线缆连接图	LL	○	○	○	–	–
14	机械原理图	YL	○	○	○	–	–
15	机械传动图	CL	○	○	○	–	–
16	其他图	T	○	○	○	○	–
17	技术条件	JT	–	–	○	○	○
18	技术说明书	JS	●	●	–	–	–
19	使用说明书	SS	○	○	○	○	–
20	表格	B	○	○	○	○	–
21	明细表	MX	●	●	●	–	–

序号	文件名称	文件简号	产品		产品的组成部分		
			成套设备	整机	整件	部件	零件
			1 级	1 级	2、3、4 级	5、6 级	7、8 级
22	整体汇总表	ZH	○	○	–	–	–
23	备件及汇总表	BL	○	○	–	–	–
24	成套运用文件清单	YQ	○	○	–	–	–
25	其他文件	W	○	○	○		–

注：表格中"●"表示必须编制的文件；"○"表示这些设计文件的编制与否应根据产品的性质、生产和使用的需要而定；"–"表示不应编制的文件。

8.5　电子产品工艺文件

工艺文件是企业组织生产、指导工人操作和用于生产、工艺管理等的各种技术文件的总称。它是产品加工、装配、检验的技术依据，也是企业组织生产、产品经济核算、质量控制和工人加工产品的主要依据。

工艺文件与技术文件同是指导生产的文件，两者是从不同角度提出要求的。设计文件是原始文件，是生产的依据。而工艺文件是根据设计文件提出的加工方法，实现设计图样上的产品要求，并以工艺规程和整机工艺文件图纸指导生产，是生产管理的主要依据。

工艺文件要根据产品的生产性质、生产类型、产品的复杂程度及生产组织方式等情况而编制。成套的工艺文件必须做到正确、完整、统一和清晰。

8.5.1　工艺文件的分类和作用

工艺文件大体可分为工艺管理文件和工艺规程两大类。

1. 工艺管理文件

工艺管理文件是供企业科学地组织生产、控制工艺工作的技术文件，它规定了产品的生产条件、工艺线路、工艺流程、工艺装置、工具设备、调试和检验仪器、材料消耗定额和工时消耗定额等。不同企业的工艺管理文件的种类不完全一样，但基本文件都应当具备，工艺管理文件包括工艺文件封面、工艺文件目录、工艺文件更改通知单、工艺路线表、材料消耗工艺定额明细表、专用及标准工艺装配明细表、配套明细表等。

2. 工艺规程

工艺规程是规定产品和零件制造工艺过程和操作方法的工艺文件，主要包括过程卡片、工艺卡片和工艺守则等，是工艺文件的主要部分。

过程卡片规定了电子产品的全部工艺路线、使用的工艺设备、工艺流程和各道工序名称等，供生产管理人员和调度人员使用。

工艺卡片和工艺守则包括制造电子产品的操作规程、加工的工艺类别，以及产品的作业指导书等。常见的工艺卡片包括机械加工工艺卡、电气装配工艺卡、扎线工艺卡、油漆涂覆工艺卡等。

8.5.2　工艺文件的编号

工艺文件的编号是指工艺文件的代号，简称"文件代号"。它由 4 部分组成，企业区分代号、该工艺文件的编制对象（设计文件）的十进制分类编号和工艺文件简号。必要时工艺文件简号可加区分予以说明，如图 8－2 所示。

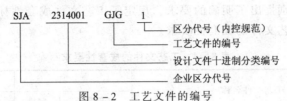

图 8－2　工艺文件的编号

第一部分：企业区分代号，由大写的汉语拼音字母组成，用以区分编制文件的单位，图中的 SJA 即上海电子计算机厂的代号。

第二部分：设计文件十进制分类编号。

第三部分：工艺文件的编号，由大写的汉语拼音字母组成，用以区分编制同一产品的不同各类的工艺文件，图中的 GJG 的意思是"工艺文件检验"的简号。表 8－2 所示为常用的工艺文件编号规定。

表 8－2　工艺文件的编号规定

序号	工艺文件名称	简号	字母含义	序号	工艺文件名称	简号	字母含义
1	工艺文件目录	GML	工目录	9	塑料压制工艺卡	GSK	工塑卡
2	工艺路线表	GLB	工路表	10	电镀及化学镀工艺卡	GDK	工镀卡
3	工艺过程卡	GGK	工过卡	11	电化涂覆工艺卡	GTK	工涂卡
4	元器件工艺表	GYB	工元表	12	热处理工艺卡	GRK	工热卡
5	导线及扎线加工表	GZB	工扎表	13	包装工艺卡	GBZ	工包装
6	各类明细表	GMB	工明表	14	调试工艺卡	GTS	工调试
7	装配工艺过程卡	GZP	工装表	15	检验规范	GJG	工检规
8	工艺说明及简图	GSM	工说明	16	测试工艺	GCS	工测试

第四部分：区分代号，当同一编号的工艺文件有两种或两种以上时，可用标注脚号（数字）的方法以区分工艺文件。表 8－3 为各类工艺文件用的明细表。对于填有相同工艺文件名称及编号的各工艺文件，不管其使用何种格式，都应认为是属同一份独立的工艺文件，它们应在一起计算其张数。

表 8－3　工艺文件用各类明细表

序号	文件各类明细表	简号	序号	文件各类明细表	简号
1	材料消耗工艺定额汇总表	GMB1	7	热处理明细表	GMB7
2	工艺装备统合明细表	GMB2	8	涂覆明细表	GMB8
3	关键明细表	GMB3	9	工位器具明细表	GMB9
4	外协件明细	GMB4	10	工量器件明细表	GMB10
5	材料工艺消耗定额综合明细表	GMB5	11	仪器仪表明细表	GMB11
6	配套明细表	GMB6			

8.5.3　工艺文件的成套性

工艺文件是成套的，因此编制的工艺文件种类不是随意的，应该根据产品的具体情况按照一定的规范和格式配套齐全。

我国电子行业标准对产品在设计定型、生产定型、样机试制和一次性生产时需要编制的工艺文件各类分别提出了明确的要求，规定了工艺文件成套性标准。表 8 - 4 所示为电子产品各个阶段工艺文件的成套性要求。

表 8 - 4　工艺文件的成套性要求

序号	工艺文件名称	产品		产品的组成部分		
		成套设备	整机	整件	部件	零件
1	工艺文件封面	○	●	○	○	-
2	工艺文件明细表	○	●	○	-	-
3	工艺流程图	○	○	○	○	-
4	加工工艺过程卡	-	-	-	○	●
5	塑料工艺过程卡片	-	-	-	○	○
6	陶瓷、金属压铸和硬模铸造工艺过程卡片	-	-	-	○	○
7	热处理工艺卡片	-	-	-	○	○
8	电镀及涂敷工艺卡片	-	-	-	○	○
9	涂料涂敷工艺卡片	-	-	○	○	○
10	元器件引出端成形工艺表	-	-	○	○	-
11	绕线工艺卡	-	-	○	○	○
12	导线及线扎加工卡	-	-	○	○	○
13	贴插编带程序表	-	-	○	○	○
14	装配工艺过程卡	-	●	●	●	-
15	工艺说明	○	○	○	○	○
16	检验卡片	○	○	○	○	○
17	外协件明细表	○	○	○	○	○
18	配套明细表	○	○	○	○	○
19	外购工艺装备汇总表	○	○	○	-	-
20	材料消耗工艺定额明细表	-	●	●	○	○
21	材料消耗工艺定额汇总表	●	●	○	-	-
22	能源消耗工艺定额明细表	○	○	○	○	○
23	工时、设备台时工艺定额明细表	○	○	○	○	○
24	工时、设备台时工艺定额汇总表	○	○	○	-	-
25	工序控制点明细表	-	○	○	-	-
26	工序质量分析表	-	○	○	○	○
27	工序控制点操作指导卡片	-	○	○	○	○
28	工序控制点检验指导卡片	-	○	○	○	○

8.5.4　工艺文件的编制方法

1. 编制工艺文件的原则

编制工艺文件应以保证产品质量，稳定生产为原则，以最经济、最合理的工艺手段进行加工为原则。在编制前还应对该产品工艺方案的制定进行调查研究，掌握国内外制造该类产品有关的信息，以及上级或企业领导的有关文字决策和指令。具体编制时，应遵循以下原则：

（1）要根据产品批量的大小、技术指标的高低和复杂程度区别编制。对于一次性生产的产品，可根据具体情况编写临时工艺文件或参照借用同类产品的工艺文件。

（2）文件编制的深度要考虑到车间的组织形式、工艺装备以及工人的技术水平等情况，必须保证编制的工艺文件切实可行。

（3）对于未定型的产品，可不编写工艺文件或只编写部分必要的工艺文件。

（4）工艺文件应以图为主，力求一看就懂，一看就会操作，必要时加注简要说明。

（5）凡属应知应会的基本工艺规程内容，在工艺文件中可不编入。

2. 编制工艺文件的步骤

（1）熟悉设计文件，仔细分析设计文件的技术条件、技术说明、原理图、安装图、接线图、线扎图及有关的零、部件图等，弄清楚安装关系与焊接要求。

（2）编制准备工序的工艺文件，包括各种导线的加工处理、线把扎制、地线成形、器件引脚成形浸锡、各种组合件的装焊等准备工序的工艺文件编制。

（3）编制流水线工序的工艺文件。先确定每个工序的工时，然后确定需要用几个工序。各个工序的工作量要均衡，操作要顺手。无论是准备工序还是流水线各工序，所用的材料、器件、特殊工具、设备等都应编入。

（4）调试、检验、包装等工序工艺文件的编制。调试检验所用的仪表设备、技术指标、测试和检验方法都应编入工艺文件。

3. 编制工艺文件的注意事项

（1）要有统一的格式、幅面，并符合有关标准，文件应成套并装订成册。

（2）工艺文件中所采用的名称、编号、术语、代号、符号、计量单位要符合现行国标或部标规定，应与设计文件相一致。字体要采用国家正式公布的简化汉字，字体要工整清晰。

（3）工艺附图要按比例绘制（线扎图尽量采用 1∶1 的图样），装配接线图中的接线部位要清楚，连接线的接点要明确，并注明完成工艺过程所需要的数据（如尺寸等）和技术要求。

（4）工序间的衔接应明确，要指出准备内容、装连方法、装连过程中的注意事项。

（5）尽量能应用企业现有的技术水平、工艺条件，以及现有的工装或专用工具、测试仪器和仪表。

8.5.5　常用工艺文件简介

1. 封面

工艺文件封面是工艺文件装订成册的封面。简单产品的工艺文件可按整机装订成一册，复杂产品的工艺文件可装成若干册，如表 8 – 5 所示。

表 8 - 5 封　　面

工 艺 文 件

共　　册
第　　册
共　　页

型　　号：
名　　称：
图　　号：
本册内容：

批准
年　月　　日

填写方法：“型号”“名称”“图号”分别填写产品型号、名称、图号；“本册内容”填写本册主要内容的名称；“共×页”填写本册的总页数；批准时填写批准日期。

2. 工艺文件目录

用于汇总所有工艺文件，装订成册方便查找，能反映产品工艺文件的成套性，如表 8 – 6 所示。

表 8 – 6　工艺文件目录

			工艺文件目录		产品名称或型号		产品图号
		序号	文件代号	零部件、整件图号	零部件、整件名称	页数	备注
		1	2	3	4	5	6
使用性							
旧底图总号							
底图总号	更改标记	数量	文件号	签名	日期	日期	第　页
							共　页
日期	签名						
						第　册	第　页

填写方法："产品名称或型号""产品图号"与封面的"型号""名称""图号"栏保持一致；内容栏按标题填写，填写所有工艺文件的图号、名称及其页数。

3. 工艺路线表

工艺路线表简明列出了产品由准备到成品顺序流经的部门及各部门所承担的工序，并显示出零、部、组件的装入关系，它是生产计划部门进行车间分工和安排生产计划的依据，也是工艺部门编制工艺文件的依据，如表8-7所示。

表8-7 工艺路线表

		工艺路线表		产品名牌或型号			产品图号
	序号	图号	名称	装入关系	部件用量	整件用量	工艺路线表内容
	1	2	3		4	5	6
使用性							
旧底图总号							

底图总号	更改标记	数量	文件号	签名	日期	签 名		日期	第 页	
						拟制				
						审核			共 页	
日期	签名									
									第 册	第 页

　　填写方法：“装入关系”栏以方向指示线显示产品零部件、整件的装配关系；“部件用量”“整件用量”栏，填写与产品明细表对应的数量；“工艺路线及内容”栏，填写整件、部件、零件加工过程中各部门（车间）及其工序名称和代号。

4. 导线及扎线加工表

　　导线及扎线加工表显示整机产品、部件进行电路连接所应准备的导线及扎线等线缆用品，是企业组织生产、进行车间分工、生产技术准备工作的最基本的依据，如表 8-8 所示。

表 8-8　导线及扎线加工表

		导线及扎线加工表							产品名称或型号				产品图号	
	编号	名称规格	颜色	数量	长度/mm					去向、焊接处		设备	工时定额	备注
					L 全长	A 端	B 端	A 剥头	B 剥头	A 端	B 端			
	1	2	3	4	5	6	7	8	9	10	11	12	13	14
使用性														
旧底图总号														

底图总号	更改标记	数量	文件号	签名	日期	签名		日期	第　　页	
						拟制				
						审核			共　　页	
日期	签名									
									第　册　第　页	

填写方法："编号"栏填写导线的编号或扎线图中的编号；"名称规格""颜色""数量"栏填写材料的名称规格、颜色、数量；长度栏中的"L"、"A 端""B 端""A 剥头""B 剥头"，分别填写导线的开线尺寸、扎线 A、B 端的甩端长度及剥头长度；"去向、焊接处"栏填写导线焊接去向。

5. 配套明细表

配套明细表用以说明部件、整件、装配时所需用的零件、部件、整件、外购件（包括元器件、协作件、标准件）等主要材料，以及生产过程中的辅助材料等，并作为配套准备时领料、发料的依据，如表 8 - 9 所示。

表 8 - 9　配套明细表

			配套明细表		装配件名称	装配件图号
	序号	图号	名　称	数量	来自何处	备　注
	1	2	3	4	5	6
使用性						
旧底图总号						

底图总号	更改标记	数量	文件号	签名	日期	签名		日期	第　　页
						拟制			
						审核			共　　页
日期	签名								
									第　册　第　页

　　填写方法："图号""名称"及"数量"栏填写相应的整件设计文件明细表的内容；"来自何处"栏填写材料来源处；辅助材料填写在顺序的末尾。

6. 装配工艺过程卡

　　装配工艺过程卡用来描述产品的部件、整件的机械性装配和电气连接的装配工艺全过程，有许多张，包括装配准备、装联、调试、检验、包装入库等过程，本过程卡是整机装配中的重要文件，如表 8 – 10 所示。

表 8 – 10　装配工艺过程卡

		装配工艺过程卡		装配件名称		装配件号	
	编号	装入件及辅助材料		车间	序号	工种	工序（工步）内容及要求	设备及工装	工时定额
		名称、牌号、技术要求	数量						
	1	2	3	4	5	6	7	8	9
使用性									
旧底图总号									

底图总号	更改标记	数量	文件号	签名	日期	签 名		日期	第　　　页
						拟制			
						审核			共　　　页
日期	签名								
									第　册　第　页

　　填写方法："装入件及辅助材料"中的"名称、牌号、技术要求"、"数量"栏应按工序填写设计文件的内容，辅助材料填在各道工序之后；"工序（工步）内容及要求"栏填写装配工艺加工的内容和要求；空白栏处供画加工装配工序图用。

7. 工艺说明及简图

　　本卡用来说明在其他格式上难以表达清楚的、重要的和复杂的工艺，可作任何一种工艺过程的续卡，对某一简图、表格及文字说明用，也可以作为调试、检验及各种典型工艺文件的补充说明，如表8-11所示。

表8-11　工艺说明及简图

			名称	编号或图号
		工艺说明及简图		
			工序名称	工序编号
使用性				
旧底图总号				

底图总号	更改标记	数量	文件号	签名	日期	签　名	日期	第　　　页	
						拟制			
						审核		共　　　页	
日期	签名								
								第　册	第　页

8. 工艺文件更改通知单

　　供进行工艺文件内容的永久性修改时使用。应填写更改原因、生效日期及处理意见。"更改标记"栏应按图样管理制度中规定的字母填写，如表8-12所示。

表 8 – 12　工艺文件更改通知单

产品名称或型号		零部件·整件名称		图　号		第　　页
工艺文件更改通知单						共　　页
更改单号						
生效日期	更改原因				处理意见	
更改标记	更改前		更改标记	更改后		
拟制	日期	审核	日期	日期	批准	日期

习　题

1. 电子技术文件有什么特点？它分为几类？
2. 常用的设计文件有哪些？文件编号方法有几种？
3. 什么是工艺文件？简述它在生产中的作用。
4. 工艺文件和设计文件有什么不同？
5. 编制一个简单电子产品的常用工艺文件。
6. 编制工艺文件的主要依据是什么？
7. 编制工艺文件的方法及主要要求是什么？
8. 企业生产常用哪些工艺文件？它们有什么用途？

第 9 章 | 电子产品制造企业的产品认证

学习目的及要求：

（1）了解实施 ISO 9000 质量标准、ISO 14000 环境标准、3C 认证、IECEE – CB 体系的意义。

（2）熟悉 ISO 9000 质量标准、ISO 14000 环境标准、3C 认证、IECEE – CB 体系的作用及认证过程。

9.1 电子产品的 ISO 9000 质量管理标准简介

ISO 9000 系列质量标准是被全球认可的质量管理体系标准之一，它是国际标准化企业（ISO）于 1987 年制定后经不断修改完善而成的系列质量管理和质量保证标准。现已有 100 多个国家和地区将此标准等同转化为国家标准。ISO 9000 系列标准自 1987 年发布以来，经历了几次修改，现今已形成了 ISO 9000：2000 系列标准。我国等同采用 ISO 9000 系列标准的国家标准是 GB/T1900 族标准。

ISO 9000 系列标准的推行，与在我国实行现代企业制度改造具有十分强烈的相关性。两者都是从制度上、体制上、管理上入手改革，不同点在于前者处理企业的微观环境，后者侧重于企业的宏观环境。由此可见，ISO 9000 系列标准非常适宜我国国情，目前很多企业都致力于 ISO 9000 质量管理。

9.1.1 ISO 的含义及 ISO 9000 系列标准规范质量管理的途径

1. ISO 的含义

ISO（International Standardization Organization）是一个国际标准化组织，该组织成立于 1947 年 2 月 23 日，是世界上最大的非政府性标准化专门机构，是国际标准化领域中一个十分重要的组织。ISO 的任务是促进全球范围内的标准化及其有关活动，以利于国际间产品与服务的交流，以及在知识、科学、技术和经济活动中发展国际间的相互合作。它显示了强大的生命力，吸引了越来越多的国家参与其活动。

2. ISO 9000 质量管理的途径

ISO 9000 系列标准并不是产品的技术标准，而是企业保证产品及服务质量的标准。通常企业活动由三方面组成：开发、经营和管理。在管理上又主要表现为行政管理、财务管理、质量管理。ISO 9000 系列标准是主要针对质量的管理措施，同时涵盖了部分行政管理和财务管理的范畴。它从企业的企业管理、人员和技术能力、各项规章制度和技术文件、内部监督机制各方面来规范质量管理，通俗地讲就是把企业的管理标准化。具体规范途径如下：

（1）机构方面

标准明确规定了为保证产品质量而必须建立的管理机构及其职责权限。

（2）企业生产程序

企业组织产品生产必须制定规章制度、技术标准、质量手册、质量体系操作检查程序，并使之文件化、档案化。

（3）生产过程

质量控制是对生产的全部过程加以控制，是面的控制，不是点的控制。根据市场调研确定产品、设计产品、采购原料，到生产检验、包装、储运，其全过程按程序要求控制质量，并要求生产过程具有标识性、监督性、可追溯性。

（4）总结与改进

通过不断地总结、评价质量体系，不断地改进质量管理水平，使质量管理呈螺旋式上升。

3. 现行 ISO 9000 系列标准特点

（1）通用必强

现行 ISO 9000 系列标准作为通用的质量管理体系标准可适用于各类企业，不受企业类型、规模、经济技术活动领域或专业范围、提供产品各类的影响和限制。

（2）质量管理体系文件可操作性强

ISO 9000 系列标准一方面采用简单的文件格式以适应不同规模的企业的要求，另一方面其文件数量和内容更结合企业过程活动所期望的结果。

（3）标准条款和要求可取可舍

企业可根据需求和应用范围对标准条款和要求做出取舍，删减不适用的条款。这里所说的需求是指对全部产品和产品实现过程采用标准的情况；应用范围是指对全部或部分产品和产品实现过程采用标准的情况。无论企业是否对标准条款和要求进行取舍，企业质量管理体系均应符合标准。

（4）与 ISO 14000 系列标准兼容

现行标准与 ISO 14000 系列标准在标准的结构、质量管理体系模式、标准内容、标准使用的语言和术语等方面都有很好的兼容性。

4. 现行 ISO 9000 系列标准包括的核心标准

（1）ISO 9000《质量管理体系　基础和术语》。

（2）ISO 9001《质量管理体系　要求》。

（3）ISO 9004《质量管理体系　业绩改进指南》。

（4）ISO 1901《质量和（或）环境管理体系　审核指南》。

9.1.2　ISO 9000 标准质量管理的基本原则

产品质量是企业生存的关键。影响产品质量的因素很多，单纯依靠检验只不过是从生产的产品中挑出合格的产品，不可能以最佳成本持续稳定地生产合格品。

一个企业建立和实施的质量体系，应能满足企业的质量目标，确保影响产品质量的技术、管理和人的因素处于受控状态。ISO 9000 标准就是这样的质量体系，其质量管理的基本原则为把顾客作为关注焦点，强调领导作用和全员参与，依据产品实际对质量进行过程控制和系统的管理，通过持续改进，达到企业与用户共赢的目的。具体地体现在以下几方面。

1. 控制所有过程的质量

一个企业的质量管理是通过对企业内进行各种管理来实现的，这是 ISO 9000 标准关于质量管理的理论基础。当一个企业为了实施质量体系而进行质量体系策划时，首要的是结合本企业的具体情况确定应有哪些过程，然后分析每一个过程需要开展的质量活动，确定应采取的有效的控制措施和方法。

2. 控制质量的出发点是预防不合格

ISO 9000 标准要求在产品使用寿命期限内的所有阶段都体现预防为主的思想。例如，通过控制市场调研，准确地确定市场需求，开发新产品，防止因盲目开发造成产品不适合市场需要而滞销，浪费人力、物力；通过控制设计过程的质量，确保设计产品符合使用者的需求，防止因设计质量问题，造成产品质量先天性的不合格和缺陷；通过控制采购的质量，选择合格的供货单位并控制其供货质量，确保生产产品所需的原材料、外购件、协作件等符合规定的质量要求，防止使用不合格外购产品而影响成品质量。

在生产过程更是如此，通过确定并执行适宜的生产方法，使用适宜的设备，保证设备正常工作，控制影响质量的参数和人员技能，确保制造出符合设计质量要求的产品，防止出现不合格品的产品；通过按质量要求进行进货检验、过程检验和成品检验，确保产品质量符合要求，防止不合格的外购件投入生产，防止将不合格的工序产品转入下道工序，防止将不合格的成品交付给顾客；通过控制检验、测量方式和实验设备的质量，确保使用合格的检测手段进行检验和试验，确保检验和试验结果的有效性，防止因检测手段不合格造成对产品质量不正确的判定；通过采取有效措施保护，防止在产品搬运、储存、包装、防护和交付过程中的损坏及变质。

在管理和售后服务过程中，通过控制文件和资料，确保所有的场所使用的文件和资料都是现行有效的，防止使用过时或作废的文件，造成产品或质量体系要素的不合格；通过全员培训，对所有对质量有影响的工作人员都进行培训，确保他们能胜任本岗位的工作，防止因知识或技能的不足，造成产品的不合格；当产品发生不合格或顾客投诉时，应查明原因，针对原因采取纠正措施以防止问题的再发生；还应通过各种质量信息的分析，主动地发现潜在的问题，防止问题的出现，从而改进产品的质量。

3. 质量管理的中心任务是建立并实施文件的质量体系

产品质量是在产品生产的整个过程中形成的，所以实施质量管理必须建立质量体系，而且质量体系要具有很强的操作性和检查性。ISO 9000 要求一个企业所建立的质量体系应形成文件并按文件要求执行。

质量体系文件分为 3 个层次：质量手册、质量体系程序和其他质量文件。质量手册是按企业规定的质量方针和用 ISO 9000 标准描述质量体系的文件。质量手册可以包括质量体系程序，也可以指出质量体系程序在何处进行规定。质量体系程序是为了控制每个过程的质量，对如何进行各项质量活动规定的有效措施和方法。其他质量文件包括作业指导书、报告、表格等，是工作者使用的详细的作业文件。对质量体系文件内容的基本要求是该做的要写到，写到的要做到，做的结果要有记录，即写所需，做所定，记所做。

4. 质量的持续改进

质量改进是质量体系的一个重要因素，当实施质量体系时，企业的管理者应确保其质量体系能够推动和促进质量的持续改进。

质量改进包括产品质量改进和工作质量改进，争取使顾客满意和实现质量的持续改进是企业追求的永恒目标。没有质量改进的质量体系只能维持质量，质量改进旨在提高质量。质量改进是通过改进过程来实现，是一种以追求更高的过程效益和效率为目标。

5. 有效的质量体系应满足顾客和企业双方的需要和利益

对顾客而言，需要企业能满足其对产品质量的需要和期望，并能持续保持该质量；对企业而言，在经营上以适宜的成本，达到并保持顾客所期望的质量，即满足顾客的需要和期望，又保证企业的利益。

6. 定期评价质量体系

定期评价质量体系的目的是确保各项质量活动实施；确保质量活动结果达到预期的计划；确保质量体系持续的适宜性和有效性。

7. 搞好质量管理关键在领导

企业的最高管理者在质量管理中起着至关重要的作用。最高管理者需要确定企业质量方针、确定各岗位的职责和权限、配备资源、委派质量体系管理者代表、进行管理评审等，以确保质量体系持续的适宜性和有效性。

9.1.3　企业推行 ISO 9000 的典型步骤

ISO 9000 标准可以规范从原材料采购到成品交付的所有过程，它涉及企业管理中的很多方面，推行起来牵涉到企业内从最高管理层到最基层的全体员工，有一定难度，但是只要企业把它作为一项长期的发展战略，稳扎稳打，按照企业的具体情况进行周密的策划，推行 ISO 9000 标准比想象的要简单得多。

推行 ISO 9000 标准有如下 5 个不可缺少的过程：知识准备→立法→宣贯（宣传、贯彻）→执行→监督和改进。企业可以根据自身的具体情况，对上述 5 个过程进行规划，按照一定的推行步骤就可以逐步迈入 ISO 9000 标准的世界。以下是企业推行 ISO 9000 的典型步骤，这些步骤中完整地包括了上述 5 个过程。

（1）对企业原有质量体系进行识别、诊断，找出问题所在。

（2）任命质量管理者、组建 ISO 9000 推行组织。

（3）制定实施 ISO 9000 目标及相关激励措施。

（4）接受必要的管理意识、质量意识训练和 ISO 9000 标准知识培训。

（5）质量体系文件编写（立法），并进行文件大面积宣传、培训、发布、试运行。

（6）内审员接受训练。

（7）进行若干次内部质量体系审核，并在内审基础上对管理者评审。

（8）完善和改进质量管理体系。

（9）申请认证。

企业在推行 ISO 9000 之前，应结合本企业实际情况，对上述各推行步骤进行周密的策划，并给出时间上和活动内容上的具体安排，以确保得到有效的实施效果。企业经过若干次内审并逐步纠正后，若认为所建立的质量管理体系已符合所选标准的要求（具体体现为内审所发现的不符合项较少时），便可申请外部认证。

9.1.4　ISO 9000 质量标准的认证

1. 进行 ISO 9000 标准认证的意义

ISO 9000 为企业提供了一种切实可行的方法，以体系化模式来管理企业的质量活动，并将"以顾客为中心"的理念贯穿到标准的每一元素中，使产品或服务可持续地符合顾客的期望，从而拥有持续满意的顾客。

ISO 9000 作为国际标准化组织制定的质量管理体系标准，已越来越被全世界各类企业所接受，取得 ISO 9000 认证已经成为进入市场和赢得客户信任的基本条件。目前，在全国设有 32 个评审中心，拥有 2 000 多名经验丰富的国家注册审核员，认证范围覆盖社会经济活动的各个领域。进行 ISO 9000 标准认证的意义如下：

（1）推行国际标准化管理，完成管理上的国际接轨。

（2）提高市场竞争力，以高品质的产品或服务来迎接国际市场的挑战。

（3）提升企业形象，持续地满足顾客要求，提高顾客满意度。

（4）提高企业的管理水平和工作效率，降低内部消耗，激励员工士气。

（5）规范各部门职责，变定性的人治为定量的法治，提高效率。

（6）采取目标式管理，明确各部门的质量目标，规范工作流程。

（7）通过全员参与的过程，帮助企业的中高层人员理顺管理思路。

（8）改善观念，树立"以顾客为中心"的意识，提高个人工作质量。

（9）通过贯彻"基于事实的决策"思路，提高企业的新产品开发成功率，降低经营风险。

2. 企业申请产品质量认证必须具备的基本条件

（1）中国企业应持有工商行政管理部门颁发的"企业法人营业执照"；外国企业应持有有关部门机构的登记注册证明。

（2）产品质量稳定，能正常批量生产。质量稳定指的是产品在一年以上连续抽查合格。小批量生产的产品，不能代表产品质量的稳定情况，正试成批生产产品的企业，才能有资格申请认证。

（3）产品符合国家标准、行业标准及其补充技术要求，或符合国家标准化行政主管部门确认的标准。这里所说的标准是指具有国际水平的国家标准或行业标准。产品是否符合标准需由国家质量技术监督局确认和批准的检验机构进行抽样予以证明。

（4）生产企业建立的质量体系符合 GB/T1900 – ISO 9000 族中质量保证标准的要求，建立适用的质量标准体系（一般选定 ISO 9002 来建立质量体系），并使其有效运行。

具备以上 4 个条件，企业即可向相应认证机构申请认证。一般来说，已批量生产的企业都基本具备了前 3 个条件，最后一个条件通过努力也能具备。

3. 申请 ISO 9000 认证企业需要准备的资料

（1）有效版本的管理体系文件。

（2）营业执照复印件或机构成立批文。

（3）相关资质证明（法律法规有要求时），如 3C 证书、许可证等。

（4）生产工艺流程图或服务流程图。

（5）企业机构图。

（6）适用的法律法规清单。

4. ISO 9000 认证步骤

ISO 9000 认证分以下 3 个阶段：

第一阶段主要任务是进行内审员培训，培训 ISO 9000 相关知识以及进行内审的方法。

第二阶段是咨询，流程为：与相关咨询机构签约，接受咨询师进驻→在咨询师指导下制订计划，编写质量手册、程序文件，建立质量体系，并进行文件审定→在咨询师指导下进行运行辅导，自查及纠正→进行评审辅导→咨询机构出具咨询总结。

第三阶段是正式认证。流程为：向相关认证机构提交认证申请，签订认证合同→审核文件准备和提交→认证机构现场审核，提出整改项目→企业对整改项目提出纠正措施，并整改→认证机构如认定达到要求，即批准，并启动注册手续，颁发证书。

9.2 ISO 14000 系列环境标准简介

随着现代工业的发展，电子产品制造业对履行及满足日益严峻的环境法规面临着巨大的压力。国际标准化企业（ISO）抓住这一契机，应运而生了 ISO 14000 环境管理体系标准。针对这些环境问题，企业可以引入环境管理体系（EMS）。它不但可以帮助企业持续改善日常运作，更能加强识别、减少、防止及控制环境影响因素的能力，以达到降低风险。

"ISO 14000：1996 环境管理体系——规范及使用指南"是国际标准化企业（ISO）于 1996 年正式颁布的可用于认证目的的国际标准，是 ISO 14000 系列标准的核心，它要求企业通过建立环境管理体系来达到支持环境保护、预防污染和持续改进的目标，并可通过取得第三方认证机构认证的形式，向外界证明其环境体系的符合性和环境管理水平。由于 ISO 14001 环境管理体系可以带来节能降耗、增强企业竞争力、赢得客户、取信于政府和公众等诸多好处，所以自发布之日起得到了广大企业的积极响应，被视为进入国际市场的"绿色通行证"。同时，由于 ISO 14001 的推广和普及在宏观上可以起到协调经济发展与环境保护的关系、提高全民环保意识、促进节约和推动技术进步等作用，因此也受到了各国政府和民众越来越多的关注。为了更加清晰和明确 ISO 14001 标准的要求，ISO 对该标准进行了修订，并于 2004 年 11 月 15 日颁布了新版标准"ISO 14001：2004 环境管理体系要求及使用指南"。

ISO 14001 标准是在当今人类社会面临严重的环境问题（如：温室效应、臭氧层破坏、生物多样性的破坏、生态环境恶化、海洋污染等）的背景下产生的，是工业发达国家环境管理经验的结晶，其基本思想是引导企业建立环境管理的自我约束机制，从最高领导到每个职工都以主动、自觉的精神处理好自身发展与环境保护的关系，不断改善环境绩效，进行有效的污染预防，最终实现企业的良性发展。该标准适用于任何类型与规模的企业，并适用于各种地理、文化和社会环境。

9.2.1 实施 ISO 14000 标准的意义

目前，国内外众多的企业纷纷导入该标准体系。实施该标准的意义主要来自以下几方面：

（1）实施 ISO 14000 系列标准有利于实现经济增长方式从粗放型向集约型转变。该标准要求企业从产品开发、设计、制造、流通（包装、运输）、使用、报废处理到再利用的全过程的环境管理与控制，使产品从"摇篮到坟墓"的全流程都符合环境保护的要求，以最小的投入取得最大的环境效益和经济效益。

（2）实施 ISO 14000 系列标准有利于加强政府对企业环境管理的指导，提高企业的环境管理水平。据调查大约目前环境污染的问题有一半以上（有的达 2/3）是由于管理不善造成的，所以政府的干预作用、法制的规范作用和标准的指导作用将会有效地控制和解决这些问题。实施 ISO 14000，首先要求企业对遵守国家法律、法规、标准和其他相关要求做出承诺，并实行对污染预防的持续改进。

（3）实施 ISO 14000 系列标准有利于提高企业形象和市场份额，获得竞争优势，促进贸易发展。随着全球环境意识的日益高涨，"绿色产品""绿色产业"优先占领市场从而获得较高的竞争力，提高了企业形象，取得了显著的经济效益。获得了 ISO 14000 的认证，就如同获得了一张打入国际市场的"绿色通行证"，这是宣传企业产品和形象的最好广告。可以预言，企业是否通过 ISO 14000 认证将是进入国际市场的重要条件。相反，在这种潮流下，不能通过 ISO 14000 的企业必将面临"绿色壁垒"的挑战。

（4）实施 ISO 14000 系列标准有利于节能降耗、提高资源利用率、减少污染物的产生与排放量。

（5）实施 ISO 14000 系列标准还有利于减少环境风险和各项环境费用（投资、运行费、赔罚款、排污费等）的支出，从而达到企业的环境效益与经济效益的协调发展，为实现可持续发展战略创造了条件。

（6）实施 ISO 14000 系列标准还有利于改善企业与社会的公共关系，协调企业与社会需求和经济发展的关系。

（7）对一个组织而言，实施 ISO 14000 标准就是将环境管理工作按照标准的要求系统化、程序化和文件化，并纳入整体管理体系的过程，是一个使环境目标与其他目标（如经营目标）相协调一致的过程。

建立环境管理体系强调以污染预防为主，强调与法律、法规和标准的符合性，强调满足相关方的需求，强调全过程控制，以期达到对环境的持续改进，切实做到经济发展与环境保护同步进行，走可持续发展的路。

9.2.2　实施 ISO 14000 企业获得的效益

由于企业的类型、规模、基础条件和投入不同，所获得效益的多少也不同。可归纳为以下几方面：

1. 提高环保意识、责任心和素质

通过建立环境管理体系，使企业不同层次的人员受到各种培训，了解到自身的环境问题、环境的内在价值、环境保护对企业的发展和社会的重要性，增强了企业人员工作的责任感，提高了人员的素质和工作技能，从而提高了企业的生产力水平。

2. 提高管理水平

ISO 14000 标准是关于环境管理方面的标准，它是融合世界上许多发达国家在环境管理方面的经验于一身，而形成的一套完整的、适用性很强的管理手段。该标准在企业原有管理的基础上建立一个系统的管理机制，把各项问题系统地、有机地管理起来，避免了"头痛医头、脚痛医脚"的单一管理，这个新的管理机制不但可以提高环境管理水平，而且还可以带动和促进企业整体的管理水平，与国际管理接轨。

3. 促进污染防治、节能降耗、降低成本

ISO 14000 标准要求对企业的生产进行全过程控制，体现了清洁生产的思想，从最初设计到生产过程，从运输到储存，从使用到废弃，从供货方到产品和服务，都考虑到如何防止和减少污染的产生和排放。此外，能源资源和原材料的节约、废物最大限度的回收利用，都是该标准考虑的范围。因而，通过该体系有效地控制和持续改进，使企业不但获得环境效益，而且获得更明显的经济效益。

4. 提高企业形象、增强竞争能力

ISO 14000 标准的出台是为了促进环境保护和经济的协调发展，随着越来越多的企业实施这一标准，更多的企业已经在经济活动和贸易中提出了对 ISO 14001 认证的要求，其效应日趋明显。实施 ISO 14000 标准可提高企业的形象，无疑也增强了企业的竞争能力。

5. 有利于良性长期发展

企业通过 ISO 14001 认证，不但顺应国际和国内在环保方面越来越高的要求，不受国内外在环保方面的制约，而且可以满足当今经济体制和经济增长模式的要求，跻身于现代经济发展的浪潮中，而不被淘汰。此外，国内外对实施 ISO 14000 的企业在政策和待遇方面给予的鼓励和优惠，有利于企业良性和长期的发展。

9.2.3 ISO 14000 环境管理认证体系

1. ISO 14000 环境管理体系审核的目的和作用

环境管理体系审核的目的在于对照环境管理体系审核准则中的要求来判断以下几项：

（1）衡量受审核方环境管理体系运行及符合情况。

（2）确定其环境管理体系是否得到了妥善的实施和保持。

（3）发现体系中可进一步改善的因素。

（4）评价企业内部管理是否能够保证环境管理体系的持续有效和适用。

通过环境管理体系审核，使提出审核要求的企业加强内部的环境管理，其环境行为符合自身提出的环境方针，做到节能、降耗、减污，实现环境行为的持续改进。

2. 企业申请 ISO 14000 的基本条件

（1）申请方须有独立的法人资格，集团公司下属企业应有集团公司的授权证明。

（2）申请方应建立文件化的环境管理体系，体系试运行满 3 个月。

（3）申请方遵守中国的环境法律、法规、标准和总量控制的要求；本年度内无污染事故；无环境部门监督抽查不合格。

3. 申请 ISO 14001 标准的认证需要提交的资料

（1）填报《环境管理体系认证申请表》。

（2）提交法律地位的证明文件（如营业执照）复印件。

（3）提交企业简介（包括质量体系及其活动的一般信息）。

（4）提交产品及其生产或工作流程图。

（5）提交本行业现行的国家、行业的主要强制性标准、法规（如环保、节能、安全、卫生、方面的标准、法规）或其目录。

（6）其他证明文件。

4. 认证要求

（1）企业应建立符合 ISO 14000 标准要求的文件及环境管理体系，在申请认证之前应完成内部审核和管理评审，并保证环境管理体系有效、充分运行 3 月以上。

（2）企业向认证机构提供环境管理体系运行的充分信息，若企业存在多现场应说明各现场的认证范围、地址及人员分布等情况，认证机构将以抽样的方式对多现场进行审核。

（3）企业自建立环境管理体系时，应保持对法律法规符合性的自我评价，并提交企业的三废监测报告及一年以来的守法证明。在不符合相关法律要求时应及时采取必要的纠正措施。

（4）ISO 14000 审核是一项收集客观证据的符合性验证活动，为使审核顺利进行，企业应为认证机构开展认证审核、跟踪审核、监督审核、复审换证以及解决投诉等活动做出必要的安排，包括文件审核、现场审核、调阅相关记录和访问人员等各个方面。

（5）当企业的环境管理体系出现变化，或出现影响环境管理体系符合性的重大变动时，应及时通知认证机构；认证机构将视情况进行监督审核、换证审核或复审以保持证书的有效性。

9.3　3C 强制认证简介

国家强制性产品认证制度于 2002 年 5 月 1 日起正式实施，英文名称 China Compulsory Certification，英文缩写为 CCC。它是我国政府按照世贸组织有关协议和国际通行规则，为保护广大消费者人身和动植物生命安全，保护环境、保护国家安全，依照法律法规实施的一种产品合格评定制度。主要特点是：国家公布统一目录，确定统一适用的国家标准、技术规则和实施程序，制定统一的标志，规定统一的收费标准。凡列入强制性产品认证目录内的产品，必须经国家指定的认证机构认证合格，取得相关证书并加施认证标志后，方能出厂、进口、销售和在经营服务场所使用。国家强制性产品认证制度实施后，将原来实行的国家安全认证（长城 CCEE）、进口安全质量许可制度（CCIB）、中国电磁兼容认证（EMC）统一为"中国强制性产品认证"简称 CCC 认证或 3C 认证。3C 标志如图 9 - 1 所示。3C 标志并不是质量标志，而只是一种法定的强制性安全认证制度，也是国际上广泛采用的保护消费者权益、维护消费者人身财产安全的基本做法。列入《实施强制性产品认证的产品目录》中的产品包括电线电缆、开关、低压电器、电动工具、家用电器、音视频设备、信息设备、电信终端、机动车辆、医疗器械、安全防范设备等。

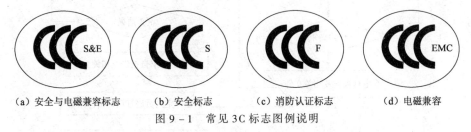

（a）安全与电磁兼容标志　　（b）安全标志　　（c）消防认证标志　　（d）电磁兼容

图 9 - 1　常见 3C 标志图例说明

9.3.1　3C 认证流程及 3C 认证流程图

1. 3C 认证流程

（1）申请人向指定认证机构提交意向申请书。

（2）准备申报资料、递交正式申请材料。

需提供产品的相关资料，如产品说明书、使用维修手册、产品总装图、工作（电气）

原理图、线路图、部件配置图、产品安全性能检验报告、安全关键件一览表等。若申请的产品是电工产品，需提供电磁兼容性技术标准，产品电磁兼容性能检验报告（按型号提供）等。

（3）认证受理、下发送样通知。

（4）样品送到指定实验室，开始进行实验。

（5）安排3C认证工厂现场审查。

（6）3C工厂现场审核。

（7）认证资料审核审核。

（8）颁发3C证书。

（9）购买3C标志，对3C认证产品加贴标志，认证结束。

2. 3C工作认证流程图

图9-2所示为企业申请产品3C认证的流程图。

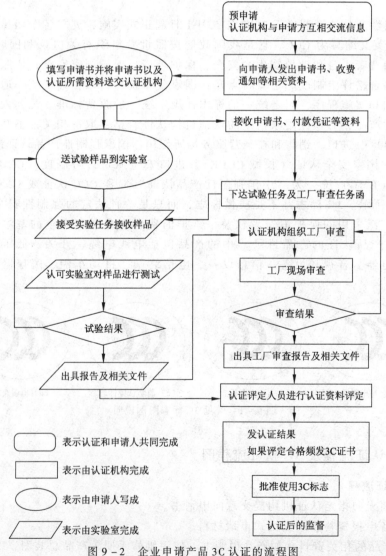

图9-2 企业申请产品3C认证的流程图

9.3.2　3C 认证申请书的填写

产品的生产者、制造商、销售者和进口商都可以作为申请人，向认证机构提出申请。申请人可以通过网络或书面形式进行申请。填写申请书时就注意以下几点：

（1）初次申请时，由于需要进行工厂审查，填写申请书时应选择"首次申请"，在备注栏中注明需要进行《初次工厂审查》、希望工厂审查时间。再次申请时，不需要进行工厂审查，填写申请书时应选择"再次申请"，在工厂编号栏中填上相应的编号。变更申请时，应填写原证书编号，获得新证书时需要退回原证书。派生产品申请时，应注意在备注栏中填写与原产品的差异，这样可以有助判断出是否需要送样进行试验。

（2）3C 证书是根据需要来选择中文、英文版本，因此需要用正确的简体中文、英文填写申请书；国内申请人需要英文的认证证书，境外申请人需要中文的认证证书时，要求申请人准确翻译有关内容。

（3）申请人可以同时申请 CCC + CB 或 CQC + CB 认证（CB 认证是一个国际性相互认可的认证体系），申请 CB 时需要注意填写翻译准确的英文信息。

（4）需认真阅读各类产品的划分单元原则和指南，以保证在一个申请中申请多个型号规格产品时，这些型号为同一个申请单元。

（5）在申请中一个型号规格产品具有多个商标或多个型号规格产品具有多个商标时，应注意确保这些商标为已注册过或经过商标持有人的授权。

（6）在申请多功能产品时，确定产品类别时应以产品主要功能的检测标准来确定。

（7）填写申请信息中的申请人、制造商、生产厂名称时应填写法人名称，不应填写个人名称。

申请人的申请获得受理，会被赋予一个唯一的申请编号，产品认证工程师还会提供一个该申请的"产品评价活动计划"，它包括：从提交申请到获证全过程的申请流程情况；申请认证所需提交的资料（申请人、生产厂、产品等相关资料）；申请认证所需提供的检测样品型号和数量以及送交到的检测机构；认证机构进行资料审查及单元划分工作时间；样品检测依据的标准、预计的检测周期；预计安排初次工厂审查时间，根据工厂规模制定的工厂审查所需的时间；样品测试报告的合格评定及颁发证书的工作时间；预计认证所需的费用（申请费、批准与注册费、测试费等）。

9.3.3　3C 认证须提交的技术资料种类

（1）总装图、电气原理图、线路图等。

（2）关键元器件和主要原材料清单。

（3）同一申请单元内各个型号产品之间的差异说明。

（4）其他需要的文件。

（5）根据需要，提交 CB 证书及报告。

（6）变更申请应将原产品检测报告和 3C 证书复印件一并递交。

9.3.4　提交样品的注意事项

（1）多个规格型号产品申请，应提供各规格型号产品的差异说明，样机应是具有代表性型号，覆盖到全部的规格型号避免送样型号重复。

（2）需要进行整机和元器件随机试验时，除整机外还需提供元器件技术资料和样品。

（3）派生产品申请应提供与原机型之间的差异说明，必要时提供原机型的试验测试数据。

（4）境外工厂需要初次工厂审查时，应填写《非常规工厂审查表》，提供产品描述，产品描述经实验室确认后，即可在试验阶段进行工厂审查。

（5）实验室验收样机，样机验收合格后，申请人应索取"合格样品回执"；若样机不符合要求，实验室将"样品问题报告"发给申请人，申请人整改后重新补充送样，验收合格后发给申请人"收样回执"。

认证工程师收到寄送的申请资料，经审核合格后，进行样机检测。若出现可整改的不合格项，实验室填写《产品检测整改通知》，描述不合格的事实，确定整改的时限，同时还向申请人发出"产品整改措施反馈表"，由申请人在落实整改措施后填写并返回检测机构。实验室对申请人提交的整改样品、相关文件资料和填写好的"产品整改措施反馈表"进行核查和确认，并对原不合格项目及相关项目进行复检。复检合格后检测机构继续进行检测。

获得产品认证的生产者、销售者、进口商应当保证提供实施认证工作的必要条件，保证获得认证的产品持续符合相关的国家标准和技术规则，按照规定对获得认证的产品施加认证标志；不得利用认证证书和认证标志误导消费者，不得转让、买卖认证证书和认证标志或者部分出示、部分复印认证证书，接受相关质检部门的监督检查或跟踪检查。

9.4　IECEE-CB 体系

9.4.1　IECEE-CB 体系和 NCB 机构概况

1. 国际相互认可制度

CB 制度是一套国际性的相互认可制度，IECEE-CB 是国际电工委员会电工产品安全标准测试结果的互认体系。参加 IECEE-CB 体系的各成员之间，对于产品测试的结果——安全测试报告和测试证书可以相互认可。

CB 体系适用于 IECEE 所采用的 IEC 标准范围内的电工产品，其目标是协调国家标准与 IEC 标准，如果某些成员的国家标准与 IEC 标准不完全相同，需要向其他成员明示，允许存在国家差异，CB 体系以 CB 证书表明有样品已成功通过适当的测试，符合相应的 IEC 标准（以及其他成员的国家差异）。并且，通过国际范围内认证机构之间的合作，使产品的制造商得到理想的一站式服务：一种产品、一次测试、一个标志以及一次合格评定的结果，使贸易更容易。

在共同的 IEC 标准下，某种电工产品的一个或多个样品已经按照 IECEE 所采用的某个标准进行了测试，并证明该样品符合该标准。企业从其中一个机构取得 CB 证书后，由于有相互认可协议，可以不再进行重复测试，只做报告审核和补充测试（或国家差异性测试），即可以比较方便地转换其他认证机构的安全认证证书。

CB 测试证书只有在附有有关测试报告时才有效。测试报告应包括有关标准进行测试的结果，并在有要求时，还应包括已有声明的国家差异的测试结果以及各认证单位均相互承认彼此核发的 CB 报告，并可据此核发该国家或该机构的安全认证证书或证明。

一般情况下，CB 证书不能代替安全认证证书。某些国家进口商只要求有 CB 即可进口，或由进口商根据 CB 向当地机构确认即可进口。

2. 国家级认证机构 NCB 及 CB 检测实验室

NCB 是国家认证机构，是 CB 体系认证互认的执行单位，负责向电工产品颁发 CB 体系成员互相认可的合格证书。CB 检测实验室是按 CB 规则执行检测的实验室。

企业制造的电子产品在经过 CB 检测实验室的检测后，做 CB 测试报告，NCB 即可依据测试报告向制造商颁发 CB 证书。企业持有一个 NCB 的测试报告和证书，就可以对 CB 体系内其他成员进行认可。我国于 1989 年加入 CB 体系，是 IECEE–CB 体系的重要成员之一，并在北京、上海、广州、香港设有 10 多个 CB 实验室。CB 测试证书的范围是：电线电缆类、家用电器类、照明设备类、信息技术和办公用电器设备、电子娱乐设备、电动工具类、低压大功率设备、安装附件及连接装置、整机保护装置、开关及家用电器控制类、电容器、安全变压器及类似设备。

9.4.2　申请 CB 认证的有关问题

1. CB 测试报告及证书的作用

对于申请 CB 认证的企业而言，CB 互认制度最直接的好处是只需要申请一次产品测试，然后通过 CB 报告转换的方式取得不同国家的认证证书。也就是说，企业利用从其中任一成员国的认证机构取得的 CB 测试证书及报告后，申请其他国家的认证时，可以避免重复测试和认证给企业带来的时间延误和成本增加，从而使企业能够以更快的速度和更低的成本推出新的产品，通过国家和地区的差异试验，得到其他成员国认证机构的认可，帮助企业更加方便、快捷地获得进入该国市场的准入证。

2. 如何申请 CB 证书

（1）申请人提交申请。申请人向 NCB 提交 CB 测试申请书、CB 测试证书、CB 测试报告（可以包括国家差异），当目标市场 NCB 要求时，提供产品样品，目的是为了证实产品与最初发证 NCB 测试产品是一致的。

NCB 对申请人提交的资料进行审核，向申请人发出送样测试和资费通知。申请人向 NCB 支付费用，向 NCB 测试机构送样品。

（2）差异测试。NCB 测试机构对样品进行差异测试。

（3）NCB 出具 CB 测试报告、CB 测试证书。

习　题

1. 简述 ISO 9000 系列标准规范质量管理的途径。

2. 简述 ISO 9000 的主要核心标准有哪些？

3. ISO 9000 标准质量管理的基本原则是什么？

4. 简述推行 ISO 9000 的典型步骤和过程。

5. ISO 9000 认证的意义有哪些？

6. 企业申请 ISO 9000 认证必须具备哪些条件？需准备哪些资料？

7. 简述 ISO 9000 认证的步骤。

8. 简述实施 ISO 14 000 的意义和效益。

9. 实施 ISO 14 000 的目的和作用是什么？

10. 企业申请 SO 14 000 必须具备哪些条件？需准备哪些资料？

11. 简述 3C 认证的含义。

12. 简述 3C 认证工作流程。

13. 3C 认证申请书填写应注意哪些问题？应提交哪些技术资料？提交样品时应注意哪些事项？

14. 什么是 CB 体系和 NCB 机构？

15. 企业在申请 CB 测试证书时应注意哪些问题？

第10章 电子技术综合实训

FM 微型（电调谐）收音机整机装配与调试实训

学习目的及要求：

（1）了解 FM 微型（电调谐）收音机电路原理及元器件的作用。

（2）熟悉 FM 微型（电调谐）收音机元器件的选用、检测和装配过程。

（3）学会编制 FM 微型（电调谐）收音机工艺文件的方法。

（4）掌握 SMT 电调谐型 FM 收音机装配与调试技能。

10.1 FM 微型（电调谐）收音机工作原理

采用电调谐单片 FM 收音机集成电路，调谐方便准确，接收频率为 87～108 MHz，具有较高接收灵敏度，外形小巧，便于随身携带，如图 10－1 所示。

电路的核心是单片收音机集成电路 SC1088。它采用特殊的低中频（70 kHz）技术，外围电路省去了中频变压器和陶瓷滤波器，使电路简单可靠，调试方便。电源电压为 1.8～3.5 V，充电电池（1.2 V）和一次性电池（1.5 V）均可工作。SC1088 采用 SO16 引脚封装，引脚功能如表 10－1 所示，电路原理图如图 10－2 所示。

图 10－1　FM 微型收音机

表 10－1　FM 收音机集成电路 SC1088 引脚功能

引脚	功　能	引脚	功　能
1	静噪输出	9	IF 输入
2	音频输出	10	IF 限幅放大器的低通电容器
3	AF 环路滤波	11	射频信号输入
4	VCC	12	射频信号输出
5	本振调谐回路	13	限幅器失调电压电容
6	IF 反馈	14	接地
7	1dB 放大器的低通电容器	15	全通滤波电容搜索调谐输入
8	IF 输出	16	电调谐 AFC 输出

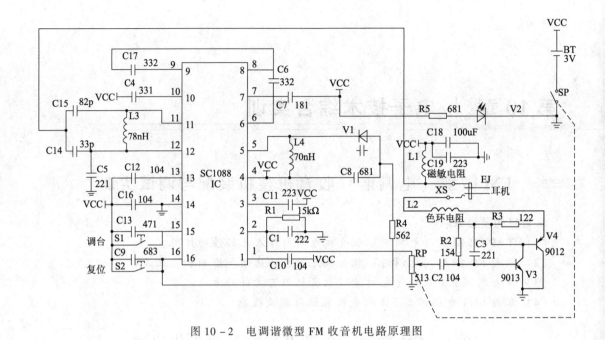

图 10 – 2 电调谐微型 FM 收音机电路原理图

10.1.1 FM 信号输入

调频信号由耳机线输入，经 C14、C15 和 L3 的输入电路进入 SC1088 的 11、12 脚混频电路。此处的 FM 信号没有调谐的调频信号，即所有调频电台信号均可进入。

10.1.2 本振调谐电路

本振调谐电路中关键元器件是变容二极管 V1，控制变容二极管的电压由 SC1088 的 16 脚给出。它是利用 PN 结的结电容与偏压有关的特性制成的 "可变电容"。如图 10 – 3（a）所示，变容二极管加反向电压 U_d，其结电容 C_d 与 U_d 的特性如图 10 – 3（b）所示，是非线性关系。这种电压控制的可变电容广泛用于电调谐、扫频等电路。

本电路中，控制变容二极管 V1 的电压由 SC1088 的 16 脚给出。当按下扫描开关 S1 时，IC 内部的 RS 触发器打开恒流源，由 16 脚向电容 C9 充电，C9 两端电压不断上升，V1 电容量不断

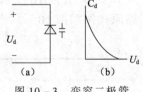

图 10 – 3 变容二极管

变化，由 V1、C8、L4 构成的本振电路的频率不断变化而进行调谐。当收到电台信号后，信号检测电路使 SC1088 内的 RS 触发器翻转，恒流源停止对 C9 充电，同时在 AFC 电路作用下，锁住所接收的广播节目频率，从而可以稳定接收电台广播，直到再次按下 S1 开始新的搜索。当按下复位开关 S2 时，电容器 C9 放电，本振频率回到最低端。

10.1.3 中频放大、限幅与鉴频

电路中的中频放大，限幅及鉴频电路的有源器件及电阻均在 SC1088 内。FM 广播信号和本振电路信号在 SC1088 内混频器产生 70 kHz 的中频信号，经内部 1 dB 放大器，中

频限幅器，送到鉴频器检出音频信号，经内部环路滤波后由 2 脚输出音频信号。SC1088 中 1 脚的 C10 为静噪电容，3 脚的 C11 为 AF（音频）环路滤波电容，10 脚的 C4 为限幅器的低通电容，13 脚的 C12 为限幅器失调电压电容，C13 为滤波电容。

10.1.4　耳机放大电路

由于用耳机收听，所需功率很小，本机采用了简单的晶体管放大电路，2 脚输出的音频信号经电位器 RP 调节电量后，由 V3、V4 组成复合管甲类放大。R1 和 C1 组成音频输出负载，线圈 L1 和 L2 为射频与音频隔离线圈。这种电路耗电大小与有无广播信号以及音量大小关系不大，因此不收听时要关断电源。

10.2　FM 微型（电调谐）收音机安装工艺

FM 微型（电调谐）收音机安装流程如图 10-4 所示。

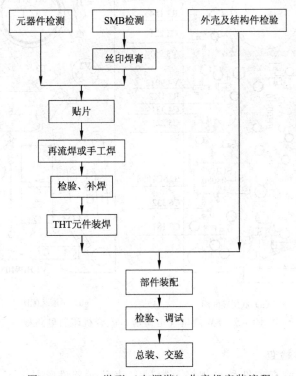

图 10-4　FM 微型（电调谐）收音机安装流程

10.2.1　技术准备

1. 了解 SMT 基本知识

（1）SMC/SMD 特点及安装要求。

（2）印制电路板的设计及检验。

（3）SMT/THT 手工焊接技术要求。

2. FM 微型（电调谐）收音机工作原理

参见 10.1 节。

3. FM 微型（电调谐）收音机结构及安装要求

参见 10.2 ~ 10.4 节。

10.2.2 安装前检查

1. 印制电路板检查（对照图 10 - 5 检查）

（1）图形完整，有无短、断缺陷。

（2）孔位及尺寸。

（3）表面涂覆（阻焊层）。

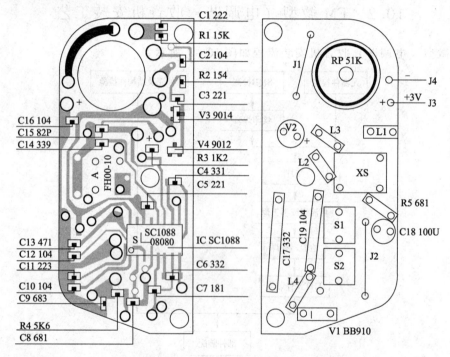

（a）底层装配图　　　　（b）顶层装配图

图 10 - 5　FM 微型（电调谐）收音机印制电路板

2. 外壳及结构件检查

（1）按材料清单清查零件品种规格及数量（表贴元器件除外）检查。

（2）检查外壳有无缺陷及外观损伤。

（3）检查耳机。

3. THT 元器件用万用表检查

（1）电位器阻值调节特性。

（2）LED、线圈、电解电容器、插座、开关的好坏。

（3）判断变容二极管（见图 10 - 6）的好坏及极性。

（4）其他元器件检查。

图 10 - 6　变容二极管外形图

10.3　安装与焊接

10.3.1　贴片及焊接

（1）在 SMB 板上用印制机印上焊膏，并检查印制情况。

（2）按工艺流程贴片。顺序：C1/R1、C2/R2、C3/V3、C4/V4、C5/R3、C6/SC1088、C7、C8/R4、C9、C10、C11、C12、C13、C14、C15、C16。

注意：

① SMC/SMD 不得用手拿。

② 用镊子夹持不可夹到引线上。

③ SC1088 标记方向。

④ 贴片电容表面没有标签，一定要保证准确及时贴到指定位置。

（3）检查贴片元器件数量及位置，确认无缺、错。

（4）用回流焊机进行焊接或手工焊接。

（5）检查焊接质量及修补。

① 按工序流程贴片。

② 检查贴片数量及位置。

③ 再流焊机焊接。

④ 检查焊接质量及修补。

10.3.2　插装与焊接

（1）安装焊接 RP 电位器，注意电位器与印制电路板平齐。

（2）安装焊接耳机插座 XS。

（3）安装焊接轻触式开关 S1、S2。

（4）安装变容二极管 V1（注意，极性方向标记）如图 10 - 6 所示。

（5）安装焊接电感线圈 L1～L4，L1 用磁环电感，L2 用色环电感，L3 用 8 匝空芯线圈，L4 用 5 匝空芯线圈。

（6）电解电容 C18（100μF）贴板插装。

（7）发光二极管 V2，注意高度。

（8）安装其他元器件及连线焊接，焊接电源连接线，注意正负连线颜色。

10.4　调试及总装

10.4.1　调试与维修

调试时应带上耳塞，此处耳塞有两个作用，既当作声音输出设备，又用作天线。

1. 所有元器件焊接完成后目视检查

元器件：型号、规格、数量及安装位置，方向是否与图样符合。焊点检查，有无虚焊、漏焊、桥接、飞溅等缺陷。

2. 测总电流及集成电路各引脚电压

（1）检查无误后将电源线焊到电池片上。

（2）在电位器开关断开的状态下装入电池。

（3）插入耳机。

（4）用万用表200 mA（数字表）或50 mA（指针表）跨接在开关两端测电流，用指针表时注意表笔极性，如图10-7所示。正常电流应为7~30 mA（与电源电压有关），并且LED正常点亮。表10-2中是样机测试数据，可供参考。

万用表

图10-7　测试整机工作电流

表10-2　样机测试参考数据

工作电压/V	1.8	2	2.5	3	3.2
工作电流/mA	8	11	17	24	28

注意：如果电流为0或超过35 mA，应检查电路。

（5）用万能表测量集成电路各引脚电压和晶体管集电极、发射极直流电压，表10-3中是SC1088芯片引脚参考直流电压。

表10-3　芯片引脚参考直流电压

引脚编号	1	2	3	4	5	6	7	8
引脚电压/V	2.61	0.20	2.5	2.79	2.79	2.5	2.5	1.75
引脚编号	9	10	11	12	13	14	15	16
引脚电压/V	2.26	2.26	0.92	0.92	2.24	0	1.95	1.31

注：不同电路具体电压不同，此表仅作参考。

晶体管9014集电极电压应大于0.5 V，9012发射极电压应大于1 V。

3. 常见故障及排除

（1）发光二极管不亮：安装时极性判断错。

（2）耳机无声音输出：音频接口连接有误，电位器将音量控制为零，可调节电位器到合适位置。晶体管安装错误，本电路中9014和9012为不同晶体管，应确保其位置正确。芯片SC1088未工作，可能连接原理图时芯片4引脚未接VCC。

（3）耳机有杂声却无电台，可能变容二极管安装错误。

4. 搜索电台广播

如果电流在正常范围，可按S1搜索电台广播，只要元器件质量完好，安装正确，焊接可靠，不用调任何部分即可收到电台广播。如果收不到广播应仔细检查电路，特别要检查有无错装、虚焊、漏焊等缺陷。

5. 调接收频段（俗称调覆盖）

我国调频广播的频率范围为 87 ~ 108 MHz，调试时可找一个当地频率最低的 FM 电台，适当改变 L4 的匝间距，使按过 RESET（S1）键后第一次按 SCAN（S2）键可收听到这个电台。由于 SC1088 集成度高，如果元器件一致性较好，一般收到低端电台后均可覆盖 FM 频段，故可不调高端而仅做检查（可用一个成品收音机来做对照检查）。

6. 调灵敏度

本机灵敏度由电路及元器件决定，一般不用调整，调好覆盖后即可正常收听。

10.4.2　总装

1. 蜡封线圈

调试完成后将适量泡沫塑料填入线圈 L4（注意不要改变线圈形状及匝距），滴入适量蜡使线圈固定。

2. 固定 SMB/装外壳

（1）将外壳面板平放到桌面上（注意不要划伤面板）。

（2）将 2 个按键帽放入孔内。

注意：S2 键帽上有缺口，放键帽时要对准机壳上的凸起（即放在靠近耳机插座这边的按键孔内），RESET 键帽上无缺口（即放在靠近 R4 这边的按键孔内）。

（3）将印制电路板对准位置放入壳内。

注意：对准 LED 位置，若有偏差可轻轻掰动，偏差过大必须重焊；3 个孔与外壳螺柱的配合；电源线，不妨碍即可装配。

（4）装上中间螺钉，注意螺钉旋入手法，如图 10 - 8 所示。

（a）螺钉位置

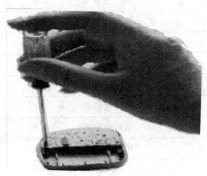
（b）紧固手法

图 10 - 8　固定 SMB 及装外壳

（5）装电位器旋钮，注意旋钮上凹点位置。

（6）装后盖，上两边的两个螺钉。

（7）装卡子。

10.4.3　检查

总装完毕，装入电池，插入耳机进行检查，要求电源开关手感良好，音量正常可调，收听正常，外壳表面无损伤。表 10 – 4 为 FM 微型（电调谐）收音机材料清单。

表 10 – 4　FM 微型（电调谐）收音机材料清单

序号	名称	型号规格	位号	数量
1	贴片集成块	SC1088	IC	1
2	贴片晶体管	9014	V3	1
3	贴片晶体管	9012	V4	1
4	二极管	BB910	V1	1
5	二极管	LED	V2	1
6	磁珠电感	$4.7\mu H$	L1	1
7	色环电感	$4.7\mu H$	L2	1
8	空芯电感	78nH8 圈	L3	1
9	空芯电感	70nH5 圈	L4	1
10	耳机	$32\Omega*2$	EJ	1
11	贴片电阻器	153	R1	1
12	贴片电阻器	154	R2	1
13	贴片电阻器	122	R3	1
14	贴片电阻器	562	R4	1
26	贴片电容器	104	C10	1
27	贴片电容器	223	C11	1
28	贴片电容器	104	C12	1
29	贴片电容器	471	C13	1
30	贴片电容器	33	C14	1
31	贴片电容器	82	C15	1
32	贴片电容器	104	C16	1
33	插件电容器	332	C17	1
34	电解电容器	$100\mu\phi6\times6$	C18	1
35	插件电容器	223	C19	1
36	导线	$\phi0.8\,mm\times6\,mm$		2
37	前盖			1
38	后盖			1
39	电位器钮	（内、外）		各 1
40	开关按钮	（有缺口）	SCAN 键	1
41	开关按钮	（无缺口）	RESET 键	1
42	挂钩			1

续表

序号	名称	型号规格	位号	数量
43	电池片	正、负、连体片	(3 件)	各 1
44	印制电路板	55 mm × 25 mm		1
45	轻触开关	6 × 6 二脚	S1、S2	各 2
46	耳机插座	ϕ3.5mm	XS	1
47	电位器螺钉	ϕ1.6 mm × 5 mm		1
48	自攻螺钉	ϕ2 mm × 8 mm		2
49	自攻螺钉	ϕ2 mm × 5 mm		1

10.5　装配工艺文件

工艺文件是组织生产、指导操作、保证产品质量的重要手段和法规。因此，编制的工艺文件应该正确、完整、统一、清晰。对工艺文件的编制方法与要求及工艺文件格式在第 8 章中已有叙述，下面以 FM 微型（电调谐）收音机装配工艺文件为例进行简要说明。

10.5.1　工艺文件封面

工艺文件封面为产品全套工艺文件或部分工艺文件装订成册的封面。在工艺文件的封面上，可以看出产品型号、名称、工艺文件的主要内容以及册数、页数等内容。

FM 微型（电调谐）收音机装配“工艺文件”封面如图 10 – 9 所示。

工　艺　文　件

共× × 册
第× × 册
共× × 页

型　　号：FM 微型（电调谐）
名　　称：FM 微型（电调谐）收音机　　　图　　号：
本册内容：元器件加工、导线加工、组件加工、基板贴片/插件焊接组装、整机组装

批准
× 年 × 月 × 日
× × × × × × × × × 公司

图 10 – 9　“工艺文件”封面举例

10.5.2　工艺文件目录

在工艺文件目录中，可查阅每一种组件、部件和零件所具有的各种工艺文件的名称、页数和装订的册次，是归档时检查工艺文件是否成套的依据。FM 微型（电调谐）收音机"工艺文件目录"举例如表 10－5 所示。

表 10－5　"工艺文件目录"举例

×××公司工艺文件		工艺文件目录		产品名称或型号		产品图号
				FM 微型（电调谐）收音机		
	序号	文件代号	零部件、整件名称	页数		备　注
	1	G1	工艺文件封面	1		
	2	G2	工艺文件目录	1		
	3	G3	工艺路线表	1		
	4	G4	工艺流程图	1		
	5	G5	导线加工工艺	1		
	6	G6	组件加工工艺	1		
	7		…			
旧底图总号						

底图总号	更改标记	数量	文件号	签　名		日期	第　×　页	
				拟制				
				审核			共　×　页	
日期	签名			检验				
				批准			第　×　册	第　×页

10.5.3　工艺路线表

工艺路线表是生产计划部门作为车间分工和安排生产计划的依据，也是作为编制工艺文件分工的依据。

在工艺路线表中可以看到产品的零件、部件、组件等由原材料的准备到成品包装的过程，在工厂内顺序流经的部门及各部门所承担的工序，并列出零件、部件、组件的装入关系等内容。

FM 微型（电调谐）收音机"工艺路线表"举例如表 10－6 所示。

表 10 – 6 "工艺路线表"举例

×××公司 工艺文件	工艺路线表			产品名牌或型号			产品图号
				FM 微型（电调谐）收音机			
	序号	图号	名　称	装入关系	部件用量	整件用量	工艺路线表内容
	1		导线加工	正极片导线			
				负极片导线			
	2		元器件加工	基板贴片焊接			
				基板插件焊接			
	3		电位器组件	基板装配			
			基板组件				
	4		整机装配	整机导线连接			
				电池片、基板、 后外机壳组装			
				键帽、电位器旋 钮、前机壳组装			
			…	…			
使用性							
旧底图总号							

底图总号	更改标记	数量	文件号	签名	日期	签　名	日期	第　　页
						拟制		
						审核		共　　页
日期	签名					检验		
						批准		第　册　第　页

10.5.4 元器件工艺表

元器件工艺表用来对新购进的元器件进行预处理加工的汇总表，其目的是为了提高插装（机插或手插）的装配效率和适应流水线生产的需要。

在元器件工艺表中可以看出各元器件引线进行弯折的预加工尺寸及形状。

FM 微型（电调谐）收音机"元器件工艺表"举例如表 10-7 所示。

表 10-7　FM 微型（电调谐）收音机元器件工艺表

×××公司 工艺文件	元器件工艺表			产品名称或型号				产品图号
				FM 微型（电调谐）收音机				
	序号	编号	名称、型号、规格	A 端	B 端	正端	负端	备注
	1	R5	681	10	10			
	2	C17	332	10	10			
	3	C18	100μ	10	10			
	4	C19	104	10	10			
	5	V1	BB910	10	10			
	6	...	...					
使用性								
旧底图总号								
底图总号	更改标记	数量	文件号	签　名		日　期		第　　　　页
				拟　制				
				审　核				共　　　　页
				检　验				
日　期	签名			批　准			第　册	第　页

10.5.5　配套明细表

配套明细表是用来说明事件或部件装配时需用的各种器件，以及器件的种类、型号、规格及数量。

FM 微型（电调谐）收音机"配套明细表"举例如表 10-8 所示。在配套明细表中可以看出一个整件或部件是由哪些元器件和结构件构成。

表 10 – 8　FM 微型（电调谐）收音机配套明细表

×××公司 工艺文件			配套明细表			装配件名称				装配件图号	
						FM 微型（电调谐）收音机					
类别	序号	编号	规格	型号、封装	数量	类别	序号	编号	规格	型号、封装	数量
电阻	1	R1	222		1	电容	24	C19	104	CT	1
	2	R2	154			IC	25	A		SC1088	1
	2	R3	122			电感	26	L1			1
	4	R4	562				27	L2			1
	5	R5	681		1		28	L3	70nH		1
电容	6	C1	222				36	L4	78nH		1
	7	C2	104		1	晶体管	28	V1		BB910	1
	8	C3	221		1		29	V2		LED	1
	9	C4	331		1		30	V3	9014	SOT – 23	1
	10	C5	221		1		31	V4	9012	SOT – 23	1
	11	C6	332	2012 (2125) RJ $\frac{1}{8}$ W	1	金属件	32	电池片（3 件）		正,负,连接片	各 1
	12	C7	181		1		33	自攻螺钉			3
	13	C8	681		1		34	电位器螺钉			1
	14	C9	683		1	塑料件	35	前盖			1
	15	C10	104		1			后盖			1
	16	C11	223		1			电位器钮（内、外）			1
	17	C12	104		1			开关钮（有缺口）scan 键			1
	18	C13	471		1			开关钮（无缺口）reset 键			各 1
	19	C14	330		1			卡子			1
	20	C15	820		1	其他		印制电路板			1
	21	C16	104		1			RP（带开关电位器 51 kΩ）			1
	22	C17	332		1		…	S1、S2（轻触开关）、			各 1
	23	C18	100μ	CD	1			XS（耳机插座）、耳机 32Ω×2			各 1

使用性											
旧底图总号											

底图总号	更改标记	数量	文件号	签名	日期	签 名		日期			
						拟制			第　　页		
						审核					
日期	签名					检验			共　　页		
						批准			第　册　第　页		

10.5.6 装配工艺过程

装配工艺过程是用来说明事件的机械性装配和电气连接的装配工艺全过程（包括装配准备、装联、调试、检验、包装入库等过程）。

在装配工艺过程卡中可以看到具体元器件的装配与工装设备等内容。

FM 微型（电调谐）收音机"装配工艺过程"举例如表 10 - 9 ~表 10 - 11 所示。

以上工艺文件举例，只是 FM 微型（电调谐）收音机工艺文件一小部分，并不是整套工艺文件，仅供初学者参考。

表 10 - 9 FM 微型（电调谐）收音机装配过程表（1）

×××公司 工艺文件		装配工艺过程卡	产品名称或型号					产品图号
			FM 微型（电调谐）收音机					
	序号	名称、型号、规格	全长	A 剥头	A 剥头	A 端	B 端	备注
	1	负极弹簧						
	2	正极电池片						
	3	导线（黑色）	50	5	5	PCB	负极 弹簧	
		导线（红色）	50	5	5	PCB	正极 电池片	
	设备、工装、工具及辅助材料		电烙铁、松香、焊锡丝、镊子					
	图示		工序、内容及要求					
			（1）导线焊牢固 （2）焊接部分应与负极弹簧尾端					
使用性								
旧底图总号								
底图总号	更改标记	数量	文件号	签　名		日期	第　　　　页	
				拟　制				
				审　核			共　　　　页	
日期	签名			检　验				
				批　准			第　册	第　页

表 10 - 10　FM 微型（电调谐）收音机装配过程表（2）

×××公司 工艺文件	装配 工艺卡	产品名称		产品型号		编号
		电调谐微型 FM 收音机		FM 00 - 10		
		工序号	×	工位号	×	工作内容 检查 PCB 涂敷助焊剂 ×

元 器 件				
名　称	规格、型号	位号	数量	
PCB	双面板		1	
贴片电阻器	222、154、122、562、681	R1、R2、R3、R4	4	
贴片电容器	222、104、221、331、332、181、681、683、223、471、330、820	C1、C2、C3、C4、C5、C6、C7、C8、C9、C10、C11、C12、C13、C14、C15、C16	16	 (1)
集成电路		SC1088	1	
贴片晶体管	9012、9014	V3、V4	2	
设备、工装、工具及辅助材料				
助焊剂、棉纤、软丝（棉）布、万用表（数字/指针）				

作业内容

（1）取上一工序 PCB，检查图形是否完整，有无短、断缺陷，孔位及尺寸是否合适。

（2）检查 PCB 表面有无划伤，污染后，手工对 PCB 焊盘涂敷少量助焊剂。

（3）根据元器件清单，按工序流程贴片，顺序：C1/R1、C2/R2、C3/V3、C4/V4、C5/R3、C6/SC1088、C7、C8/R4、C9、C10、C11、C12、C13、C14、C15、C16。逐一手工焊接。对照 PCB 检查各元器件准确无误。

（4）检查所有焊点是否光滑、有无金属光泽，有无漏焊、拉尖、桥接、飞溅、虚焊等不良现象，若有应即时用烙铁修正 OK 后，送下一工序

编制签名	日　期	共　页	审核签名	日　期	审批签名	日　期
		第　页				

表 10-11　FM 微型（电调谐）收音机装配过程表（3）

×××公司 工艺文件		装配工艺卡		产品名称或型号	产品图号
				FM 微型（电调谐）收音机	
序号	名　称	型号、规格		设备、工装、工具及辅助材料	备注
1	集成电路	SC1088		恒温电烙铁、松香、 焊锡丝、镊子、 防静电腕带	

图示	工序、内容及要求
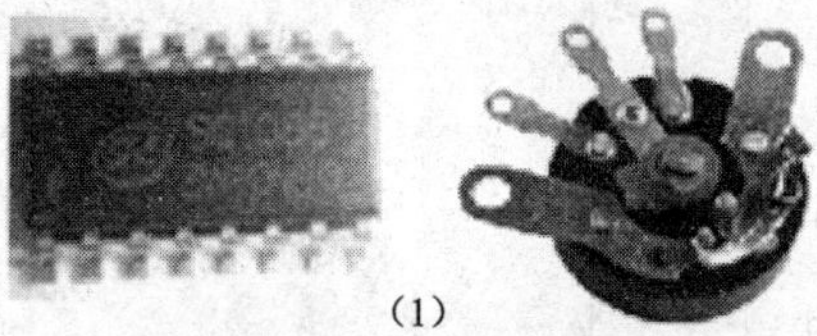 （1） 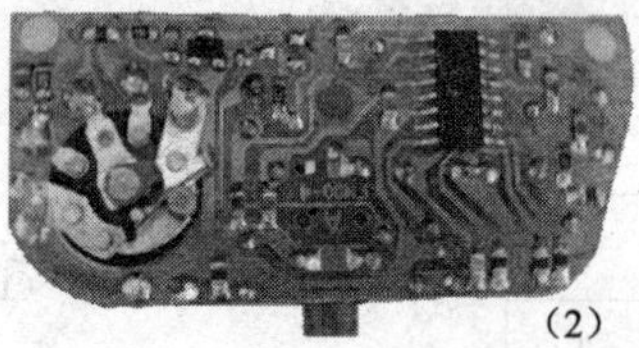 （2）	（1）取上一工序 SMT 焊接半成品，检查焊接准确无误，焊接有无漏焊、虚焊、拉尖、桥接、歪斜等不良现象，若有，则用烙铁补焊。 （2）取 SC1088 集成电路，按图所示对准位置，加锡焊好，如图（2）所示。 （3）取电位器按图对准位置，加锡焊好，如图（2）所示。 （4）检查安装准确无误，焊接无漏焊、虚焊、拉尖、桥接、歪斜等不良现象后，送下一工序

使用性							
旧底图总号							
底图总号	更改标记	数量	文件号	签　名		日期	第　　　页
				拟　制			
				审　核			共　　　页
日期	签名			检　验			
				批　准			第　册　第　页

习　题

1. FM 微型（电调谐）收音机故障判断有哪些常用方法？
2. 故障排除的一般程序是什么？故障排除有哪些方法？
3. FM 微型（电调谐）收音机发现下列故障现象时，应从何处入手分析故障？试说明其原因。
（1）无声。
（2）有声，但收不到电台信号。
4. 编制 FM 微型（电调谐）收音机装配成套工艺文件。

参 考 文 献

[1] 王卫平．电子产品制造技术 ［M］．北京：高等教育出版社，2005.
[2] 马全喜．电子元器件与电子实习 ［M］．北京：机械工业出版社，2006.
[3] 王振红．电子产品工艺 ［M］．北京：化学工业出版社，2008.
[4] 蔡建军．电子产品工艺与标准化 ［M］．北京：北京理工大学出版社，2008.
[5] 夏西泉．电子工艺实训教程 ［M］．北京：机械工业出版社，2005.
[6] 廖芳．电子产品制作工艺与实训 ［M］．北京：电子工业出版社，2010.
[7] 曹白杨．电子组装工艺与设备 ［M］．北京：电子工业出版社，2008.
[8] 王成安．电子产品工艺与实训 ［M］．北京：机械工业出版社，2007.
[9] 王建花．电子工艺实习 ［M］．北京：清华大学出版社，2010.
[10] 郑凤翼．新编电子元器件选用与检测 ［M］．福州：福建科学技术出版社，2007.